高等学校机电工程类"十二五"规划教材

# 机械工程材料

范　敏　　主　编

赵秀婷　刘乐庆　副主编

西安电子科技大学出版社

# 内 容 简 介

    本书注重能力培养，强调应用，将内容和学习指导有机融合，书中的基本术语和材料牌号等均采用了
最新标准。本书内容分为三篇：第一篇为工程材料的基本理论，包括工程材料的性能、工程材料的结构和
金属材料的组织与性能控制；第二篇为常用机械工程材料，包括金属材料、高分子材料、陶瓷材料、复合
材料和其他工程材料等；第三篇为机械零件的选材及工程材料在典型机械上的应用。各章都有能帮助读者
掌握、巩固、深化学习内容和应用的本章小结，对章节中的主要术语和名词列写了中英文对照，并提供了
一定量的练习题。

    本书可作为高等院校本科机械类和近机械类专业学生教材，也可作为高等职业技术学院、高等专科学
校相关专业的教材及有关专业人员的参考书。

## 图书在版编目(CIP)数据

机械工程材料/范敏主编. —西安：西安电子科技大学出版社，2013.8
高等学校机电工程类"十二五"规划教材
ISBN 978-7-5606-3162-2

Ⅰ. ① 机… Ⅱ. ① 范… Ⅲ. ① 机械制造材料—高等学校—教材 Ⅳ. ① TH14

中国版本图书馆 CIP 数据核字(2013)第 199523 号

策　　划　云立实
责任编辑　王　斌　云立实
出版发行　西安电子科技大学出版社(西安市太白南路 2 号)
电　　话　(029)88242885　88201467　　　邮　编　710071
网　　址　www.xduph.com　　　　　　电子邮箱　xdupfxb001@163.com
经　　销　新华书店
印刷单位　陕西天意印务有限责任公司
版　　次　2013 年 8 月第 1 版　　2013 年 8 月第 1 次印刷
开　　本　787 毫米×1092 毫米　1/16　印　张　14
字　　数　329 千字
印　　数　1～3000 册
定　　价　24.00 元
ISBN 978-7-5606-3162-2/TH
XDUP　3454001-1
***如有印装问题可调换***

# 前　言

　　"机械工程材料"是高等学校机械类和近机械类各专业的技术基础课，该课程的教学目的是从机械工程的应用角度出发，阐明机械工程材料的基本理论，介绍常用的机械工程材料及其应用等基本知识，使学生了解材料的化学成分、加工工艺、微观组织结构及性能之间的关系，能够帮助学生在工程设计中正确、合理地选用材料，培养学生对机械工程材料的应用能力。

　　本书紧紧围绕机械工程材料课程的教学要求，主要特点是：① 加强针对性和应用性，既体现教材的理论特点，又尽可能使其具有工程参考价值，同时，密切结合工程设计的实际需要，列举了许多在实际生产过程中具有较大参考价值和借鉴意义的应用实例。② 体系完整，结构合理。本书按照性能→结构→改变性能途径(结晶规律、热处理、合金化、塑性变形)→常用工程材料→选材规律→选材实例的顺序编排和讲解，包括工程材料的基础理论知识(第1～3章)、各种常用机械工程材料的特点与应用(第4～8章)、零部件的失效与选材(第9～10章)等内容。③ 内容精练，适合课时普遍减少条件下的教学要求。本书的内容体系是众多编者精心设计的，力求在尽可能少的学时里达到教学基本要求，努力拓展读者的知识面和对应用的了解。④ 突出非金属材料的相关内容，适应工程应用领域的需求变化。⑤ 为了使学生更好地理解和掌握课程内容及重点知识，各章最后都做了小结，对章节中的主要术语和名词列写了中英文对照，并提供了一定量的练习题。本书中收集的数据和资料尽可能采用当前最新的信息，可以为教师和学生掌握最新技术信息及工程技术人员查阅最新技术资料提供方便。

　　本书由洛阳理工学院范敏编写第2、4、9章，赵秀婷编写第1、8、10章，刘乐庆编写第3、5、6、7章。全书由范敏副教授统稿并担任主编，赵秀婷副教授、刘乐庆讲师担任副主编，洛阳理工学院谢京民教授担任主审。

　　在编写过程中，作者参阅了国内外出版的有关教材和资料，主要参考文献列于书后，在此对相关作者表示衷心的感谢。

　　由于编者水平有限，加之时间仓促，书中难免有疏漏之处，恳请广大读者批评指正。

编　者
2013 年 3 月

# 目　　录

## 第一篇　工程材料的基本理论

# 第二篇 常用机械工程材料

# 第三篇 机械零件的选材及工程材料在典型机械上的应用

# 工程材料的基本理论

# 第1章 工程材料的性能

工程材料是现代机械制造的主要材料，是构成各种机械设备的基础，也是各种机械加工的主要对象。因此了解和掌握工程材料的使用性能和工艺性能，是进行产品设计、选材和制订各种加工工艺的重要依据。本章简要论述工程材料的主要性能。

## 1.1 概　　述

工程材料的性能包括使用性能和工艺性能，使用性能是指材料在使用过程中表现出来的性能，它包括力学性能、物理性能和化学性能等；工艺性能是指材料对各种加工工艺的适应能力，它包括铸造性能、压力加工性能、焊接性能、切削加工性能和热处理工艺性能等。它们既决定工程材料的应用范围、使用寿命及制造成本，又决定工程材料的各种成型方法。

### 1.1.1 材料的使用性能

#### 1. 力学性能

材料的力学性能是指材料在不同环境(温度、介质)下，承受各种外加载荷(如拉伸、压缩、弯曲、扭转、冲击、交变应力等)时所表现出的力学特征，包括强度、塑性、硬度、韧性、抗疲劳性等。它不仅取决于材料本身的化学成分，而且还和其微观组织结构有关。

力学性能是衡量材料性能优劣的主要指标，也是机械设计人员在设计过程中选材的主要依据。力学性能参数可以从设计手册中查到，也可以利用规定条件下的试验方法获得。了解材料力学性能的测试条件、试验方法，特别是性能指标的意义将有助于了解工程材料的根本性质。

材料的力学性能是本章重点介绍的内容。

**2. 物理性能**

材料的物理性能表示的是材料固有的一些属性，主要指密度、熔点、导热性、导电性、磁性及热膨胀性等，涉及成型加工的主要有：

(1) 密度及熔点。不同用途的机器零件对材料的密度和熔点要求也不同，如飞机和航空器的许多零件和总成会用密度较小的铝、镁合金制造；又如铸钢、铸铁和铸铝合金的熔点各不相同，铸造时三者的熔炼工艺也不同。

(2) 导热性。材料传导热的性能称为导热性，一般用导热系数来衡量材料导热性的好坏，其单位是 $W/(m \cdot K)$，其值越大导热性越好。在热成型加工时若对导热性很小的金属以较快的速度加热或冷却，金属中就会产生较大的温度差，从而引起足以导致工件变形甚至产生裂纹的热应力，因此对于这种材料应注意减慢其加热或冷却速度。

(3) 热膨胀性。热膨胀性是指材料在温度升高时体积涨大的现象，用热膨胀系数衡量，单位是 $℃^{-1}$ 或 $K^{-1}$（表示当温度每升高 $1℃$，其单位长度的膨胀量），该系数越大，金属的尺寸或体积随温度变化的程度就越大。热膨胀性不仅影响了零件在工作时的尺寸精度，而且也影响其成型过程。

**3. 化学性能**

材料的化学性能是指材料在室温或高温下抵抗各种介质化学作用的能力，主要有抗氧化性、抗腐蚀性和化学稳定性等。工程材料的氧化和腐蚀不仅破坏零件的表面质量，也降低零件的精度，严重时会直接导致零件失效。因此对处于工作在高温或腐蚀性介质中的材料，要优先考虑其化学性能，必要时应选用耐热钢、不锈钢、陶瓷材料、复合材料及工程塑料来制造。

## 1.1.2　材料的工艺性能

材料的工艺性能是指材料适应加工工艺要求的能力。按成型方法的不同，其工艺性能可分为铸造性能、压力加工性能、焊接性能、切削加工性能及热处理工艺性能等。工艺性能直接影响零件加工后的工艺质量，在设计机械零件和选择加工方法时都要考虑材料的工艺性能，如低碳非合金钢的锻造性能和焊接性能都很好，而灰铸铁的铸造性能和切削性能优良，但焊接性能差而且不能锻造，只能用它来铸造机械零件。

**1. 铸造性能**

金属及合金铸造成型获得优质铸件的能力，称为铸造性能。衡量铸造性能的优劣有流动性、收缩性和偏析等指标。

(1) 流动性。液体金属充满铸型型腔的能力称为流动性，它主要受金属化学成分和浇铸温度的影响。流动性好的金属容易充满整个铸型，获得尺寸精确、轮廓清晰的铸件。

(2) 收缩性。铸件在凝固和冷却过程中，其体积缩小和尺寸减小的现象称为收缩性。铸件收缩不仅体积缩小、尺寸减小，还会使铸件产生缩孔、疏松、应力、变形和开裂等缺陷。

(3) 偏析。合金中合金元素、夹杂物或气孔等分布不均匀的现象称为偏析。偏析严重时可使铸件各部分的力学性能产生很大差异，降低铸件的质量。

### 2．压力加工性能

金属材料在压力加工(锻造、冷冲压)下成型的难易程度称为压力加工性能。它与材料的塑性有关，材料的塑性越好，变形抗力越小，金属的压力加工性能就越好。

### 3．焊接性能

焊接性能是指金属材料对焊接加工的适应性，也就是在一定的焊接工艺条件下，获得优良焊接接头的难易程度。

### 4．切削加工性能

切削加工性能反映用切削工具对金属材料进行切削加工的难易程度。一般用切削后的表面质量(以表面粗糙度值大小衡量)和刀具寿命来表示。

金属材料具有适当的硬度(160～230 HBS)和一定的脆性时，切削性良好。改变钢的化学成分(如加入少量铅、磷等元素)和进行适当的热处理(如低碳钢进行正火、高碳钢进行球化退火)可提高钢的切削加工性能。

### 5．热处理工艺性能

热处理工艺性能是指金属材料通过热处理后改变或改善其性能的能力，反映钢热处理的难易程度和产生热处理缺陷的倾向，一般包括淬透性、氧化脱碳、变形开裂等。

钢的热处理工艺性能主要考虑其淬透性，即钢接受淬火的能力。含 Mn、Cr、Ni 等合金元素的合金钢淬透性比较好，碳钢的淬透性较差；铝合金的热处理要求较严；只有几种铜合金可以用热处理强化。

## 1.2　材料的力学性能

### 1.2.1　材料在静载荷作用下的主要力学性能指标

材料在加工及使用过程中，都要受到各种外力的作用，这些外力称为载荷。根据载荷作用的方式、速度、持续性等的不同，可将载荷分为静载荷和动载荷两种形式。静载荷是指不随时间变化或变化极其平稳的载荷；如果作用在材料上的载荷随时间较快地变化，就称材料承受动载荷，尤其是指突加的冲击性的载荷。

材料在静载荷作用下的主要力学性能指标有弹性、刚度、强度、塑性、硬度等，这些性能指标可通过拉伸试验和硬度试验测得。

#### 1．拉伸试验与拉伸曲线

拉伸试验是测定材料强度与塑性等静态力学性能的一种试验方法。拉伸实验是在拉伸实验机上，缓慢地在试样两端施加"静"载荷，使试样的工作部分受轴向拉力，引起试样沿轴向伸长并最终拉断的过程，通过相应的试验记录，可得到拉伸曲线。低碳钢的拉伸曲线如图 1.2.1 所示。拉伸曲线的纵坐标为载荷，横坐标为伸长变形。拉伸曲线一般可分为以下三个阶段。

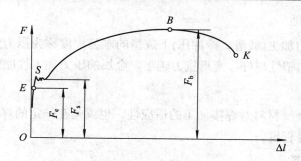

图 1.2.1　低碳钢的拉伸曲线

(1) 弹性变形阶段($OE$)。此阶段载荷与变形为直线关系。在此变形阶段去除载荷后试样可以恢复原来的长度。

(2) 塑性变形阶段($EK$)。此阶段载荷与变形呈曲线关系。当载荷达到 $B$ 点的最大值后，试样某处截面急剧缩小，出现"缩颈"现象。在此阶段若去除载荷，试样不能恢复原来的长度，已发生塑性变形。

(3) 断裂阶段($K$ 点)。在 $B$ 点以后，试样变形主要集中在缩颈部分，最终在此阶段发生断裂。

**2. 测得的主要力学性能指标**

(1) 弹性和刚度。在弹性变形阶段，若中途卸除载荷，试样恢复原来的长度。材料这种不产生永久变形的能力称为弹性。拉伸曲线直线段的斜率为材料的弹性模量。弹性模量表征材料产生弹性变形的难易程度。曲线斜率越大，弹性变形越不易发生，材料刚度越大。

(2) 强度和塑性。在外力作用下，金属材料抵抗变形和断裂的能力称为材料的强度。拉伸试验所测定的强度指标包括屈服强度、抗拉强度和塑性等。

① 屈服强度。金属材料在外力作用下发生塑性变形的最小应力称为屈服强度，用 $R_{eH}$ 和 $R_{eL}$ 分别表示上屈服强度和下屈服强度。由于下屈服强度重现性好，因此通常用它来表示材料的屈服强度。"屈服"是低碳钢等塑性好的材料受拉伸时产生的现象，即在拉伸过程进行到 $S$ 点附近，载荷不再增加，但变形仍在增大的现象。与此相对应的应力即为屈服应力或屈服强度。实际上，一些金属材料并没有明显的屈服现象。工程上规定，试样产生 0.2% 非比例延伸率时的应力值为该材料的条件屈服强度，记为 $R_{p0.2}$。屈服强度是评价材料承载能力的重要力学性能指标。

② 抗拉强度。试样在被拉断前的最大承载应力为抗拉强度，记为 $R_m$。图 1.2.1 中 $B$ 点载荷所对应的应力即为其抗拉强度。

通过扭转试验、弯曲试验和压缩试验等性能测试方法，也可获得金属材料相应条件下的强度指标，如抗扭强度、抗弯强度、抗压强度等。

③ 塑性。金属材料在外力作用下产生塑性变形而不被破坏的能力称为塑性。塑性以材料断裂后发生永久变形的大小来衡量。拉伸试验所测定的材料塑性指标有延伸率和断面收缩率，分别用 $A$ 和 $Z$ 表示：

$$A = \frac{L_1 - L_0}{L_0} \times 100\%, \quad Z = \frac{F_0 - F_1}{F_0} \times 100\%$$

式中，$L_0$ 与 $F_0$ 分别为试样原始长度与原始截面积；$L_1$ 与 $F_1$ 分别为试样拉断后的长度与拉断处的截面积。$A$ 值与 $Z$ 值越大，材料的塑性越好。

目前金属材料室温拉伸试验方法的新标准为 GB/T228—2002，由于目前原有的金属材料力学性能数据是采用旧标准进行测定和标注的，因此原有旧标准 GB/T228—1987 仍然沿用，本书为叙述方便而采用了旧标准。金属材料强度与塑性的新、旧标准名词和符号对照如表 1.2.1 所示。

**表 1.2.1　金属材料强度与塑性的新、旧标准名词和符号对照表**

| 新　标　准 | | 旧　标　准 | |
| --- | --- | --- | --- |
| 性 能 名 称 | 符　号 | 性 能 名 称 | 符　号 |
| 弹性极限 | $R_e$ | 弹性极限 | $\sigma_e$ |
| 下屈服强度 | $R_{eL}$ | 屈服强度 | $\sigma_s$ |
| 规定残余延伸强度 | $R_p$，如 $R_{p0.2}$ | 屈服强度 | $\sigma_{0.2}$ |
| 抗拉强度 | $R_m$ | 抗拉强度 | $\sigma_b$ |
| 断后伸长率 | $A$，如 $A_{11}$ | 断后伸长率 | $\delta_5$ $\delta_{10}$ |
| 断面收缩率 | $Z$ | 断面收缩率 | $\psi$ |

**3. 硬度**

金属材料硬度是指金属抵抗其他更硬的外来物体压入其表面的能力。硬度是衡量材料软硬程度的指标。一般情况下，材料硬度越高，越有利于其耐磨性的提高。生产中常用硬度值来估测材料耐磨性的好坏。工程上常用的有布氏硬度、洛氏硬度、维氏硬度、显微硬度等实验方法。

(1) 布氏硬度。布氏硬度试验原理如图 1.2.2 所示，将直径为 $D$ 的淬火钢球或硬质合金球制成的压头，以压力 $P$ 压入被测材料的表面，保持一定时间后卸除负荷。材料表面将留下直径为 $D$ 的压痕。负荷 $P$ 与材料表面压痕面积 $F$ 的比值，即为材料的布氏硬度值，用 HB 表示。材料越软压痕越大，布氏硬度值越低，反之材料越硬压痕越小，布氏硬度值越高。布氏硬度的单位为 kgf/mm²。

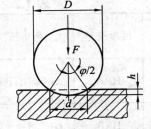

图 1.2.2　布氏硬度试验原理图

布氏硬度适用于测量铸铁、有色金属、结构钢等硬度不很高的金属材料的硬度。若材料硬度过高，则布氏硬度不再适用。

当压头为淬火钢球时，布氏硬度以 HBS 表示，适合于测定布氏硬度在 450 HBS 以下的材料，如结构钢、铸铁及非铁金属等；当压头为硬质合金时布氏硬度以 HBW 表示，适合于测定布氏硬度在 450 HBW 以上的材料，最高可测 650 HBW。

布氏硬度表示符号 HBS 或 HBW 之前为硬度值，符号后面按以下顺序表示实验条件：球体直径(单位为 mm)/试验力(单位为 kgf)/试验力保持时间(单位为 s，其中 10~15 s 不标注)。例如，120 HBS 10/1000/30 表示钢球直径为 10 mm，载荷为 1000 kgf，保持时间为 30 s，测得的硬度值为 120。如果钢球直径为 10 mm，载荷为 3000 kgf，保持时间为 10 s，测得的硬度值为 120，可简单表示为 120HBS。

(2) 洛氏硬度。洛氏硬度试验原理图如图 1.2.3 所示，洛氏硬度试验采用的压头是锥角为 120°的金刚石圆锥或直径为 1.588 mm 的淬火钢球，以一定的压力压入材料表面。与布氏硬度不同，洛氏硬度通过测量压痕深度来确定材料硬度，压痕越深，材料越软，硬度值越低，反之，压痕越浅，材料越硬，硬度值越高。

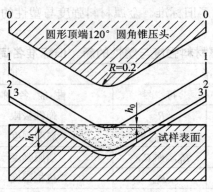

图 1.2.3　洛氏硬度试验原理图

不同压头及不同压力的组合，使得洛氏硬度可测量的材料硬度范围很宽。洛氏硬度用 HR 表示。根据压头与压力的不同组合而采用不同的标尺，每种标尺用一个字母后坠在 HR 之后，以示区别，如 HRA、HRB、HRC 等。HR 前面为硬度数值，后面为使用的标尺。根据被测材料的硬度和厚度等不同条件，可选用不同的试验载荷和压头类型，而得到 A、B、C 三种不同的硬度标尺，常用洛氏硬度标尺的实验条件和应用如表 1.2.2 所示，其中最常用的是 C 标尺。例如，60HRC 表示试验时压头采用顶角为 120°金刚石圆锥体，总载荷为 1471 N，测得的硬度值为 60。

表 1.2.2　常用洛氏硬度标尺的实验条件和应用

| 标尺 | 硬度符号 | 所用压头 | 总载荷 $F$/N<br>($F$/kgf) | 测量范围 HR | 应 用 范 围 |
|---|---|---|---|---|---|
| A | HRA | 120°金刚石圆锥体 | 588.4(60) | 70～88 | 碳化物、硬质合金、淬火工具钢、浅层表面硬化钢 |
| B | HRB | $\phi$1.588 mm 钢球 | 980.7(100) | 20～100 | 非铁合金、退火正火钢 |
| C | HRC | 120°金刚石圆锥体 | 1471(150) | 20～70 | 淬火钢、调制钢、深层表面硬化钢 |

洛氏硬度测定操作简便迅速，可直接从刻度盘上读出硬度值，在批量的成品或半成品质量检验中广泛使用，也可测定较薄工件或表面有较薄硬化层的硬度。由于压痕小，易受材料微观区不均匀的影响而使测量误差较大，因此数据重复性差。所以测试时需在试样不同部位测定三点并取其平均值。洛氏硬度可测定淬火钢、有色金属及工程塑料等材料的硬度。

硬度实验是材料力学性能实验中最简单的一种实验方法。生产中往往通过硬度值估测材料某些力学性能的指标值。某些金属材料的硬度与强度之间具有近似的对应关系。例如：

低碳钢：$R_m \approx 3.53$ HBW；合金调质钢：$R_m \approx 3.19$ HBW；

高碳钢：$R_{\mathrm{m}} \approx 3.33\ \mathrm{HBW}$；灰铸铁：$R_{\mathrm{m}} \approx 0.98\ \mathrm{HBW}$。

## 1.2.2 材料在动载荷作用下的力学性能

### 1. 韧性

韧性是材料抵抗裂纹萌生与扩展的能力，指材料在断裂过程中吸收断裂功和塑性变形功的能力。材料韧性高，其脆性低。

度量韧性的指标有两类：一类是冲击韧度，用材料受冲击而破断的过程所吸收的冲击功的大小来表征材料的韧性；另一类是断裂韧度，用材料内部裂纹尖端应力强度因子的临界值 $K_{\mathrm{IC}}$ 来表征材料的韧性。

(1) 冲击韧度。在工程上，许多机件和工具均会处于冲击载荷作用下，如汽车和工程机械齿轮、锻锤锤杆、飞机起落架等。冲击载荷是一种典型的动载荷形式，由于冲击载荷加载速度大，作用时间短，机件常常因其而产生变形或破坏。因此，对于承受冲击载荷的机件，必须具有足够抵抗冲击载荷的能力，即冲击韧度。

① 一次摆锤弯曲冲击试验。

冲击韧度是金属材料在冲击载荷作用下吸收塑性变形功和断裂功的能力。一般以标准试样在冲击载荷作用下，材料破坏时的冲击吸收功 $A_{\mathrm{K}}$ 来表示。图 1.2.4 为一次摆锤弯曲冲击实验原理及所用试样。测量摆锤初始高度 $H$ 及冲断试样后的高度 $h$，即可测出标准试样在断裂过程中的冲击吸收功 $A_{\mathrm{K}}$。

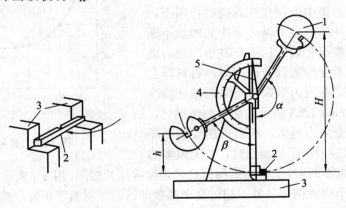

图 1.2.4 一次摆锤弯曲冲击实验原理及所用试样

② 多次弯曲冲击试验。

有许多承受冲击载荷的机件，每次所受冲击载荷并不大，不至于在一次或几次冲击内断裂，而是在大于 $10^3$ 次以上的冲击之后才发生断裂。对于此类机件应进行小能量(小于1500 J)多次冲击试验，来测定材料的多次冲击抗力，评定材料的抗冲击能力。

多次冲击弯曲试验在相应的试验机上完成，试件在试验机上受到能量较小的多次冲击，试验完成后，测定在一定能量下，材料断裂前的冲击次数，作为多次冲击的抗力指标。

多次冲击抗力是一个取决于材料强度和塑性变形的综合力学性能指标。当冲击能量高时，多次冲击抗力主要取决于材料的塑性；当冲击能量低时，多次冲击抗力主要取决于其强度。

(2) 断裂韧度。断裂韧度是以断裂力学为基础的材料韧性指标。断裂力学则承认材料中存在着由各种缺陷构成的微裂纹。在外力作用下，这些微裂纹将扩展，最终导致材料的断裂。由于存在裂纹，因此材料中应力分布不均匀，在裂纹尖端产生应力集中，并具有特殊的分布，形成了一个裂纹尖端的应力场。对于易于扩展的张开型裂纹，裂纹尖端应力场的大小可用应力强度因子 $K_I$ 来描述。$K_I$ 与裂纹形状、尺寸及应力大小有关，可表达为

$$K_I = Y\sigma\sqrt{\alpha}$$

式中，$Y$ 为几何因子；$\sigma$ 为外加应力；$\alpha$ 为裂纹半长。当 $K_I$ 增加到某一定值时，裂纹 $\alpha$ 的扩展速度会剧增，从而导致断裂。使裂纹失稳扩展的应力强度因子临界值 $K_{IC}$，即为材料的断裂韧度。

**2. 疲劳性能**

当载荷的大小做周期性变化时，将在材料内部产生重复应力；当载荷大小和方向均做周期性变化时，将在材料内部产生交变应力。齿轮、轴、弹簧等许多机械零件，在重复或交变应力下工作，此类零件即使承受应力最大值低于材料的屈服强度，经一定的循环周次后材料仍会断裂。这种现象即为材料的疲劳。疲劳断裂与静载荷下的断裂不同，无论是脆性材料还是韧性材料，疲劳断裂都是突然发生的。

疲劳破坏是一个裂纹发生和发展的过程。由于材料冶金质量或加工过程出现缺陷，因此造成零件局部区域应力集中，在交变载荷的作用下，产生疲劳裂纹，并随着应力循环周次的增加不断扩展，材料承受载荷有效面积不断减小，当有效面积减小到不能承受外加载荷作用时，材料即会发生瞬时断裂。交变应力最大值与断裂循环周次之间的关系可用如图 1.2.5 所示的疲劳曲线描述，可见金属所受交变应力越大，断裂前所受的循环周次 $N$ 越小，当应力低于某数值时，在无限多的

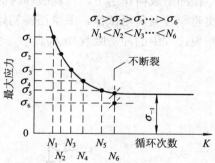

图 1.2.5　疲劳曲线

循环周次下材料也不断裂，此应力值称为疲劳强度或疲劳极限，用 $\sigma_{-1}$ 表示，单位为 $N/mm^2$。

一般规定一个应力循环基数，超过这个基数即认为该材料不再发生疲劳破坏。钢的循环基数为 $10^7$，有色金属和某些超高强度钢的循环基数为 $10^8$。

金属疲劳强度与抗拉强度之间存在以下近似的比例关系：

碳素钢：$\sigma_{-1} \approx 0.4R_m \sim 0.5R_m$

灰铸铁：$\sigma_{-1} \approx 0.4R_m$

非铁金属：$\sigma_{-1} \approx 0.3R_m \sim 0.4R_m$

疲劳现象主要出现在具有较高塑性的材料中，疲劳破坏是金属主要失效形式之一。在机械零件的断裂中，80%以上都属于疲劳断裂。为了防止疲劳断裂的发生常采取以下措施：

(1) 在零件结构设计中尽量避免尖角、缺口和截面突变，以免由应力集中而产生疲劳裂纹。

(2) 提高零件表面加工质量可以减少疲劳源的产生，因此减小零件表面的粗糙度的值

也可以显著地提高材料的疲劳极限。

(3) 采用包括喷丸、滚压、渗碳、渗氮和表面淬火等材料表面强化处理技术，使金属的表层获得有利于提高材料疲劳强度的残余应力分布。

# 1.3　材料力学性能指标的应用实践

## 1.3.1　材料各主要力学性能指标的应用

### 1. 刚度指标

在设计零件时，通常规定零件的最大弹性变形量 $\Delta L$ 或扭转角 $\theta$ 必须小于许用弹性变形量，即 $\Delta L \leqslant [\Delta L]$ 或 $\theta \leqslant [\theta]$。由材料力学公式可知，当零件尺寸和外加载荷一定时，材料的弹性模量 $E$ 越高，则零件的弹性变形量越小，刚度越好。这是刚度设计的一般原则。但有时不能单纯按照弹性模量 $E$ 来选材。若在给定的弹性变形量下，要求零件重量最轻，就必须按照比刚度进行选材。例如，在飞机机翼设计时若选用钢与铝合金进行比较，尽管钢的弹性模量为铝合金的 3 倍，而钢的密度也为铝合金的 3 倍，考虑到机翼平板受弯曲应力，由此种加载方式下的比刚度公式 $E^{1/3}/\rho$ 可知，此时铝合金的比刚度却为钢的 2 倍，因此应选用铝合金制造飞机机翼。

### 2. 弹性指标

材料的弹性极限 $R_e$ 越高和弹性模量 $E$ 越低，则弹性能越大，零件的弹性越好。因此，弹性极限和弹性模量是设计弹性零件应考虑的基本指标。例如在弹簧设计中，要求弹簧既要有高弹性，又不能发生塑性变形，这就要使材料具有尽可能大的 $R_e^2/E$。虽然较低的弹性模量有利于增加弹性能，但低弹性模量的材料往往弹性极限也低，因此弹簧多选用弹性模量较大、弹性极限较高的材料，如汽车的钢板弹簧。在实际应用时，由于材料的弹性极限不容易测定，因此常由屈服强度 $\sigma_s$ 取代。

### 3. 硬度指标

对于刀具、冷成型模具和粘着磨损或磨粒磨损失效的零件，其磨损抗力与材料的硬度成正比，硬度是决定其耐磨性的主要性能指标，它是设计的主要根据。

材料的硬度与其他力学性能之间存在着一定的关系，例如，金属材料的布氏硬度 HBS 与抗拉强度 $R_m$ 一定硬度范围内在数值上呈线性关系，因此可以通过硬度预示材料的其他力学性能。在一定的处理工艺下，只要硬度达到了规定的要求，其他性能也基本达到要求。用硬度作为控制材料性能的指标时，必须对其处理工艺做出明确的规定。因为同样的硬度可以通过不同的处理工艺得到。例如，45 钢制造的车床主轴要求硬度为 220～240 HBS，通过调质和正火处理都可达到，而且调质处理后轴的综合力学性能和寿命更好。

### 4. 屈服强度指标

强度设计中用得最多的性能指标是屈服强度 $R_{p0.2}$，零件的工作应力必须小于许用应力，即 $\sigma \leqslant [\sigma] = R_{p0.2}/n$($n$ 为安全系数)。一般来说材料的屈服强度越高，则零件的承载能力越大，寿命也越长，如螺钉、螺栓等受纯剪或纯拉应力的零件，屈服强度 $R_{p0.2}$ 可作为设计的主要依据。对于承受交变接触应力的零件，疲劳裂纹多发生在表面硬化层和芯部交界处，这类零件除要求表面高硬度外，还要求有一定的芯部屈服强度；对于承受弯曲和扭转的轴类零件，由于工作应力表层最高，芯部趋于零，因此对零件芯部的屈服强度不做过高的要求；尤其对于低应力脆断的零件，其承载能力取决于材料的韧性，应适当地降低材料的屈服强度。

### 5. 抗拉强度和疲劳强度指标

用铸铁、冷拔高碳非合金钢丝等低塑性材料及陶瓷、白口铸铁等脆性材料设计零件时，应以抗拉强度 $R_m$ 确定许用应力 $[\sigma]$。抗拉强度还可以作为两种不同材料或同一种材料两种不同热处理状态的性能比较标准，来弥补用硬度指标检验时的不足。

疲劳强度 $\sigma_{-1}$ 与抗拉强度 $R_m$ 有一定的比例关系。例如，当 $R_m < 1400$ MPa 时，钢：$\sigma_{-1}/R_m = 0.5$；灰铸铁：$\sigma_{-1}/R_m = 0.4$；非铁金属：$\sigma_{-1}/R_m = 0.3 \sim 0.4$。对于塑性材料制造的零件，大多数断裂事故都是由疲劳断裂引起的，虽然抗拉强度在设计中没有直接意义，但提高材料的抗拉强度有利于零件抵抗疲劳断裂。另外由于拉伸试验比疲劳试验容易进行，因此通常以抗拉强度来衡量材料疲劳强度的高低。

### 6. 塑性指标

设计零件时要求材料要达到一定的断后伸长率 $A$ 或断面收缩率($Z$)，以防止零件在工作时发生脆断。但 $A$ 和 $Z$ 数值的大小只能表示在单向拉伸应力状态下的塑性，而不能表示复杂应力状态下的塑性，即不能反映应力集中、工作温度、零件尺寸对断裂强度的影响，因此不能可靠地避免零件脆断。例如，受拉伸的螺钉或螺栓还应考虑螺纹根部的应力集中以及装配时螺钉孔的不对中或少量的偏斜，因此其断裂强度的高低还决定于缺口根部的塑性，这种缺口塑性是不能以单向拉伸时所测定的塑性来代替的，必须再进行偏斜拉伸试验。

### 7. 冲击韧度指标

冲击韧度指标 $\alpha_k$ 表征材料有缺口时塑性变形的能力，它反映了应力集中和复杂应力状态下材料的塑性，而且对温度很敏感，正好弥补了 $A$、$Z$ 的不足。因此材料的冲击韧度 $\alpha_k$ 比塑性 $A$、$Z$ 更能反映实际零件的情况。

在设计中，对于以脆断为主要危险的零件，只能根据经验提出对冲击吸收功的要求。若过分追求高的冲击吸收功，会造成零件笨重和材料浪费。而且有时即使有高的冲击吸收功，也不能可靠地保证零构件不发生脆断。尤其对于中低强度材料制造的大型零件和高强度材料制造的焊接构件，由于存在冶金缺陷和焊接裂纹，因此仅以冲击吸收功已不能评定零件脆断倾向的大小，而应从理论与实际经验的结合上尽可能选择合理的性能指标。

### 8. 断裂韧度指标

一些高强度钢制造的构件和中低强度钢制造的大锻件，如火箭部件、石油化工压力容器、锅炉等，在材料制备和冷、热加工过程中不可避免地会产生一些缺陷和裂纹，则应根据断裂韧度 $K_{IC}$ 选材，以避免发生低应力脆断。例如，某种火箭发动机壳体是用高强度薄钢板焊接制成的，对于此类构件，当低应力脆断为主要危险时，其承载能力已不能由屈服强度来控制，而取决于材料的断裂韧度。根据断裂韧度 $K_{IC}$ 选用一般低合金高强度钢作为火箭发动机壳体,既发挥了材料的强度,又避免了脆断的危险,还使成本显著降低。

## 1.3.2 材料力学性能指标的合理配合应用

在零件设计时,一般先是以材料的强度指标 $R_{p0.2}$、$R_m$ 或 $\sigma_{-1}$ 为依据进行强度计算,然后考虑零件在小孔、键槽、尖角等处的应力集中以及在工作时会遇到的过载或偶然冲击等情况,再根据经验对材料的塑性、韧性提出一定要求。通常材料的强度与塑性、韧性是相互矛盾的,强度高则塑性、韧性低。如果设计人员为了确保安全,防止零件发生脆断,选定较高的 $A$、$Z$、$A_k$ 或 $\alpha_k$ 的值,而牺牲强度,就加大了零件尺寸,增加了成本。而过高的塑性、韧性未必能保证零件安全可靠,实际上大多数的断裂事故是由疲劳引起的。例如,发动机的曲轴曾广泛选用 45 钢制造并经调质处理,以追求高的塑性、韧性。其实曲轴一般用球墨铸铁制造就能完全满足性能要求,这既简化了工艺,又大大降低了成本。当然,认为强度越高就越好也是不合理的。对于含裂纹的构件,应适当降低强度,提高塑性、韧性。

材料的强度、塑性、韧性之间必须合理配合。对于以疲劳断裂为主要危险的零件,在 $R_m < 1400$ MPa 时,材料的强度越高,其疲劳强度也就越高,因此提高材料强度,适当降低塑性、韧性,有利于提高零件寿命。而且这类中低强度材料的断裂韧度较高,除工作在低温或尺寸较大的零件外,一般不易发生低应力脆断,故可以工作应力 $\sigma \leqslant R_m/n$ 为主要依据计算和选材。若 $R_m > 1400$ MPa,由于这类材料的强度对缺口、表面加工质量、热成型加工缺陷、冶金质量等都很敏感,因此随着强度增加,其疲劳寿命反而降低。对于以低应力脆断为主要危险的零件,如中低强度钢制造的汽轮机转子、发电机转子、大型轧辊、低温和高压化工容器以及高强度钢制造的火箭发动机壳体等,这时材料的韧性比强度更重要,应该依据断裂韧度选材,即 $K_{IC} = Y\sigma\alpha^{1/2} < K_{IC}$。

**例题**:某厂生产 $\phi10$ mm 的高强度预应力螺纹钢筋,材料为 45MnSiV 钢,性能要求 $R_m \geqslant 1600$ MPa,$A \geqslant 6\%$。性能检验全部合格。但随后在 1200 MPa 预应力作用下进行的 5 h 蒸汽养护试验中,在养护 1.5~4 h 后钢筋沿纵筋与横筋交角处(该处下凹 1 mm)几乎全部断裂,分析其断裂原因。

**分析**:钢筋纵筋与横筋交角处下凹 1 mm,把它看成是预裂纹。由于钢筋尺寸远大于裂纹尺寸,因此裂纹处于三向拉应力状态(即平面应变状态)下,可利用计算的方法来估算加预应力以后的应力强度因子,即 $K_I = Y\sigma\sqrt{\alpha}$,其中,$Y = 1.42$;$\sigma = 1200$ MPa;$\alpha = 1$ mm,经计算 $K_I = 170$ kg/mm$^{3/2}$。

由于加预应力后材料并未断裂,因此其 $K_{IC} > K_I$。查手册得知,材料的 $K_{IC} = 180$ kg/mm$^{3/2}$,它所对应的裂纹尺寸,即脆断产生的临界裂纹尺寸为

$$\alpha_c = \left(\frac{K_{IC}}{Y\sigma}\right)^2 \approx 1.12 \text{ mm}$$

由此可见,原来 1 mm 的裂纹在养护蒸汽中只要发生 0.12 mm 的扩展就会导致钢筋脆断。因此可以初步得出这样的结论:在养护过程中裂纹扩展,致使裂纹的尺寸超过了断裂的临界裂纹尺寸是导致钢筋断裂的根本原因。总之,应从零件的实际工作情况出发,使材料的强度、塑性、韧性之间合理配合,优化设计。

# 本 章 小 结

　　工程材料的性能包括使用性能和工艺性能，使用性能是指材料在使用过程中表现出来的性能，它包括力学性能、物理性能和化学性能等；工艺性能是指材料对各种加工工艺适应的能力，它包括铸造性能、压力加工性能、焊接性能、切削加工性能和热处理性能等。它们既决定工程材料的应用范围、使用寿命，制造成本，又决定工程材料的各种成型方法。不同使用条件的零件，对材料性能的要求可能不止一种，但一般都有一种主要性能要求，各性能间存在相互制约、此消彼长的关系。在充分理解每种性能指标的含义及实验条件基础上，选择最为恰当的指标作为设计依据，是本章要达到的目的。

## 本章主要名词

机械性能(Mechanical Properties)　　　断裂韧度(Fracture toughness)

强度(Strength)　　　　　　　　　　　弹性变形(Elastic deformation)

塑性(Plastic)　　　　　　　　　　　塑性变形(Plastic deformation)

硬度(Hardness)　　　　　　　　　　金属材料(Metallic Materials)

冲击韧度(Impact toughness)　　　　　聚合材料(Polymer Materials)

疲劳强度(Fatigue Strength)　　　　　陶瓷材料(Ceramic Materials)

## 习题与思考题

　　1．材料的性能有哪些？各有哪些性能指标？

　　2．由拉伸实验可以得出哪些力学性能指标？在工程上这些指标是怎样定义的，它们的单位是什么？$R_{p0.2}$、$\sigma_{-1}$ 是什么力学性能指标，单位是什么？

　　3．说明下列力学性能指标的含义和单位。

　　(1) $R_m$；(2) $R_{eL}$；(3) $R_{p0.2}$；(4) $A$；(5) $Z$；(6) $\alpha_k$；(7) HRC；(8) $K_{IC}$

　　4．拉伸试样的原标距长度为 50 mm，直径为 10 mm，经拉伸后，将已断裂的试样对接起来测量，若最后的标距长度为 79 mm，颈缩区的最小直径为 4.9 mm，试求该材料的断后伸长率和断面收缩率。

　　5．在有关工件的图纸上，出现以下几种硬度技术条件的标注方法，这几种标注是否正确？为什么？

　　(1) HBS250～300；(2) 600～650HBS；(3) HRC5～10；(4) HRC70～75。

　　6．下列各种工件应该采取何种硬度实验方法来测定其硬度？

　　(1) 锉刀；　(2) 黄铜轴套；　(3) 供应状态的各种碳钢钢材；

　　(4) 硬质合金刀片；　(5) 耐磨工件的表面硬化层。

　　7．什么是断裂韧度？什么是冲击韧度？

　　8．什么是疲劳现象和疲劳强度？

# 第2章  工程材料的结构

金属材料是指以金属键结合并具有金属特性的一类物质，它包括纯金属及合金。金属材料的力学性能与金属内部的组织结构有着密切的关系，金属材料的性能是它的内部组织结构的外在表现，要掌握金属材料的性能变化，必须了解金属的内部组织结构及形成过程。

## 2.1  金属的晶体结构

自然界的固态物质，根据原子在内部的排列特征可分为晶体与非晶体两大类。固态下原子在物质内部是有规则排列的，即为晶体。绝大多数金属与合金固态下都属于晶体，如纯铝、纯铁、纯铜等。固态下物质内部原子呈现无序堆积状况，称为非晶体。如松香、玻璃、沥青等。

### 2.1.1  纯金属的晶体结构

纯金属是指具有单一金属元素和金属特性的一类物质。理论上纯金属应是纯净不含杂质的，并有恒定的熔点和晶体结构。

**1. 晶体结构的基本概念**

(1) 晶格与晶胞。为了形象描述晶体内部原子排列(如图 2.1.1(a)所示)的规律，将原子抽象为空间的几何点，这些点的空间排列称为空间点阵。用一些假想的空间直线把这些几何点连接起来，构成的三维几何格架称为晶格，如图2.1.1(b)所示。

晶体中原子排列具有周期性变化的特点，通常从晶格中选取一个能够完全代表原子排列特征的最小几何单元，称为晶胞，如图 2.1.1(c)所示。

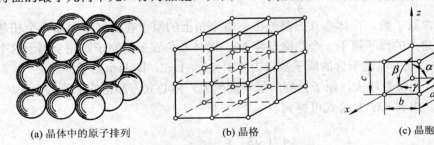

(a) 晶体中的原子排列          (b) 晶格          (c) 晶胞

图 2.1.1  晶体的示意图

不同元素结构不同，晶胞的大小和形状也有差异。结晶学规定，晶胞的大小以其各棱边尺寸 $a$、$b$、$c$ 表示，称为晶格常数，以 Å(埃)为单位来度量($1Å=10^{-1}$ nm)。晶胞各棱边之间夹角分别用 $\alpha$、$\beta$、$\gamma$ 表示。当晶胞 $a=b=c$，$\alpha=\beta=\gamma=90°$，称为简单立方晶胞。

(2) 晶系。各种晶体物质的晶格类型及晶格常数由原子结构、原子间的结合力(结合键)的性质决定。按原子排列形式及晶格常数不同可将晶体分为七种晶系：三斜晶系、单斜晶系、正交晶系、六方晶系、菱方晶系、四方晶系和立方晶系。

(3) 原子半径。原子半径是指晶胞中原子密度最大方向相邻两原子之间距离的一半。

(4) 晶胞中所含原子数。晶胞中所含原子数是指一个晶胞内真正包含的原子数目。因为晶体由大量晶胞堆砌而成，故处于晶胞顶角及每个面上的原子就不会为一个晶胞所独有，只有晶胞内部的原子才为晶胞所独有。因此，不同晶格类型的晶胞所含原子数目是不同的。

(5) 配位数及致密度。晶体中原子排列的紧密程度是反映晶体结构特征的一个重要参数。通常原子在晶体内排列的紧密程度用配位数和致密度来表示。

所谓配位数是指在晶体结构中，与任一原子最近邻且等距离的原子数。所谓致密度($K$)是指晶胞中原子所占的体积分数，即 $K = nv'/V$，式中，$n$ 为晶胞所含原子数；$v'$ 为单个原子体积；$V$ 为晶胞体积。

### 2. 常见金属的晶体结构

**1) 体心立方晶格(bcc 晶格)**

(1) 原子排列特征。体心立方晶格的晶胞如图 2.1.2 所示。其原子排列特征是立方体的八个角上各有一个原子，立方体的体心位置上有一个原子，八个角上的原子与体心位置的原子紧靠。

(a) 模型　　　　　　(b) 晶胞　　　　　　(c) 晶胞原子数

图 2.1.2　体心立方晶格的晶胞

(2) 晶格常数。$a = b = c$，$\alpha = \beta = \gamma = 90°$。

(3) 原子半径。体心立方晶胞中原子排列最紧密的方向是体对角线方向，因此原子半径 $r$ 与晶格常数 $a$ 之间的关系为 $r = \dfrac{\sqrt{3}}{4}a$。

(4) 晶胞所含原子数。在体心立方晶胞中，每个角上的原子在晶格中同属八个相邻的晶胞，因而每个角上的原子属于一个晶胞仅为 1/8，而体心位置上的原子则完全属于这个晶胞。所以一个体心立方晶胞所含的原子数目为 $(1/8) \times 8 + 1 = 2$，即两个原子。

(5) 配位数。配位数越大，原子排列的紧密度越大。体心立方晶格的配位数为 8。

(6) 致密度。由 $K = nv'/V$ 公式可得到

$$K = \frac{nv'}{V} = \frac{2 \times \dfrac{4}{3}\pi \left(\dfrac{\sqrt{3}}{4}a\right)^3}{a^3} \approx 0.68 = 68\%$$

由上式可知，体心立方晶格中有 68% 的体积被原子所占据，有 32% 的体积为空隙。

（7）具有体心立方晶格的金属。属于此类晶格类型的金属有 α-Fe、β-Ti、Cr、W、Mo、V、Nb 等 30 余种金属。

### 2）面心立方晶格(fcc 晶格)

（1）原子排列特征。面心立方晶格的晶胞如图 2.1.3 所示。由图可知，面心立方晶胞中原子排列特征是立方体的八个角及六个面的每个面的面心位置各被一个原子所占据。

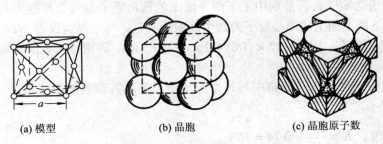

(a) 模型　　　　　　(b) 晶胞　　　　　　(c) 晶胞原子数

图 2.1.3　面心立方晶格的晶胞

（2）晶格常数。$a=b=c$，$\alpha=\beta=\gamma=90°$。

（3）原子半径。在面心立方晶胞中，在每个面对角线方向的原子排列最紧密，因此原子半径 $r=\dfrac{\sqrt{2}}{4}a$。

（4）晶胞所含原子数。晶胞中每个角上的原子为八个晶胞所共有，因而每个角上的原子属于一个晶胞仅为 1/8；每个面心上的原子为两个晶胞所共有，因而每个面心上的原子属于一个晶胞仅为 1/2。这样 $(1/8)×8+(1/2)×6=4$，即四个原子。

（5）配位数。面心立方晶胞中与任一原子最近邻且等距离的原子数为 12。

（6）致密度。面心立方晶胞的致密度为

$$K=\frac{nv'}{V}=\frac{4×\dfrac{4}{3}\pi\left(\dfrac{\sqrt{2}}{4}a\right)^3}{a^3}\approx0.74=74\%$$

由上式可知，面心立方晶格中有 74% 的体积被原子所占据，有 26% 的体积为空隙。

（7）具有面心立方晶格的金属。属于此类晶格类型的金属有 γ-Fe、Cu、Pb、Au、Ag 等。

### 3）密排六方晶格(hcp 晶格)

（1）原子排列特征。密排六方晶格的晶胞如图 2.1.4 所示。

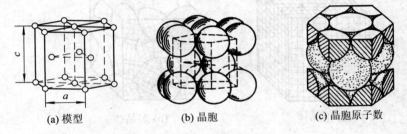

(a) 模型　　　　　　(b) 晶胞　　　　　　(c) 晶胞原子数

图 2.1.4　密排六方晶格的晶胞

由图可知，密排六方晶格中原子排列特征是在正六面柱体的上下两个面的六个顶角和面心位置各有一个原子，除此之外，在正六面柱体的中间有三个原子。

(2) 晶格常数。$a=b\neq c$，$\alpha=\beta=\gamma=90°$，$\gamma=120°$。

(3) 原子半径。$r=\dfrac{1}{2}a$。

(4) 晶胞所含原子数。晶胞中上下两个面上的顶角原子为六个晶胞所共有，每个晶胞仅占 1/6，上下两个面上的面心原子为两个晶胞所共有，每个晶胞仅占 1/2，体中间的三个原子为一个晶胞所有。因此，$12\times(1/6)+2\times(1/2)+3=6$，即密排六方晶格每个晶胞含有六个原子。

(5) 配位数。密排六方晶格中与每个原子最近邻且等距离的原子数为 12，即配位数为 12。

(6) 致密度。$K=\dfrac{nv'}{V}=0.74=74\%$。

(7) 具有密排六方晶格的金属。具有此类晶格类型的金属有 Mg、Cd、Zn、Be 等。

比较金属的三种典型晶格类型可知，面心立方晶格和密排六方晶格中原子排列紧密程度完全一样，$K=0.74$，这是原子在空间呈最紧密排列的两种形式。体心立方晶格中排列的紧密程度要差些（$K=0.68$）。因而，面心立方晶格的 γ-Fe 向体心立方晶格的 α-Fe 转变时将伴随着体积的膨胀。

### 3. 实际金属的晶体结构

#### 1) 多晶体结构

如果一块晶体内部晶格位向完全一致，我们称该晶体为单晶体。在单晶体中，因为所有晶胞均呈相同的位向，故单晶体具有各向异性。此外，它还有较高的强度、抗蚀性、导电性和其他特性，因此日益受到人们的重视。目前在半导体元件、磁性材料、高温合金等方面，单晶体材料已得到开发和应用。

在工业生产中，单晶体的金属材料除专门制作外基本上是不存在的。实际使用的金属材料是由许多小晶体组成的，在每一个小晶体内部晶格位向相同，而每个小晶体之间彼此位向不同。由于每个小晶体外形呈不规则的颗粒状，因此被称为晶粒。晶粒与晶粒之间的界面称为晶界。这种由多晶粒构成的晶体称为多晶体。单晶体与多晶体的示意图如图 2.1.5 所示。

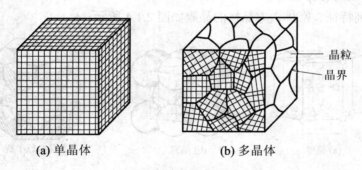

(a) 单晶体　　　　　　　　　(b) 多晶体

图 2.1.5　单晶体与多晶体的示意图

2) 实际金属晶体缺陷

在实际的金属晶体中，由于结晶条件和压力加工等因素的影响，因此存在大量原子排列不规则的区域，称为晶体缺陷。晶体缺陷的存在对金属的性能有着很大的影响。这些晶体缺陷分为点缺陷、线缺陷和面缺陷三大类。

(1) 点缺陷。点缺陷是指在三维尺度上都很小而不超过几个原子直径的缺陷。在实际晶体结构中，晶格的某些结点往往未被原子所占据，这种空着的结点位置被称为空位。同时又可能在个别晶格空隙处出现多余的原子，这种不占据正常晶格结点位置，而处在晶格空隙之间的原子称为间隙原子。另外，材料中总是或多或少存在着一些杂质或其他元素，这些异类原子可以占据晶格空隙，形成异类间隙原子，也可能占据原来原子的晶格结点位置，成为异类置换原子，点缺陷的示意图如图 2.1.6 所示。

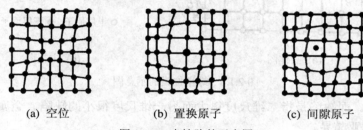

(a) 空位　　　　　　　(b) 置换原子　　　　　　　(c) 间隙原子

图 2.1.6　点缺陷的示意图

空位、间隙原子以及异类原子的存在，破坏了原子的平衡状态，使晶格发生了扭曲——晶格畸变。点缺陷造成的局部晶格畸变使金属的电阻率、屈服强度增加，也使金属的密度发生了变化。

(2) 线缺陷。线缺陷是指二维尺度很小而另一维尺度很大的缺陷。它包括各种类型的位错。所谓位错，是指晶体中一部分晶体相对另一部分晶体发生了一列或若干列原子有规律的错排现象。位错的基本类型有两种，即刃型位错和螺型位错。图 2.1.7 为刃型位错的示意图，EF 线称为位错线。依多余原子面位置，刃型位错分为正刃型位错和负刃型位错两种。图 2.1.8 为螺型位错的示意图，BC 线为位错线，螺型位错依位错排列原子的螺旋方向分为左螺型位错和右螺型位错。

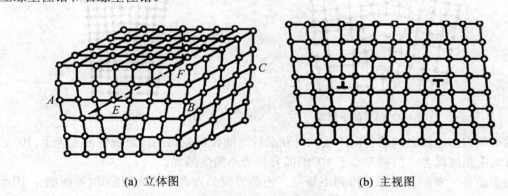

(a) 立体图　　　　　　　　　　　　(b) 主视图

图 2.1.7　刃型位错的示意图

位错能够在金属的结晶、塑性变形和相变等过程中形成。位错密度可用单位体积中位错线总长度来表示。退火金属中位错密度一般为 $10^{10} \sim 10^{12}$ m$^{-2}$ 左右；冷变形后的金属可达

$10^{16}$ m$^{-2}$。位错的存在极大地影响金属的力学性能。当金属为理想晶体(无缺陷)或仅含少量位错时，金属的屈服强度很高，随后随位错密度增加强度降低，当进行冷变形加工时，位错密度大大增加，屈服强度又会增高。

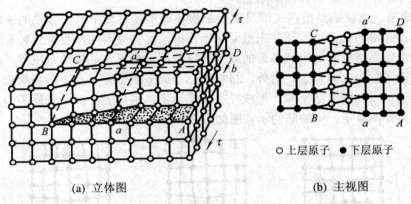

(a) 立体图　　　　　　　　　　　(b) 主视图

○上层原子　●下层原子

图 2.1.8　螺型位错的示意图

(3) 面缺陷。面缺陷是指二维尺度很大而另一维尺度很小的缺陷。金属晶体中的面缺陷主要有晶界和亚晶界。

晶粒与晶粒之间的接触界面称为晶界。随相邻晶粒位向差的不同，其晶界宽度为 5～10 个原子距离。晶界处于两个不同位向的晶粒之间，其原子排列必须同时适应相邻两个晶粒的位向，即从一种晶粒位向逐步过渡到另外一种晶粒位向，成为不同晶粒之间的过渡层。因此晶界上的原子多处于两种晶粒位向的折中位置，如图 2.1.9 所示。

晶粒也不是完全理想的晶体，而是由许多晶位差很小的亚晶粒组成的。亚晶粒之间的交界称为亚晶界。亚晶界可看成是由位错按一定规律排列而成的，如图 2.1.10 所示。

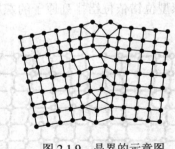

图 2.1.9　晶界的示意图

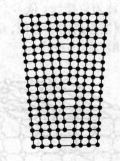

图 2.1.10　亚晶界的示意图

通常晶粒与晶粒之间的位向差较大，亚晶粒之间位向差很小。一般位向差大于 10°的晶界称为大角度晶界，位向差小于 10°的晶界称为小角度晶界。

由于晶界、亚晶界处原子排列不规则，使晶界较晶内具有更高的能量(界面能)，因此使得晶界、亚晶界处具有许多特殊性能。例如，晶界对位错运动起阻碍作用，使金属的强度升高，这是晶界主要特征之一。晶粒越细，金属的晶界面积越大，金属的强度就越高；晶粒越细，金属的塑性也越好。细化晶粒是同时提高金属强度及塑性的有效途径。

### 2.1.2　合金的结构

**1. 合金的基本概念**

纯金属虽然具有较好物理化学性能，但力学性能较差，且价格较高，种类有限。因此工程上使用的金属材料均以合金为主。

(1) 合金。一种金属元素与其他金属元素或非金属元素，经熔炼、烧结或其他方法结合成具有金属特性的物质。例如，碳钢就是铁与碳组成的合金。

(2) 组元。组成合金的最基本独立单元称为组元，简称元。组元可以是金属、非金属元素或稳定化合物。由两个组元组成的合金称为二元合金，由三个组元组成的合金称为三元合金，以此类推。

(3) 合金系。由两个或两个以上组元按不同比例配制成一系列不同成分的合金，称为合金系。

(4) 相。合金中具有同一化学成分、同一结构和原子聚集状态，并以界面互相分开的、均匀的组成部分称为相。固态纯金属一般是一个相，而合金则可能是几个相。

(5) 组织。用肉眼或显微镜观察到的材料具有独特微观形貌特征的部分称为相。

合金的性能一般都是由组成合金的各相成分、结构、形态、性能和各相组合情况所决定的。因此，在研究合金的组织与性能之前，必须了解合金组织中的相结构。固态合金中的相结构可分为固溶体、金属化合物和机械混合物三大类。

**2. 合金中的相结构**

1) 固溶体

当合金由液态结晶为固态时，一组元的晶格中溶入另一种或多种其他组元而形成的均匀相称为固溶体。保留晶格的组元称为溶剂，溶入晶格的组元称为溶质。通常固溶体用 α、β、γ 等符号表示。

(1) 固溶体分类。按溶质原子在溶剂晶格中的位置，固溶体可分为置换固溶体与间隙固溶体两种。固溶体中若溶质原子替换了一部分溶剂原子而占据了溶剂晶格中的某些结点位置，则这种类型的固溶体称为置换固溶体。若溶质原子在溶剂晶格中并不占据晶格结点位置，而是处于各结点间的空隙，则这种类型的固溶体称为间隙固溶体。固溶体的两种类型如图 2.1.11 所示。

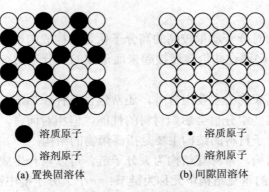

● 溶质原子　　　　　　· 溶质原子
○ 溶剂原子　　　　　　○ 溶剂原子
(a) 置换固溶体　　　　(b) 间隙固溶体

图 2.1.11　固溶体的两种类型的示意图

影响固溶体类型和溶解度的主要因素有组元的原子半径、电化学性质和晶格类型等。原子半径、电化学特性接近、晶格类型相同的组元，容易形成置固溶体，固溶体的溶解度越大。

(2) 固溶体的性能。当形成固溶体时，溶剂晶格类型虽保持不变，但由于溶质原子的溶入而使晶格畸变增加，晶格畸变增大了位错运动的阻力，使塑性变形更加困难，从而提高了固溶体的强度与硬度。这种通过形成固溶体使金属强度和硬度提高的现象称为固溶强化。

固溶强化是金属强化的重要方式之一。在溶质含量适当时，可显著提高材料的强度和硬度，而塑性和韧性没有明显降低。例如，纯铜的 $R_m$ 为 220 MPa，硬度为 40 HBS，而断面收缩率 Z 为 70%。然而，当加入 $\omega_{Ni}$(1%)形成单相固溶体后，强度升高到 330 MPa，硬度升高到 70HBS，断面收缩率仍有 50%。所以，固溶体的综合力学性能较好，常作为结构合金的基体相。与纯金属相比固溶体的物理性能有较大的变化，如电阻率上升、导电率下降、磁矫顽力增大等。

2) 金属化合物

合金组元相互作用形成的晶格类型和特性完全不同于任一组元的新相即为金属化合物，或称为中间相。金属化合物的结构特点是与其组元具有完全不同的晶格类型，其性能特点是熔点一般较高，硬度高，脆性大。当合金中含有金属化合物时，其强度、硬度及耐磨性有所升高，而塑性及韧性有所下降。金属化合物是许多合金的重要组成相(常作为强化相)。

3) 机械混合物

两种或两种以上的相按一定质量百分数组合成的物质称为机械混合物。混合物中各组成相仍保持自己的晶格，彼此无交互作用，其性能主要取决于各组成相的性能以及相的分布状态。

工程上使用的大多数合金的组织都是固溶体与少量金属化合物组成的机械混合物。通过调整固溶体中溶质含量和金属化合物的数量、大小、形态和分布状况，可以使合金的力学性能在较大范围变化，从而满足工程上的多种需求。

## 2.2　高分子材料的结构

高分子材料是由相对分子质量较高的高分子化合物构成的材料。高分子化合物是由许多小分子(或称为低分子)通过共价键连接起来而形成的大分子的有机化合物，又称为聚合物或高聚物。

高分子材料除以高聚物为主要组分外，还常包含各种添加剂，如塑料中的填料、增塑剂、固化剂等。虽然这些组分也会影响材料的性能，但相对而言，毕竟不像高聚物那样起关键作用。因此，高分子材料的结构主要是指高聚物的结构。

高聚物具有链状结构，常称其结构为大分子链。可以聚合生成大分子链的小分子化合物称为单体；大分子链的重复结构单元称为链节；一个大分子链中链节的数量称为聚合度，聚合度反映了大分子链的长短及相对分子质量的大小。

(1) 加聚反应。由一种或多种单体相互加成而连接成聚合物的反应，生成加聚物。如聚乙烯是由乙烯聚合而成的，乙烯就是聚乙烯的单体，其聚合反应式为

$$n(CH_2-CH_2) \rightarrow [-CH_2-CH_2-]_n$$

式中，$[-CH_2-CH_2-]$ 即为聚乙烯大分子链的链节；$n$ 为聚乙烯大分子链的聚合度。

(2) 缩聚反应。由一种或多种单体相互混合而连接成聚合物，同时析出某种低分子物质的反应，生成缩聚物和副产品。例如，对苯二甲酸酯 + 乙二醇 → 聚酯纤维 + 甲醇。

**1. 大分子链的结构**

大分子链可呈现不同的几何形状，主要有线型、带有支链的线型(简称支链型)和体型三类，其结构如图 2.2.1 所示。

(a) 线型结构　　　　　(b) 带有支链的线型结构　　　　　(c) 体型结构

图 2.2.1　大分子链的结构示意图

**1) 线型分子链**

整个大分子像一条线状的长链，其直径小于 1 nm，而长度可达几百甚至几千纳米。根据分子链的柔顺性和外界条件可以卷曲成无规则的线团，也可以伸展成直线。线型大分子的大分子间没有化学键结合，在受热或受力的作用下，分子间可互相移动而发生流动。因此线型高聚物可以溶解在某些溶剂中，加热可熔融，可制成纤维和薄膜。

**2) 支链型分子链**

在主链的两侧以共价键连接相当数量的长短不一的支链，其形状有树枝形、梳形和星形。支链型大分子的性能与线型大分子的性能相似，但由于支链的存在，使得分子与分子之间堆砌不紧密，增加了分子之间的距离，使分子之间的作用力减少，分子链容易卷曲。从而提高了高聚物的弹性和塑性，降低了结晶度、成型加工温度、强度和密度。

**3) 体型分子链**

在线型或支链型分子链之间，沿横向通过链节以共价键连接起来，形成的三维(空间)网状大分子。

体型分子链构成的高聚物称为交联高聚物。对于交联高聚物而言，单个的大分子已不复存在，许多大分子链通过共价键形成了一个整体。因此交联高聚物受热后不熔融，加入溶剂后也不能溶解，但当交联度不太高时，其在溶剂中可以溶胀。交联高聚物属于热固性材料。这类材料一般具有较高的强度、尺寸稳定性和耐热性及化学稳定性。例如，对聚乙烯进行交联，可大幅度提高其耐热性，更好地满足电线电缆和电工器材对使用温度的要求。

**2. 大分子链的聚集态结构**

按照大分子链排列是否有序，高聚物的聚集态结构可分为晶态和非晶态(无定形)两种。

晶态高聚物分子排列规整有序；非晶态高聚物分子排列无规则。

1) 无定形高聚物的结构

线型大分子链很长，当高聚物固化时，由于黏度增大，很难进行有规则的排列，而多呈无序状态，形成无定形结构，如图 2.2.2 所示。体型大分子结构由于分子链间存在大量交联，不可能进行有序排列，因此一般都具有无定形结构。

2) 晶态高聚物的结构

线型、支链型和交联较少的网状高分子聚合物固化时可以结晶，但由于分子链运动较困难，不可能进行完全的结晶，如图 2.2.3 所示。其中晶区中的大分子是有规则的紧密排列，非晶区中的大分子排列松散且混乱。由于晶区和非晶区的尺寸远比分子链的长度小，因此每个大分子链往往要穿过许多晶区和非晶区，并因此使晶区和非晶区紧密相连，不形成明确的分界线。

图 2.2.2　无定形高聚物的结构示意图

图 2.2.3　晶态高聚物的结构示意图

高聚物的性能与其聚集态有密切的联系。非晶态高聚物，由于分子链无规则排列，分子链的活动能力大，故其弹性、延伸率和韧性等性能好；晶态高聚物，由于分子链规则排列而紧密，分子间吸力大，分子链运动困难，故其熔点、相对密度、强度、刚度、耐热性和抗熔性等性能好，随结晶度增加，熔点、相对密度、强度、刚度、耐热性和抗熔性均提高，而弹性、延伸率和韧性则降低。在实际生产中控制影响结晶的诸因素，可以得到不同聚集态的高聚物，满足所需的性能要求。

聚集态结构主要是在材料的成型加工过程中形成的，是决定高分子材料使用性能的主要因素。

### 3. 高聚物的力学状态

高聚物的结构、形态不同，在不同温度范围内具有不同的运动方式，在宏观上表现为高聚物的不同力学状态。同时，由于高分子材料的性质不同，因此在受热时力学状态的变化情况也有很大差别，图 2.2.4 为线型无定型高聚物的温度－变形曲线。由图可见，线型无定型高聚物呈现玻璃态、高弹态和黏流态等三种力学状态。

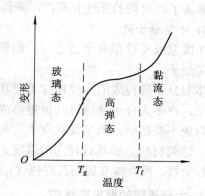
图 2.2.4　线型无定型高聚物的温度－变形曲线

1) 玻璃态

在温度低于 $T_g$ 时，由于温度低，链段的运动处于冻结状态，高聚物处于玻璃态，$T_g$ 称为玻璃化温度。在力学行为上表现模量高、形变小，质硬而脆，是塑料的应用状态。应力和应变符合虎克定律，并在瞬时达到平衡。玻璃态高聚物不宜进行引起大变形的加工，但可进行机械加工。

2) 高弹态

当温度处于玻璃化温度 $T_g$ 和黏流化温度 $T_f$ 之间时，高聚物处于高弹态。此阶段的高聚物在受外力作用时，分子链可以从卷曲状态转变为伸展状态。高聚物表现为柔软而富有弹性，具有橡胶的特性，它是高聚物所独有的状态。

对于非晶态高聚物，在 $T_g \sim T_f$ 温度区间靠近 $T_f$ 一侧，由于高聚物黏性很大，可进行某些材料的真空成型、压力成型、压延成型和弯曲成型等。对晶态或部分结晶的高聚物，当外力大于材料的屈服强度时，可在玻璃化温度至熔点($T_g \sim T_m$ 温度)区间进行薄膜或纤维的拉伸。

3) 黏流态

当温度升到黏流化温度 $T_f$ 时，大分子链可自由运动，高聚物呈流动状态，这种状态称为黏流态。通常又将这种液体状态的高聚物称为熔体。

材料在高于 $T_f$ 以上的温度时，由于分子热运动大大激化，材料的模量降低到最低值，这时高聚物熔体变形在不大的外力作用下就能形成不可逆的黏性变形，冷却高聚物就能将变形永久保持下来，因此这一温度范围常用来进行熔融纺丝、注射、挤出、吹塑等加工。因此 $T_f$ 与 $T_g$ 一样都是高聚物材料进行成型加工的重要参考温度。

在室温下，塑料处于玻璃态，玻璃化温度是非晶态塑料使用的上限温度，熔点则是结晶高聚物使用的上限温度。对于橡胶，玻璃化温度则是其使用的下限温度。

## 2.3　陶瓷材料的结构

陶瓷是由金属和非金属元素的化合物构成的多晶固体材料，其结构比金属晶体复杂得多，通常认为其组织结构由晶体相、玻璃相和气相三部分组成。陶瓷显微组织的结构如图2.3.1 所示。

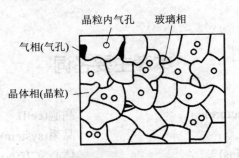

图 2.3.1　陶瓷显微组织的结构示意图

1) 晶体相

晶体相是一些化合物或以化合物为基的固溶体，它是决定陶瓷材料物理、化学和力学性能的主要组成物。在陶瓷的晶体相结构中，主要有硅酸盐结构和氧化物结构两类。硅酸盐是传统陶瓷的主要原料，也是陶瓷材料的重要晶体相。陶瓷材料是多晶体，同金属一样，有晶粒和晶界。在一个晶粒内，也有线缺陷和点缺陷，这些晶体缺陷的作用类同金属晶体中的缺陷，但陶瓷在常温下几乎没有塑性。

2）玻璃相

陶瓷制品在烧结过程中，有些物质(如作为主要原料的 $SiO_2$)已处在熔化状态，但在熔点附近 $SiO_2$ 的黏度很大，原子迁移困难，因此当液态 $SiO_2$ 冷却到熔点以下时，原子不能排列为有序(晶体)状态，而形成过冷液体。当过冷液体继续冷却到玻璃化转变温度时，则凝固为非晶态的玻璃相。

玻璃相的结构是由离子多面体构成的空间网络，呈不规则排列。玻璃相在陶瓷组织中的作用是黏结分散的晶体相，降低烧结温度，抑制晶体长大和充填空隙等。

玻璃相的熔点低、热稳定性差，使陶瓷在高温下容易产生蠕变，从而降低高温下的强度。所以，工业陶瓷中玻璃相的体积分数需要控制在 20%～40%的范围内。

3）气相

气相是指陶瓷组织内部残留下来的气孔。气孔可以是封闭型的，也可以是开放型的，可以分布在晶粒内，也可分布在晶界上。气孔在陶瓷组织中的比例约占 5%或更高。

气孔会造成应力集中，使陶瓷容易开裂，降低强度。气孔还降低陶瓷抗电击穿能力，同时对光线有散射作用，降低陶瓷的透明度，因此应尽量减少或避免气孔的存在。一般普通陶瓷的气孔率控制在 5%～10%；特种陶瓷应在 5%以下。

# 本 章 小 结

金属的晶格有体心立方结构、面心立方结构和密排六方结构，由于致密度的不同，从一种晶格到另一种晶格的变化会引起体积的变化。合金的相结构有固溶体和化合物之分。弥散强化和固溶强化可以提高金属材料的力学性能。实际上，金属是由多晶粒组成的，金属内部存在着点缺陷、位错、晶界和亚晶界。位错的存在以及位错密度的变化，对金属的性能如强度、塑性、疲劳等都起着重要影响。点缺陷、晶界和亚晶界也与材料的力学性能有关。

# 本章主要名词

晶体结构(crystal structure)　　　　　　晶胞(cell)

晶格(lattice)　　　　　　　　　　　　晶系(system)

原子半径(atomic radius)　　　　　　　体心立方(body-centered cubic)

面心立方(face-centered cubic)　　　　　密排六方(hexagonal close packed)

晶格常数(the lattice constant)　　　　　配位数(coordination number)

致密度(density)　　　　　　　　　　多晶体(multiple crystal)

点缺陷(point defect)　　　　　　　　线缺陷(line defect)

面缺陷(surface defects)　　　　　　固溶体(solid solution)

间隙固溶体(interstitial solid solution)　　位错(dislocation)

置换固溶体(substitutional solid solution)　　合金(alloy)

高分子化合物(macromolecular compound)　　空位(vacancies)

加聚反应(addition polymerization)　　缩聚反应(condensation reaction)

线型结构(linear structure)　　　　体型结构(body structure)

玻璃态(the glass state)　　　　　高弹态(high elastic state)

黏流态(the viscous flow)　　　　晶体相(crystal phase)

玻璃相(glass phase)　　　　　　气相(the gas phase)

# 习题与思考题

1. 简述金属三种典型晶体结构的特点。
2. 为什么单晶体具有各向异性,而多晶体一般不显示各向异性?
3. 金属的实际晶体中存在哪些晶体缺陷?它们对性能有什么影响?
4. 合金的结构与纯金属的结构有什么不同?合金的力学性能为什么优于纯金属?
5. 什么是固溶强化?造成固溶强化的原因是什么?
6. 简述高聚物大分子链的结构与形态。它们对高聚物的性能有何影响?
7. 陶瓷的典型组织由哪几种相组成?它们各自具有什么作用?
8. 从结构方面比较金属、高聚物、陶瓷三种材料的优缺点。

# 第 3 章 金属材料的组织与性能控制

金属的组织与结晶过程密切相关，结晶后形成的组织对金属的使用性能和工艺性能有直接影响，因此了解金属的结晶过程和规律，对于改善金属材料的组织和性能具有重要的意义。

## 3.1 纯金属的结晶

金属材料的生产一般都要经过由液态到固态的凝固过程，如果凝固的固态物质是晶体，则这种凝固就称为结晶。由于固态金属大都是晶体，因此金属凝固的过程通常也称为结晶过程，金属结晶后获得的原始组织称为铸态组织，它对金属的工艺性能及使用性能有直接影响。

### 1. 冷却曲线与过冷度

纯金属都有一个固定的熔点(或称为结晶温度)，高于此温度熔化，低于此温度才能结晶为晶体，因此纯金属的结晶过程总是在一个恒定的温度下进行的。纯金属的结晶过程可用热分析等实验测绘的冷却曲线来描述。

由图 3.1.1(a)所示的冷却曲线可知，当金属液缓慢冷却时，随着热量向外散失，温度不断下降，当温度降到 $T_0$ 时，开始结晶。由于结晶时放出的结晶潜热补偿了其冷却时向外散失的热量，故结晶过程中温度不变，即冷却曲线上出现了水平线段，水平线段所对应的温度称为理论结晶温度($T_0$)。在理论结晶温度 $T_0$ 时，液体金属与其晶体处于平衡状态，这时液体中的原子结晶为晶体的速度与晶体上的原子溶入液体中的速度相等。结晶结束后，固态金属的温度继续下降，直到室温。

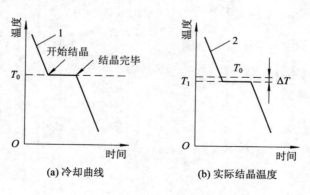

(a) 冷却曲线　　(b) 实际结晶温度

图 3.1.1　纯金属的冷却曲线

　　在宏观上看，这时既不结晶也不熔化，晶体与液体处于平衡状态，只有温度低于理论结晶温度 $T_0$ 的某一温度时，才能有效地进行结晶。

　　在实际生产中，金属结晶的冷却速度都很快。因此，金属液的实际结晶温度 $T_1$ 总是低于理论结晶温度 $T_0$，如图 3.1.1(b)所示。金属结晶时的这种现象称为过冷，两者温度之差称为过冷度，以 $\Delta T$ 表示，即 $\Delta T = T_0 - T_1$。

　　实际上金属总是在过冷的情况下结晶的，但同一金属结晶时的过冷度并不是一个恒定值，而与其冷却速度、金属的性质和纯度等因素有关。冷却速度越大，过冷度就越大，金属的实际结晶温度就越低。过冷是金属结晶的必要条件。

**2. 纯金属的结晶过程**

　　纯金属的结晶过程发生在冷却曲线上平台所经历的这段时间。当液态金属结晶时，首先在液态中出现一些微小的晶体——晶核，它不断长大，同时新的晶核又不断产生并相继长大，直至液态金属全部消失为止，如图 3.1.2 所示。因此，金属的结晶包括晶核的形成和晶核的长大两个基本过程，并且这两个过程是同时进行的。

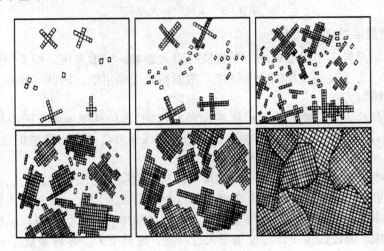

图 3.1.2　纯金属的结晶过程

**1) 晶核的形成**

　　由图 3.1.2 可见，当液态金属冷至结晶温度以下时，某些类似晶体原子排列的小集团便成为结晶核心。这种由液态金属内部自发形成结晶核心的过程称为自发形核。而在实际金属中常有杂质存在，这种依附于杂质或型壁而形成的晶核，晶核形成时具有择优取向，这种形核方式称为非自发形核。自发形核和非自发形核在金属结晶时是同时进行的，但非自发形核常起优先和主导的作用。

**2) 晶核的长大**

　　晶核形成后，当过冷度较大或金属中存在杂质时，金属晶体常以树枝状的形式长大，如图 3.1.3 所示。在晶核形成初期，外形一般比较有规则，但随着晶核的长大，形成了晶体的顶角和棱边，此处散热条件优于其他部位，因此在顶角和棱边处以较大成长速度形成枝干。同理，在枝干的长大过程中，又会不断生出分支，最后填满枝干的空间，结果形成树枝状晶体，简称枝晶。

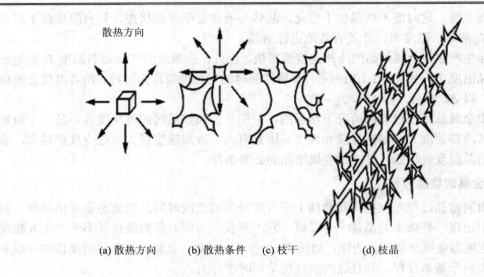

散热方向

(a) 散热方向　　　(b) 散热条件　　(c) 枝干　　　　　(d) 枝晶

图 3.1.3　晶核的长大方式

### 3. 金属结晶后的晶粒大小

金属结晶后晶粒大小对金属的力学性能有重大影响，一般来说，细晶粒金属具有较高的强度和韧性。为了提高金属的力学性能，希望得到细晶组织。因此，必须了解影响晶粒大小的因素及控制方法。

结晶后的晶粒大小主要取决于形核率 $N$(单位时间、单位体积内所形成的晶核数目)与晶核的长大速率 $G$(单位时间内晶核向周围长大的平均线速度)。显然，凡能促进形核率 $N$，抑制长大速率 $G$ 的因素，均能细化晶粒。

工业生产中，为了细化晶粒，改善其性能，常采用以下方法：

(1) 增加过冷度。形核率和长大速率都随过冷度增大而增大，但在很大范围内形核率比晶核长大速率增长得更快。故过冷度越大，单位体积中晶粒数目越多，晶粒越易细化。

实际生产中，通过加快冷却速度来增大过冷度，这对于大型零件显然不易办到，因此，这种方法只适用于中、小型铸件。

(2) 变质处理。在液态金属结晶前加入一些细小变质剂，使结晶时的形核率 $N$ 增加，而长大速率 $G$ 降低，这种细化晶粒的方法称为变质处理。例如，向钢液中加入铝、钒、硼；向铸铁中加入 Si-Fe、Si-Cu；向铝液中加入钛、锆等。变质处理在生产中应用很广。

此外，采用机械振动、超声波振动和电磁振动等，增加结晶动力，使枝晶破碎，也间接增加了形核核心，同样可细化晶粒。

# 3.2　合金的结晶

合金的结晶也是在过冷条件下形成晶核与晶核长大的过程，但由于合金成分中会有两个以上的组元，使其结晶过程比纯金属要复杂得多。为了掌握合金的成分、组织、性能之间关系，必须了解合金的结晶过程，合金中各组织的形成和变化规律。合金相图就是研究这些问题的重要工具。

　　合金相图又称为状态图或平衡图，是表示在平衡(极其缓慢加热或冷却)条件下，合金系中各种合金状态与温度、成分之间关系的图形。因此，通过相图可以了解合金系中任何成分的合金、在任何温度下的组织状态，以及在什么温度发生结晶和相变、存在几个相、每个相的成分是多少等。

　　在生产实践中，相图可作为正确制定铸造、锻压、焊接及热处理工艺的重要依据。

### 3.2.1　二元合金相图

#### 1. 二元合金相图建立

　　由两个组元组成的合金相图称为二元合金相图。相图大多是通过实验方法建立的，目前测绘相图的方法很多，但最常用的是热分析法。现利用热分析法测定 Cu-Ni 合金的临界点(发生相变的温度，也称为相变点或转折点)，说明二元合金相图的建立。

　　(1) 配制若干组不同成分的 Cu-Ni 合金，Cu-Ni 合金成分和临界点如表 3.2.1 所示。

表 3.2.1　Cu-Ni 合金成分和临界点

| 合金成分 | Ni | 0 | 20 | 40 | 60 | 80 | 100 |
| --- | --- | --- | --- | --- | --- | --- | --- |
| (质量分数)/% | Cu | 100 | 80 | 60 | 40 | 20 | 0 |
| 结晶开始温度/℃ | | 1083 | 1175 | 1260 | 1340 | 1410 | 1455 |
| 结晶终止温度/℃ | | 1083 | 1130 | 1195 | 1270 | 1360 | 1455 |

　　(2) 用热分析法分别测出各组合金的冷却曲线。

　　(3) 找出各冷却曲线上的相变点。

　　(4) 将找出的相变点分别标注在温度—时间坐标图中相应的成分曲线上。

　　(5) 将相同意义的点用平滑曲线连接起来，即获得了 Cu-Ni 合金相图。Cu-Ni 合金的冷却曲线及相图如图 3.2.1 所示。

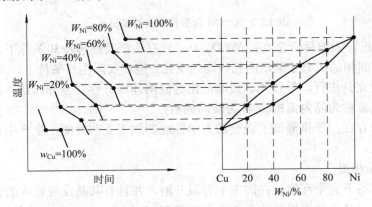

图 3.2.1　Cu-Ni 合金的冷却曲线及相图

#### 2. 二元相图的分析

##### 1) 二元匀晶相图

两组元在液态和固态下均能无限互溶所构成的相图称为二元匀晶相图。属于该类相图的合金有 Cu-Ni、Fe-Cr、Au-Ag 等。下面以 Cu-Ni 合金为例,对二元合金结晶过程进行分析。

(1) 相图分析。图 3.2.2(a)为 Cu-Ni 合金相图,图中 $a$ 点(1083℃)是纯铜的熔点,$b$ 点(1452℃)是纯镍的熔点,$a321b$ 线是合金开始结晶的温度线,称为液相线;$a3'2'1'b$ 是合金结晶终了的温度线,称为固相线。

液相线与固相线把整个相图分为三个相区,液相线以上为单一液相区,以"L"表示;固相线以下是单一固相区,为 Cu 与 Ni 组成的无限固溶体,以"α"表示;液相线与固相线之间为液相和固相两相共存区,以"L+α"表示。

(2) 合金的结晶过程。以成分为 K 的合金为例说明 Cu-Ni 合金的结晶过程。由图 3.2.2(a)可见,成分为 K 的 Cu-Ni 合金,其成分垂线与液、固相线分别相交于 1、3' 两点。当合金以极缓慢速度冷至 $t_1$ 时,开始从液相中析出 α,随着温度不断降低,α 相不断增多,而剩余的液相 L 不断减少,并且液相和固相的成分通过原子扩散而分别沿着液相线和固相线变化。当结晶终了时,获得与原合金成分 K 相同的 α 相固溶体,结晶过程如图 3.2.2(b)所示。

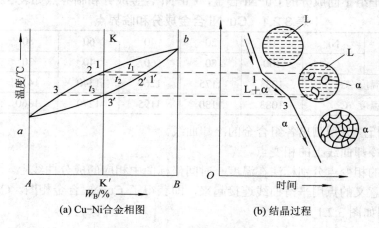

(a) Cu-Ni合金相图　　(b) 结晶过程

图 3.2.2　Cu-Ni 合金相图及结晶过程

(3) 枝晶偏析。固溶体合金在结晶过程中,只有在极其缓慢冷却条件下,原子具有充分扩散的能力,固相的成分才能沿固相线均匀变化。但在实际生产条件下,冷却速度较快,原子扩散来不及充分进行,导致先、后结晶出的固溶体成分存在差异,这种晶粒内部化学成分不均匀的现象称为晶内偏析(又称为枝晶偏析)。

枝晶偏析的存在,严重降低了合金的力学性能和加工工艺性能,生产中常采取扩散退火工艺来消除它。

2) 二元共晶相图

两组元在液态下完全互溶、在固态下有限互溶,并且有共晶反应发生的合金相图,称为二元共晶相图。具有这类相图的合金系主要有 Pb-Sn、Cu-Ag、Zn-Sn 等。

(1) 相图分析。Pb-Sn 合金相图如图 3.2.3 所示,$adb$ 为液相线,$acdeb$ 为固相线。

合金系有三种相:Pb 与 Sn 形成的液溶体 L 相,Sn 溶于 Pb 中的有限固溶体 α 相;Pb 溶于 Sn 中的有限固溶体 β 相。相图中有三个单相区:L、α、β;三个两相区:L+α、L+β、α+β;一条 L+α+β 的三相共存线(水平线 $cde$)。

$d$ 点为共晶点，表示此点成分的合金冷却到此点所对应的温度时，共同结晶出 $c$ 点成分的 α 相和 $e$ 点成分的 β 相，表示为：

$$L_d \rightleftharpoons \alpha_c + \beta_e$$

这种由一种液相在恒温下同时结晶出两种固相的反应称为共晶反应，所生成的两相混合物称为共晶体。发生共晶反应时是三相共存的，它们各自的成分是确定的，反应是在恒温下进行的。

$cf$ 线为 Sn 在 Pb 中的溶解度线(或 α 相的固溶线)。$eg$ 线为 Pb 在 Sn 中溶解度线(或 β 相的固溶线)。随着温度降低，固溶体的溶解度下降。

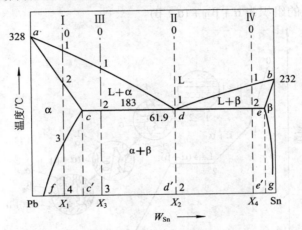

图 3.2.3　Pb–Sn 合金相图

(2) 合金冷却过程分析。

① 合金 I 的结晶过程：示意图如图 3.2.4 所示。当液态合金冷却到 1 点时，发生匀晶结晶过程，至 2 点温度合金全部结晶成 α 固溶体，冷却到 3 点，开始从 α 中析出 $\beta_{II}$，最后冷却到室温，合金的组织为 α+$\beta_{II}$。

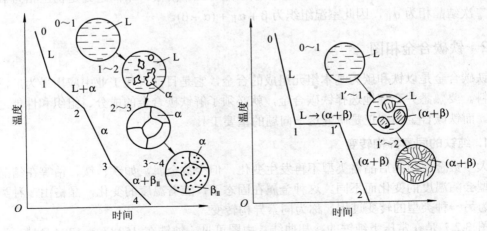

图 3.2.4　合金 I 的结晶过程　　　　　　图 3.2.5　合金 II 的结晶过程

② 合金 II 的结晶过程：示意图如图 3.2.5 所示。合金 II 为共晶合金，从液态冷却到 1

点温度后发生共晶反应：$L_d \rightleftharpoons \alpha_c + \beta_e$ 经一定时间反应结束，全部转变为共晶体 $\alpha_c + \beta_e$。从共晶温度冷却至室温时，共晶体中的 $\alpha_e$ 和 $\beta_e$ 均发生二次结晶，即从 $\alpha$ 中析出 $\beta_{II}$，从 $\beta$ 中析出 $\alpha_{II}$。由于析出的二次相同共晶体中 $\alpha$ 和 $\beta$ 相连在一起，共晶体的形态不发生变化，合金室温下的组织仍为共晶体($\alpha + \beta$)。

③ 合金 III 的结晶过程：示意图如图 3.2.6 所示。合金 III 是亚共晶合金，冷却到 1 点温度后，由匀晶反应生成初生 $\alpha$ 固溶体，在 1 到 2 的冷却过程中，$\alpha$ 的成分沿 $ac$ 线变化，液相成分沿 $ad$ 线变化；冷却至 2 点温度时，剩余液相成分达到共晶点，发生共晶反应，生成共晶体($\alpha + \beta$)。在 2～3 冷却的过程中，初生 $\alpha$ 中不断析出 $\beta_{II}$，而共晶体形态、总量保持不变。室温下合金的组织为 $\alpha + \beta_{II} + (\alpha + \beta)$。

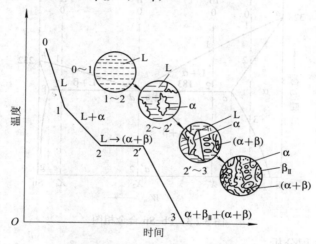

图 3.2.6　亚共晶合金的结晶过程

位于 $d \sim e$ 之间的合金为过共晶合金(图 3.2.3 中的合金 IV)。它们的结晶过程与亚共晶合金类似，也包括匀晶反应、共晶反应和二次结晶等三个阶段；不同之处是初生相为 $\beta$ 固溶体，二次结晶相为 $\alpha_{II}$，因此室温组织为 $\beta + \alpha_{II} + (\alpha + \beta)$。

### 3.2.2　铁碳合金相图

铁碳合金是以铁和碳为基本组元组成的合金，它是目前现代工业中应用最为广泛的金属材料。要熟悉并合理地选择铁碳合金，就必须了解铁碳合金的成分、组织和性能之间的关系。而铁碳合金相图正是研究这一问题的重要工具。

**1. 纯铁的同素异构转变**

大多数金属结晶后晶格类型不再发生变化，但少数金属，如铁、钛、钴等在结晶后晶格类型会随温度的变化而不同。这种金属在固态下，随着温度的变化，晶格由一种类型转变成为另一种类型的转变过程，称为同素异构转变。

图 3.2.7 是在常压下纯铁的冷却曲线。由图可见，纯铁在 1538℃～1394℃时，为体心立方晶格的 δ-Fe；在 1394℃～912℃时，为面心立方的 γ-Fe；在 912℃以下，为体心立方晶格的 α-Fe。

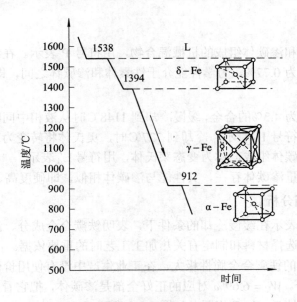

图 3.2.7　纯铁的冷却曲线

同素异构转变是钢铁的一个重要特性，是能够进行热处理来改变性能的基础。同素异构转变是通过原子的重新排列来完成的，是重结晶过程，有一定的转变温度，转变时需要过冷，有潜热产生，而且转变过程也是由晶核的形成和晶核的长大来完成的。

**2. 铁碳合金中的相、组织、性能**

含有 0.10%～0.20% 杂质的铁碳合金称为工业纯铁，工业纯铁虽然塑性、导磁性能良好，但强度不高，不适宜制作结构零件。为了提高纯铁的强度、硬度，常在纯铁中加入少量碳元素，由于铁和碳的交互作用，可形成下列五种基本组织：铁素体、奥氏体、渗碳体、珠光体、莱氏体。

1) 铁素体

碳溶于 α-Fe 中所形成的间隙固溶体称为铁素体，用符号 F 或 α 表示，它仍保持 α-Fe 的体心立方晶格结构。因其晶格间隙较小，所以溶碳能力很差，在 727℃时最大溶碳量仅为 0.0218%，室温时降至 0.0008%。铁素体由于溶碳量小，力学性能与纯铁相似，即塑性和冲击韧度较好，而强度、硬度较低。

2) 奥氏体

碳溶于 γ-Fe 中所形成的间隙固溶体称为奥氏体，用符号 A 或 γ 表示，它保持 γ-Fe 的面心立方晶格结构。由于其晶格间隙较大，因此溶碳能力比铁素体强，在 727℃时溶碳量为 0.77%；在 1148℃时溶碳量达到 2.11%。

奥氏体的强度、硬度较低，但具有良好塑性，是绝大多数钢在高温下进行压力加工的理想组织。

3) 渗碳体

渗碳体是铁和碳组成的具有复杂斜方结构的间隙化合物，用化学式 $Fe_3C$ 表示。渗碳体中的碳的质量分数为 6.69%，硬度很高(800HBW)，塑性和韧性几乎没有。主要作为铁碳合金中的强化相存在。

**4) 珠光体**

珠光体是铁素体和渗碳体组成的机械混合物，用符号 P 表示。在缓慢冷却条件下，珠光体中碳的质量分数为 0.77%，力学性能介于铁素体和渗碳体之间，即综合性能良好。

**5) 莱氏体**

莱氏体是含碳量为 4.3% 的合金，缓慢冷却到 1148℃时从液相中同时结晶出奥氏体和渗碳体的共晶组织，用符号 $L_d$ 表示。冷却到 727℃时，奥氏体将转变为珠光体，因此室温下莱氏体由珠光体和渗碳体组成，称为变态莱氏体，用符号 $L'_d$ 表示。

莱氏体中由于大量渗碳体存在，其性能与渗碳体相似，即硬度高、塑性差。

**3. 铁碳合金相图分析**

铁碳合金相图是表示在缓慢冷却的条件下，表明铁碳合金成分、温度、组织变化规律的简明图解，它也是选择材料和制定有关热加工工艺时的重要依据。

由于 $W_C > 6.69\%$ 的铁碳合金脆性极大，在工业生产中没有使用价值，所以我们只研究 $W_C$ 小于 6.69% 的部分。$W_C = 6.69\%$ 对应的正好全部是渗碳体，把它看成一个组元，实际上我们研究的铁碳相图是 Fe-Fe$_3$C 相图，如图 3.2.8 所示。

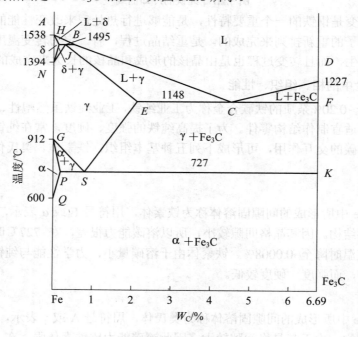

图 3.2.8　Fe-Fe$_3$C 相图

Fe-Fe$_3$C 相图纵坐标为温度，横坐标为碳的质量百分数，其中包含包晶、共晶和共析三种典型反应。

**1) Fe-Fe3C 相图中特性点的含义**

特性点的含义如表 3.2.2 所示。应当指出，Fe-Fe$_3$C 相图中特性的数据随着被测试材料纯度的提高和测试技术的进步而趋于精确，因此，不同资料中的数据会有出入。

### 表 3.2.2　Fe-Fe₃C 相图中的特性点

| 符　号 | 温度/℃ | 含碳量/% | 说　　明 |
|---|---|---|---|
| A | 1538 | 0 | 纯铁的熔点 |
| B | 1495 | 0.53 | 包晶转变时液态合金的成分 |
| C | 1148 | 4.3 | 共晶点，$L_C \rightleftharpoons A_E + Fe_3C$ |
| D | 1227 | 6.69 | 渗碳体的熔点 |
| E | 1148 | 2.11 | 碳在 γ-Fe 中的最大溶解度 |
| G | 912 | 0 | 纯铁的同素异构转变点 $\alpha\text{-Fe} \rightleftharpoons \gamma\text{-Fe}$ |
| H | 1495 | 0.09 | 碳在 δ-Fe 中的最大溶解度 |
| J | 1495 | 0.17 | 包晶点 |
| N | 1394 | 0 | $\gamma\text{-Fe} \rightleftharpoons \delta\text{-Fe}$ 同素异构转变点 |
| P | 727 | 0.0218 | 碳在 α-Fe 中的最大溶解度 |
| S | 727 | 0.77 | 共析点$(A_1)A_S \rightleftharpoons F_P + Fe_3C$ |
| Q | 600 | 0.008 | 600℃时碳在 α-Fe 中的溶解度 |

2) Fe-Fe3C 相图中特性线的意义

Fe-Fe₃C 相图中各特性线的符号、名称、意义如表 3.2.3 所示。

### 表 3.2.3　Fe-Fe₃C 相图中的特性线

| 特性线 | 含　　义 |
|---|---|
| ABCD | 液相线 |
| AHJECF | 固相线 |
| HJB | 包晶线 $L_B + \delta_H \rightleftharpoons A_J$ |
| GS | 常称为 $A_3$ 线。冷却时，不同含量的奥氏体中结晶铁素体的开始线 |
| ES | 常称为 $A_{cm}$ 线。碳在奥氏体中的固溶线 |
| ECF | 共晶线 $L_C \rightleftharpoons A_E + Fe_3C$ |
| PSK | 常称为 $A_1$。共析线 $A_S \rightleftharpoons F_P + Fe_3C$ |
| PQ | 碳在铁素体中的固溶线 |

由表可推出，$Fe_3C_I$、$Fe_3C_{II}$、$Fe_3C_{III}$的含碳量、晶体结构和自身性能均相同，主要区别是形成条件不同，分布形态各异，所以对铁碳合金性能的影响也不同。

依据特性点和线的分析，Fe-Fe₃C 相图主要有五个单相区：L、δ、γ、α、Fe₃C；七个双相区：L + δ、δ + γ、L + γ、γ + α、L + Fe₃C、γ + Fe₃C、α + Fe₃C。

3) 典型铁碳合金结晶过程分析

(1) 铁碳合金分类。

根据含碳量和室温组织特点，铁碳合金可分为以下三类：

① 工业纯铁：$W_C \leqslant 0.0218\%$。

② 钢：$0.0218\% \leqslant W_C \leqslant 2.11\%$。其特点是高温固态组织为奥氏体，根据其室温组织特

点不同，又可分为三种：A. 亚共析钢：$0.218\% < W_C < 0.77\%$，组织为 F + P；B. 共析钢：$W_C = 0.77\%$，组织为 P；C. 过共析钢：$0.77\% < W_C < 2.11\%$，组织为 $P + Fe_3C_{II}$。

③ 白口铸铁：$2.11\% < W_C < 6.69\%$。其特点是高温均发生共晶反应生成莱氏体。按白口铁室温组织特点，也可分为三种：A. 亚共晶白口铁：$2.11\% < W_C < 4.3\%$，组织为 $P + Fe_3C_{II} + L_d'$；B. 共晶白口铁：$W_C = 4.3\%$，组织为 $L_d'$；C. 过共晶白口铁：$4.3\% < W_C < 6.69\%$，组织为 $Fe_3C + L_d'$。

(2) 典型铁碳合金结晶过程分析。

依据成分垂线与相线相交情况，分析几种典型 Fe-C 合金结晶过程中组织转变规律。铁碳合金在 $Fe-Fe_3C$ 相图中的位置如图 3.2.9 所示。

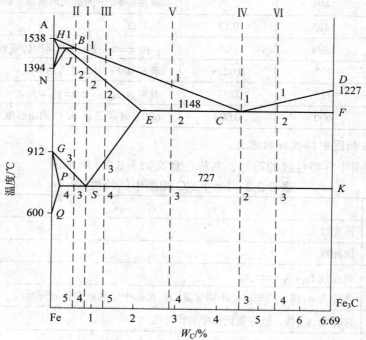

图 3.2.9　典型铁碳合金在 $Fe-Fe_3C$ 相图中的位置

① 共析钢($W_C = 0.77\%$)。图 3.2.9 中的合金 I 为共析钢。当合金冷到 1 点时，开始从液相中析出奥氏体，降至 2 点时全部液体都转变为奥氏体，合金冷到 3 点时，奥氏体将发生共析反应，即 $A_S \xleftrightarrow{727} P(F_P + Fe_3C)$。温度再继续下降，珠光体不再发生变化。共析钢冷却过程如图 3.2.10 所示，其室温组织是珠光体。珠光体的典型组织是铁素和渗碳体呈片状叠加而成的。

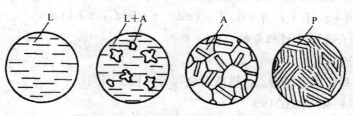

图 3.2.10　共析钢组织转变过程示意图

② 亚共析钢($W_C$ = 0.4%)。图 3.2.9 中的合金 II 为亚共析钢。合金在 3 点以上冷却过程同合金 I 相似，缓冷至 3 点(与 GS 线相交于 3 点)时，从奥氏体中开始析出铁素体。随着温度降低，铁素体量不断增多，奥氏体量不断减少，并且成分分别沿 GP、GS 线变化。温度降到 PSK 线时，剩余奥氏体含碳量达到共析成分($W_C$ = 0.77%)，即发生共析反应，转变成珠光体。4 点以下冷却过程中，组织不再发生变化。因此，亚共析钢冷却到室温的显微组织是铁素体和珠光体，其冷却过程组织转变如图 3.2.11 所示。

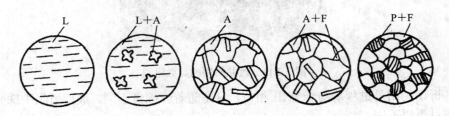

图 3.2.11 亚共析钢组织转变过程示意图

凡是亚共析钢结晶过程均与合金 II 相似，只是由于含碳量不同，组织中铁素体和珠光体的相对量也不同。随着含碳量的增加，珠光体量增多，而铁素体量减少。共析钢的显微组织如图 3.2.12 所示，亚共析钢的显微组织如图 3.2.13 所示。

图 3.2.12 共析钢的显微组织

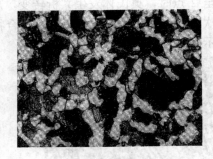

图 3.2.13 亚共析钢的显微组织

③ 过共析钢($W_C$ = 1.20%)。图 3.2.9 中的合金 III 为过共析钢。合金 III 在 3 点以上冷却过程与合金 I 相似，当合金冷却到 3 点(ES 线相交于 3 点)时，奥氏体中碳含量达到饱和，继续冷却，奥氏体成分沿 ES 线变化，从奥氏体中析出二次渗碳体，它沿奥氏体晶界呈网状分布。温度降至 PSK 线时，奥氏体含碳量达到 0.77%，即发生共析反应，转变成珠光体。4 点以下至室温，组织不再发生变化。过共析钢的组织转变过程如图 3.2.14 所示，其室温下的显微组织是珠光体和网状二次渗碳体，如图 3.2.15 所示。

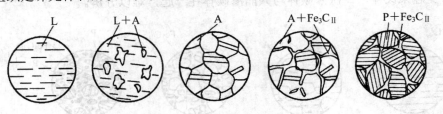

图 3.2.14 过共析钢组织转变过程示意图

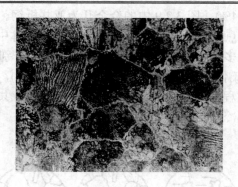

图 3.2.15　过共析钢的显微组织

　　过共析钢的结晶过程均与合金 III 相似，只是随着含碳量不同，最后组织中珠光体和渗碳体的相对量也不同。

　　④ 共晶白口铸铁($W_C = 4.3\%$)。图 3.2.9 中的合金 IV 为共晶白口铁。室温下共晶白口铁显微组织如图 3.2.16 所示。图中黑色部分为珠光体，白色基体为渗碳体。合金 IV 在 1 点以上为单一液相，当温度降至与 *ECF* 线相交时，液态合金发生共晶反应即 $L_C \xrightarrow{1148} L_d(A_E + Fe_3C)$ 结晶出莱氏体。随着温度继续下降，奥氏体成分沿 *ES* 线变化，从中析出二次渗碳体。当温度降至 2 点时，奥氏体发生共析转变，形成珠光体。故共晶白口铸铁室温组织是由珠光体、二次渗碳体和共晶渗碳体组成的混合物，称之为变态莱氏体，其组织转变过程如图 3.2.17 所示。

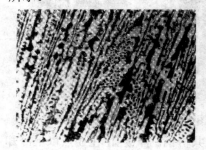

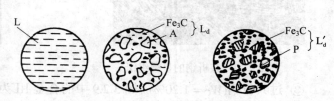

图 3.2.16　共晶白口铸铁的显微组织　　　　　图 3.2.17　共晶白口铸铁组织转变过程示意图

　　⑤ 亚共晶白口铸铁($2.11\% < W_C < 4.3\%$)。结晶过程同合金 IV 基本相同，区别是共晶转变之前有先析相 A 形成，其冷却时的组织转变过程如图 3.2.18 所示，室温组织为 $P + Fe_3C_{II} + L'_d$，亚共晶白口铸铁的显微组织如图 3.2.19 所示。图中黑色点状、树枝状为珠光体，黑白相间的基体为变态莱氏体，二次渗碳体与共晶渗碳体在一起，难以分辨。

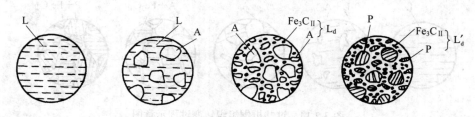

图 3.2.18　亚共晶白口铸铁组织转变过程示意图

图 3.2.19　亚共晶白口铸铁的显微组织

⑥ 过共晶白口铸铁($4.3\% < W_C < 6.69\%$)。其结晶过程也与合金 Ⅳ 相似，只是在共晶转变前先从液体中析出一次渗碳体，其冷却时的组织转变过程如图 3.2.20 所示，室温组织为 $Fe_3C + L_d'$，过共晶白口铸铁的显微组织如图 3.2.21 所示。图中白色板条状为一次渗碳体，基体为变态莱氏体。

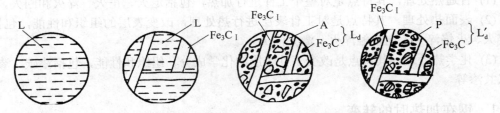

图 3.2.20　过共晶白口铸铁组织转变过程示意图

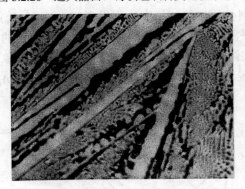

图 3.2.21　过共晶白口铸铁的显微组织

# 3.3　金属的热处理

　　钢的热处理是指将钢在固态下加热、保温和冷却，以改变钢的组织结构，获得所需要性能的一种工艺。为简明表示热处理的基本工艺过程，通常用温度—时间坐标绘出热处理工艺曲线，如图 3.3.1 所示。

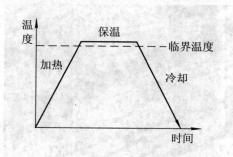

图 3.3.1　热处理工艺曲线

热处理是提高金属使用性能和改善工艺性能的重要加工工艺方法。因此，在机械制造中，绝大多数的零件都要进行热处理。例如，机床工业中 60%～70% 的零件要热处理，汽车、拖拉机行业中 70%～80% 的零件要热处理，各种量具、模具、刀具 100% 要热处理。由此可见，热处理在机械制造行业中占有十分重要的地位。

热处理按目的、加热条件和特点不同，可分为以下几类：

(1) 普通热处理，其特点是对整个工件进行加热，包括退火、正火、淬火和回火。

(2) 表面热处理，其特点是对工件表层进行热处理，改变表层的组织和性能，包括感应淬火、火焰淬火、电接触淬火、激光淬火。

(3) 化学热处理，其特点是改变工件表层的化学成分、组织和性能，包括渗碳、渗氮、碳氮共渗等。

## 3.3.1　钢在加热时的转变

由 Fe-Fe$_3$C 相图，钢必须加热到相应的临界点($A_1$、$A_3$、$A_{cm}$)以上，才能完全变成奥氏体。Fe-Fe$_3$C 相图中的平衡临界温度是在缓慢加热条件下得到的，在实际生产中加热温度和冷却速度都很快，即实际加热或冷却时存在着过冷或过热现象，因此将钢加热时的临界点分别用 $A_{c1}$、$A_{c3}$、$A_{ccm}$ 表示；冷却时的临界点分别用 $A_{r1}$、$A_{r3}$、$A_{rcm}$ 表示，如图 3.3.2 所示。

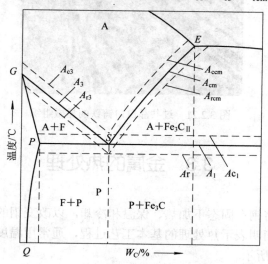

图 3.3.2　钢的相变点在 Fe-Fe$_3$C 相图上的位置

**1. 奥氏体形成过程及影响因素**

钢加热到 $A_{c1}$ 或 $A_{c1}$ 以上温度时，将发生珠光体向奥氏体的转变。这一转变过程是通过铁原子和碳原子的扩散进行的，因此珠光体向奥氏体的转变是一种扩散型相变。通常将这一转变过程称为钢的奥氏体化。

1）奥氏体的形成

以共析钢为例，其室温组织为珠光体，它是由铁素体和渗碳体两相组成的机械混合物；根据 Fe-Fe₃C 相图，当其被加热到 $A_{c1}$ 以上温度时，将转变为奥氏体。转变反应式为：

$$\alpha(F) + Fe_3C \rightarrow \gamma(A)$$

显然，珠光体向奥氏体的转变过程是一个铁晶格改组和铁、碳原子的扩散过程。

共析钢的奥氏体形成过程如图 3.3.3 所示。它由四个基本过程组成，即奥氏体晶核形成、奥氏体晶核的长大、残余渗碳体的溶解以及奥氏体成分的均匀化。

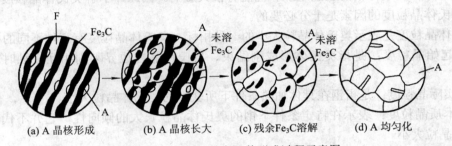

(a) A 晶核形成　　　(b) A 晶核长大　　　(c) 残余Fe₃C溶解　　　(d) A 均匀化

图 3.3.3　共析钢的奥氏体形成过程示意图

(1) 奥氏体晶核的形成(如图 3.3.3(a)所示)。

铁素体和渗碳体的相界面上碳浓度分布不均匀，原子排列较紊乱，位错、空位密度也较高；相界面上易于产生浓度和结构起伏区，也容易满足形核能量的要求，因此奥氏体晶核易于在该处形成。

(2) 奥氏体晶核的长大(如图 3.3.3(b)所示)。

奥氏体晶核一面与渗碳体接触，另一面与铁素体接触。显然，奥氏体中的含碳量是不均匀的，与铁素体接触处含碳量较低，与渗碳体接触处含碳量较高，因此在奥氏体中出现了碳浓度梯度，引起碳在奥氏体中不断由高浓度一侧向低浓度一侧扩散。这种奥氏体中碳扩散的结果，破坏了碳浓度的平衡，造成奥氏体与铁素体接触处碳浓度的升高和奥氏体与渗碳体接触处碳浓度的降低。为了恢复碳浓度的平衡，势必促使铁素体向奥氏体转变以及渗碳体的溶解。这种碳浓度平衡的破坏与恢复的反复循环过程，使得奥氏体不断向铁素体与渗碳体中延伸长大，直至铁素体全部转变为奥氏体为止。

(3) 残余渗碳体的溶解(如图 3.3.3(c)所示)。

在奥氏体形成过程中，铁素体先消失，因此在奥氏体形成之后，还残存未溶的渗碳体。这些残余渗碳体将随着时间的延长，继续不断地溶入奥氏体，直至全部消失。

(4) 奥氏体成分的均匀化(如图 3.3.3(d)所示)。

当残余渗碳体全部溶解时，奥氏体中的碳浓度仍然是不均匀的，原渗碳体处含碳量较高，而原铁素体处较低。只有继续延长保温时间，以使碳原子充分扩散，才能获得奥氏体成分的均匀化。

亚共析钢和过共析钢的奥氏体化过程与共析钢基本相同，但因存在先共析铁素体或二次渗碳体，所以必须加热到 $A_{c1}$ 或 $A_{ccm}$ 以上的温度才能获得全部奥氏体组织。

2) 影响奥氏体形成速度的因素

奥氏体形成速度与加热温度、加热速度、钢的成分以及原始组织等有关。加热温度越高，原子的扩散能力越大，奥氏体形成速度越快。加热速度越快，奥氏体转变温度越高，奥氏体形成速度越快。随着钢中含碳量的增多，铁素体与渗碳体的相界面积增大，有利于加速奥氏体的形成。钢中合金元素显著影响奥氏体的形成速度。当钢的成分相同时，珠光体越细，奥氏体形成速度越快。层片状珠光体形成奥氏体的速度快于粒状珠光体。

**2. 奥氏体晶粒大小及其影响因素**

1) 奥氏体晶粒度

奥氏体晶粒大小对钢的室温组织和性能有很大影响。因此，了解奥氏体晶粒度的概念及影响奥氏体晶粒度的因素是十分必要的。

奥氏体晶粒度是表示奥氏体晶粒大小的一种指标，奥氏体晶粒度有三种不同的概念。

(1) 起始晶粒度：是指奥氏体形成刚结束、奥氏体晶粒边界刚刚相互接触时的晶粒大小。

(2) 实际晶粒度：是指钢在具体加热条件下所获得的奥氏体晶粒大小。

(3) 本质晶粒度：表示在特定条件下钢的奥氏体晶粒长大的倾向性，它并不代表奥氏体具体的晶粒大小。

国家相关标准规定，把钢加热到 930℃ ± 10℃，保温 8 h 后的奥氏体晶粒度即为本质晶粒度。本质晶粒度为 1～4 级的钢被认为晶粒长大倾向大，称为本质粗晶粒钢；本质晶粒度为 5～8 级的钢被认为晶粒长大倾向小，称为本质细晶粒钢，如图 3.3.4 所示。

图 3.3.5 是这两类钢随着温度升高时奥氏体晶粒长大的倾向示意图。由图可见，本质细晶粒钢在 930℃～950℃ 以下加热时，晶粒长大倾向较小，适宜进行热处理。

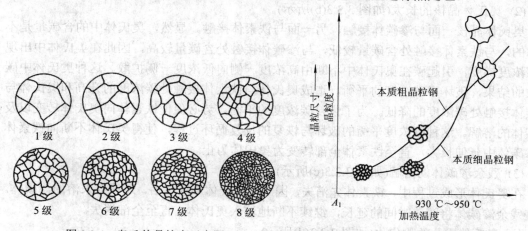

图 3.3.4　奥氏体晶粒度示意图　　　　图 3.3.5　钢的本质晶粒度示意图

一般用铝脱氧的钢多为本质细晶粒钢，而只用锰铁、硅铁脱氧的钢为本质粗晶粒钢。沸腾钢一般为本质粗晶粒钢，而镇静钢一般为本质细晶粒钢。需经热处理的零件一般都采用本质细晶粒钢制造。

2) 影响奥氏体晶粒长大的因素

(1) 加热温度和保温时间。加热温度越高，保温时间越长，奥氏体晶粒越大。通常加热温度对奥氏体晶粒长大的影响比保温时间更显著。

(2) 加热速度。加热温度确定后，加热速度越快，奥氏体晶粒越小。因此，快速高温加热和短时间保温，是生产中常用的一种细化晶粒的方法。

(3) 钢中加入合金元素。这会影响奥氏体晶粒长大。一般认为，能形成稳定碳化物的元素(如 Cr、Mo、W、V、Ti、Nb、Zr)、能形成不溶于奥氏体的氧化物及氮化物的元素(如 Al)、促进石墨化的元素(如 Si、Ni、Co)以及在结构上自由存在的元素(如 Cu)，都会阻碍奥氏体晶粒长大。而锰、磷则有加速奥氏体晶粒长大的倾向。

### 3.3.2　钢在冷却时的转变

成分相同的钢，奥氏体化后采用不同的方式冷却，可得到不同的组织和性能，如表 3.3.1 所示。

表 3.3.1　45 钢不同方式冷却后的力学性能(加热温度为 840℃)

| 冷却方法 | 力 学 性 能 | | | | |
|---|---|---|---|---|---|
| | $R_m$/MPa | $R_{eL}$/MPa | A/% | Z/% | HRC |
| 炉冷 | 530 | 280 | 32.5 | 49.3 | 15~18 |
| 空冷 | 670~720 | 340 | 15~18 | 45~50 | 18~24 |
| 水冷 | 1100 | 720 | 7~8 | 12~14 | 52~60 |

奥氏体在临界转变温度以上是稳定的，不会发生转变。奥氏体冷却至临界温度以下，在热力学上处于不稳定状态，要发生转变。这种在临界点以下存在的不稳定的且将要发生转变的奥氏体，称为过冷奥氏体。

在热处理中，通常有两种冷却方式，即等温冷却与连续冷却，如图 3.3.6 所示。为了了解钢在热处理后的组织与性能变化规律，必须了解奥氏体在冷却过程中的变化规律，下面以共析钢为例介绍奥氏体等温转变。

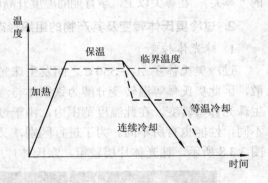

图 3.3.6　两种冷却方式

#### 1. 共析钢过冷奥氏体等温转变曲线

将奥氏体化后的共析钢快冷至临界点以下的某一温度等温停留，并测定奥氏体转变量与时间的关系，将各个温度下转变开始和终了时间标注在温度-时间坐标中，并连成曲线，即得到共析钢的过冷奥氏体等温转变曲线，如图 3.3.7(a)所示。这种曲线形状类似字母"C"，故称为 C 曲线，亦称为 TTT 图。它不仅可以表达不同温度下过冷奥氏体转变量与时间的关系，同时也可以指出过冷奥氏体等温转变的产物。

图 3.3.7(b)所示的左边曲线为过冷奥氏体等温转变开始线，右边曲线为过冷奥氏体等温转变结束线，曲线上部的水平线 $A_1$ 是珠光体和奥氏体的平衡温度，$A_1$ 线以上为奥氏体稳定

区。曲线下面的两条水平线分别表示奥氏体向马氏体转变开始温度 $M_s$ 点和奥氏体向马氏体转变终了温度 $M_f$ 点，两条水平线之间为马氏体和过冷奥氏体的共存区。$A_1$ 线以下、$M_s$ 线以上和转变开始曲线以左的区域为过冷奥氏体区；转变开始曲线与转变终了曲线之间为转变过渡区，同时存在奥氏体和珠光体或奥氏体和贝氏体；转变终了曲线以右为珠光体或贝氏体区。

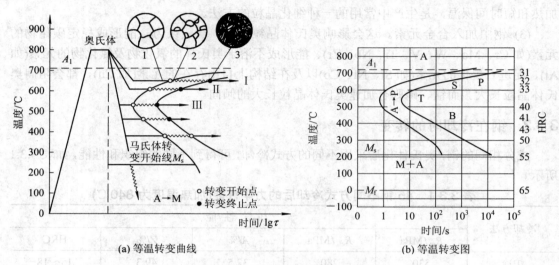

(a) 等温转变曲线　　　　　　　　　(b) 等温转变图

图 3.3.7　共析钢的过冷奥氏体等温转变曲线

过冷奥氏体等温转变开始所经历的时间称为孕育期，它的长短标志着过冷奥氏体稳定性的大小。由图 3.3.7 可见，共析钢在 550℃ 左右孕育期最短，过冷奥氏体最不稳定，它是 C 曲线的"鼻尖"。在鼻尖以上，孕育期随温度升高而延长；在鼻尖以下，孕育期随温度降低而延长。

### 2. 过冷奥氏体转变及其产物的组织形态与性能

#### 1) 珠光体转变

过冷奥氏体在 $A_1$～550℃ 之间发生珠光体转变。由于转变温度高，铁和碳都能充分扩散，因此奥氏体等温转变分解为铁素体与渗碳体的片层状混合物——珠光体，即奥氏体发生珠光体型转变。在此温度范围内，由于过冷度不同，所得到的珠光体型组织的片层厚薄不同，性能也有所不同。为了进行区别，又分为珠光体、索氏体和托氏体，它们的形态如图 3.3.8 所示。珠光体片层较粗，索氏体片层薄，托氏体片层更薄，如表 3.3.2 所示。

(a) 珠光体　　　　　　(b) 索氏体　　　　　　(c) 托氏体

图 3.3.8　珠光体型组织形态

表 3.3.2　共析钢珠光体型转变产物的特性比较

| 组织名称 | 符号 | 形成温度范围/℃ | 大致片层间距/μm | 硬度/HRC |
|---|---|---|---|---|
| 珠光体 | P | $A_1 \sim 680$ | $> 0.3$ | $< 25$ |
| 索氏体 | S | $680 \sim 600$ | $0.1 \sim 0.3$ | $25 \sim 35$ |
| 托氏体 | T | $600 \sim 500$ | $< 0.1$ | $35 \sim 45$ |

珠光体型组织的力学性能主要取决于片层间距的大小，片层间距越小，其变形抗力越大，强度、硬度越高，同时塑性、韧性有所改善。

2) 贝氏体转变

共析钢在 550℃ $\sim M_s$ 之间发生贝氏体转变，转变产物为贝氏体，通常用字母 B 表示。由于转变温度较低，铁原子不扩散，碳原子则通过扩散以碳化物的形式沉淀析出，形成碳在 α-Fe 中过饱和固溶体的铁素体和细小渗碳体的混合物。转变温度不同，所形成的贝氏体的形态和性能也不同。钢中贝氏体形态主要有两种，即上贝氏体和下贝氏体。

(1) 上贝氏体。共析碳钢在 550℃ $\sim$ 350℃之间，过冷奥氏体转变为上贝氏体，用"$B_上$"表示。在光学显微镜下呈羽毛状，如图 3.3.9 所示，条状的渗碳体分布在近似平行而密集的铁素体条之间。

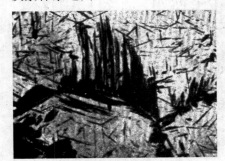

(a) 显微组织(羽毛状)

(b) 形成示意图

图 3.3.9　上贝氏体

(2) 下贝氏体。共析碳钢在 350℃ $\sim M_s$ 之间，过冷奥氏体转变为下贝氏体，用"$B_下$"表示。下贝氏体组织在光学显微镜下呈黑色针片状，是由双凸透镜状过饱碳和铁素体为主，片中分布着与片的纵向轴呈 55° $\sim$ 60° 角平行排列的碳化物，如图 3.3.10 所示。

(a) 显微组织(黑色针状)

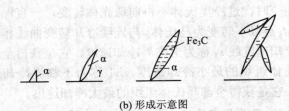

(b) 形成示意图

图 3.3.10　下贝氏体

贝氏体的性能与其形态有关。由于上贝氏体中碳化物分布在铁素体片层间，脆性大，易引起脆断，因此基本上无使用价值。下贝氏体中，铁素体的针片细小且无方向性，碳化物均匀分布，碳的过饱和度大。因此，下贝氏体具有较高的强度、硬度、塑性和韧性优良的综合机械性能，生产中常采用贝氏体等温淬火获得下贝氏体。

亚共析钢和过共析钢过冷奥氏体的等温转变曲线与共析钢的奥氏体等温转变曲线相比，亚共析碳钢的 C 曲线上多出一条先共析铁素体析出线，如图 3.3.11(a)所示；而过共析碳钢的 C 曲线上多出一条先共析二次渗碳体的析出线，如图 3.3.11(b)所示。

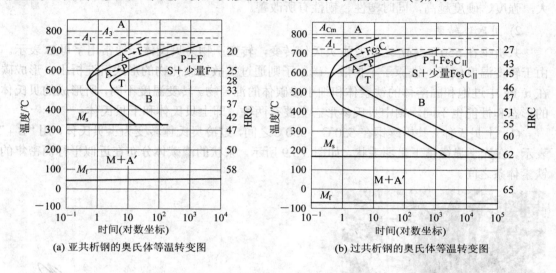

(a) 亚共析钢的奥氏体等温转变图　　　　　(b) 过共析钢的奥氏体等温转变图

图 3.3.11　亚共析钢和过共析钢的奥氏体等温转变图

### 3. 过冷奥氏体的连续冷却转变

#### 1) 过冷奥氏体连续冷却转变曲线

在实际生产中，奥氏体大多是在连续冷却过程中转变的。共析碳钢的连续冷却转变曲线如图 3.3.12 所示。由图可知，连续冷却转变曲线只有 C 曲线的上半部分，没有下半部分，即连续冷却转变时不形成贝氏体组织，且较 C 曲线向右下方移动一些。

图中 $P_s$ 线为过冷奥氏体向珠光体转变开始线；$P_f$ 线为过冷奥氏体向珠光体转变结束线；$K$ 线为过冷奥氏体向珠光体转变中止线，它表示当冷却速度线与 $K$ 线相交时，过冷奥氏体不再向珠光体转变，一直保留到 $M_s$ 点以下转变为马氏体。与连续冷却转变曲线相切的冷却速度线 $v_k$ 称为上临界冷却速度，它是获得全部马氏体组织的最小冷却速度。$v_k'$ 称为下临界冷却速度，它是获得全部马氏体组织的最大冷却速度。

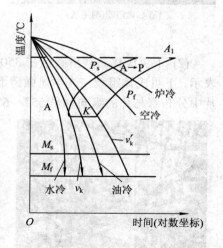

图 3.3.12　共析钢连续冷却转变曲线图

#### 2) C 曲线在连续冷却转变中的应用

由于连续冷却转变曲线测定比较困难，有些钢种连续冷却曲线至今尚未被测出，在生产中，常用 C 曲线来定性地、近似地分析同一种钢在连续冷却时的转变过程，估计转变产物与性能，如图 3.3.13 所示。

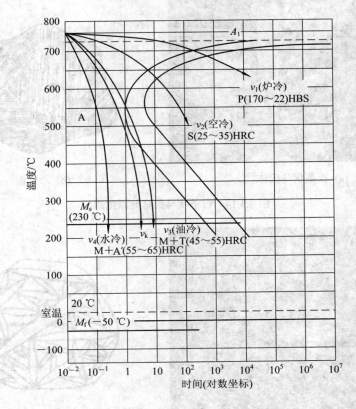

图 3.3.13　共析钢过冷奥氏体等温转变曲线在连续冷却中的应用

图中 $v_1$、$v_2$、$v_3$、$v_4$ 分别表示不同速度的冷却曲线，$v_1$ 相当于炉冷，根据它与 C 曲线相交的位置，可估计出过冷奥氏体转变为珠光体，硬度为 170～220 HBS；$v_2$ 相当于空冷，可估计出转变产物为索氏体，硬度为 25～35 HRC；$v_3$ 相当于油冷，它只与 C 曲线转变开始线相交于 550℃ 左右，未与转变终了线相交，并通过 $M_s$ 点，这表明只有一部分过冷奥氏体转变为托氏体，剩余的过冷奥氏体到 $M_s$ 点以下转变为马氏体，最后得到托氏体和马氏体及残余奥氏体的混合组织，硬度为 45～55 HRC；$v_4$ 相当于水冷(淬火)，不与 C 曲线相交，直接通过 $M_s$ 点，转变为马氏体，得到马氏体和残余奥氏体，硬度为 55～65 HRC。

3) 马氏体转变

马氏体转变是指钢从奥氏体状态快速冷却，铁、碳原子来不及发生扩散分解而产生的无扩散型的相变，转变产物称为马氏体，用符号 "M" 表示。马氏体转变是通过切变和原子的微小调整来实现 $\gamma$ 相向 $\alpha$ 相转变的，固溶于奥氏体中的碳原子被迫保留在 $\alpha$ 相的晶格中，所以马氏体是碳在 $\alpha$-Fe 中的过饱和间隙固溶体。

钢中马氏体的形态主要有两种，即板条状马氏体和针片状马氏体。马氏体的形态主要取决于马氏体的含碳量，含碳量低于 0.20% 时马氏体几乎完全为板条状(如图 3.3.14(a)所示)；当含碳量高于 1.0% 时，马氏体基本为针片状(如图 3.3.15(a)所示)；当含碳量介于 0.20%～

1.0%之间时，马氏体为板条状和针片状的混合组织。

(a) 板条状马氏体

(b) 示意图

图 3.3.14　板条状马氏体显微组织

(a) 针片状马氏体

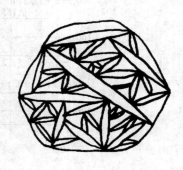
(b) 示意图

图 3.3.15　针片马氏体显微组织

　　板条状马氏体的立体形态呈细长的板条状。在显微组织中，板条状马氏体呈束状分布，一组尺寸大致相同并平行排列的板条构成一个板条束。板条束内的相邻板条之间以小角度晶界分开，束与束之间具有较大的位向差。在板条状马氏体内，存在着高密度位错构成的亚结构，因此板条状马氏体又称为位错马氏体。

　　针片状马氏体的立体形态呈凸透镜状，显微组织为其截面形态，常呈片状或针状。针片状马氏体之间交错成一定角度。由于马氏体晶粒一般不会穿越奥氏体晶界，最初形成的马氏体针片往往贯穿整个奥氏体晶粒，较为粗大，而后形成的马氏体针片则逐渐变细、变短。由于针片状马氏体内的亚结构主要为孪晶，故又称为孪晶马氏体。

　　高硬度是马氏体的主要特点。马氏体的硬度主要受含碳量的影响，如图 3.3.16 所示。当含碳量较低时，马氏体硬度随着含碳量的增加而迅速上升；当含碳量超过 0.6% 之后，马氏体硬度的变化趋于平缓。含碳量对马氏体硬度的影响主要是由于过饱和碳原子与马氏体中的晶体缺陷交互作用引起的固溶强化所造成的。板条状马氏体中的位错和针片状马氏体中的孪晶也是强化的重要因素，尤其是孪晶对针片状马氏体的硬度和强度的贡献更为显著。

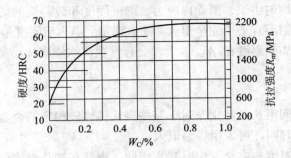

图 3.3.16　马氏体硬度与含碳量的关系

一般认为马氏体的塑性和韧性都很差，实际只有针片状马氏体是硬而脆的，而板条马氏体则具有较好的韧性。尽可能细化奥氏体晶粒，以获得细小的马氏体组织，这是提高马氏体韧性的有效途径。

### 3.3.3　钢的普通热处理

钢的最基本的热处理工艺有退火、正火、淬火和回火等。

**1. 退火**

退火是钢加热到适当的温度，经过一定时间保温后缓慢冷却，以达到改善组织、提高加工性能的一种热处理工艺。其主要目的是减轻钢的化学成分及组织的不均匀性，细化晶粒，降低硬度，消除内应力以及为淬火做好组织准备。

退火工艺种类很多，常用的有完全退火、等温退火、球化退火、扩散退火、去应力退火及再结晶退火等。不同退火工艺的加热温度范围如图 3.3.17 所示，它们有的加热到临界点以上，有的加热到临界点以下。

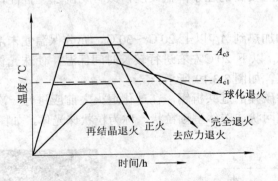

图 3.3.17　不同退火工艺的加热温度范围

对于加热温度在临界点以上的退火工艺，其质量主要取决于加热温度、保温时间、冷却速度等。对于加热温度在临界点以下的退火工艺，其质量主要取决于加热温度的均匀性。

**1) 完全退火**

完全退火是将亚共析钢加热到 $A_{c3}$ 以上 20℃～30℃，保温一定时间后随炉缓慢冷却至 500℃左右出炉空冷，以获得接近平衡组织的一种热处理工艺。它主要用于亚共析钢，其主要目的是细化晶粒、均匀组织、消除内应力、降低硬度和改善钢的切削加工性能。

低碳钢和过共析钢不宜采用完全退火。低碳钢完全退火后硬度偏低，不利于切削加工。过共析钢完全退火，加热温度在 $A_{cm}$ 以上，会有网状二次渗碳体沿奥氏体晶界析出，造成钢的脆化。

### 2) 等温退火

完全退火所需时间很长，特别是对于某些奥氏体比较稳定的合金钢，往往需要几十个小时，为了缩短退火时间，可采用等温退火。

等温退火的加热温度与完全退火时基本相同，钢件在加热温度保温一定时间后，快冷至 $A_{r1}$ 以下某一温度等温，使奥氏体转变成珠光体，然后出炉空冷。图 3.3.18 为高速工具钢的完全退火与等温退火的比较，可见等温退火所需时间比完全退火缩短很多。

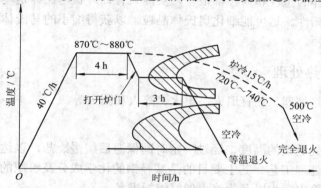

图 3.3.18　高速工具钢的完全退火与等温退火工艺曲线

### 3) 球化退火

球化退火是使钢中渗碳体球化，获得球状(或粒状)珠光体的一种热处理工艺。主要用于共析和过共析钢，其主要目的在于降低硬度，改善切削加工性能，同时为后续淬火做好组织准备。

球化退火是将钢件加热到 $A_{c1}$ 以上 20℃～30℃，充分保温使未溶二次渗碳体球化，然后随炉缓慢冷却或在 $A_{r1}$ 以下 20℃左右进行较长时间保温，使珠光体中的渗碳体球化，随后出炉空冷的退火工艺，如图 3.3.19 所示。

对于有网状二次渗碳体的过共析钢，在球化退火之前应进行一次正火，以消除粗大的网状渗碳体，使片状或网状渗碳体呈颗粒状，称为粒状珠光体，如图 3.3.20 所示。

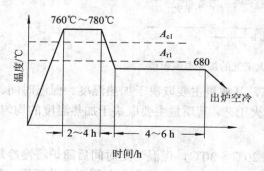

图 3.3.19　T10 钢的球化退火工艺曲线

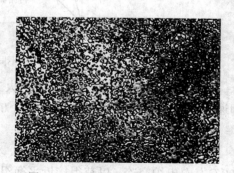

图 3.3.20　粒状珠光体的显微组织

4) 扩散退火

扩散退火是将钢锭或铸钢件加热到略低于固相线的温度，长时间保温，然后缓慢冷却，以消除化学成分不均匀现象的一种热处理工艺，扩散退火加热温度通常为 $A_{c1}$ 以上 150℃～300℃，具体加热温度视钢种及偏析程度而定，保温时间一般为 10～15 h。

扩散退火后钢的晶粒非常粗大，需要再进行完全退火或正火。由于高温扩散退火生产周期长、消耗能量大、生产成本高，因此一般不轻易采用。

5) 去应力退火

为了消除冷加工以及铸造、焊接过程中引起的残余内应力而进行的退火，称为去应力退火。去应力退火还能降低硬度，提高尺寸稳定性，防止工件的变形和开裂。

钢的去应力退火加热温度范围较宽，但不能超过 $A_{c1}$ 点，一般在 500℃～650℃之间；去应力退火后的冷却应尽量缓慢，以免产生新的应力。

**2. 正火**

正火是将钢加热到 $A_{c3}$ 或 $A_{ccm}$ 以上 30℃～50℃，保温一定时间，然后在空气中冷却以获得珠光体类组织的一种热处理工艺。正火的主要应用是：

(1) 作为普通结构零件的最终热处理。

(2) 作为低、中碳结构钢的预先热处理，可获得合适的硬度，便于切削加工。

(3) 用于过共析钢消除网状二次渗碳体，为球化退火做好组织准备。

正火与退火主要区别在于冷却速度不同，正火冷却速度较快，获得的珠光体组织较细，强度和硬度也较高。

正火与退火的目的相似，但正火态钢的机械性能较高，而且正火生产效率高，成本低，因此在工业生产中应尽量用正火代替退火。几种退火与正火的加热温度范围及热处理工艺曲线，如图 3.3.21 所示。

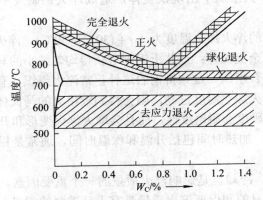

图 3.3.21 几种退火与正火的加热温度范围及热处理工艺曲线

综上所述，为改善钢的切削性能，低碳钢宜用正火；共析钢和过共析钢宜用球化退火，且过共析钢宜在球化退火前采用正火消除网状二次渗碳体；中碳钢最好采用退火，但也可采用正火。

**3. 钢的淬火**

淬火是将钢加热到 $A_{c3}$ 或 $A_{c1}$ 以上的一定温度，保温后快速冷却，以获得马氏体(或下贝氏体)组织的一种热处理工艺。马氏体强化是钢的最有效的强化手段，因此，淬火也是钢的最重要的热处理工艺。

1) 淬火工艺

(1) 淬火加热温度。淬火加热温度是淬火工艺的主要参数。它的选择应以得到均匀细小的奥氏体晶粒为原则，以使淬火后获得细小的马氏体组织。为防止奥氏体晶粒粗化，淬火加热温度一般限制在临界点以上 30℃～50℃范围。碳钢淬火加热温度范围如图 3.3.22 所示。

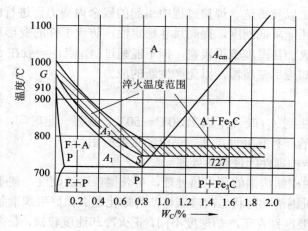

图 3.3.22　碳钢淬火加热温度范围示意图

亚共析钢淬火加热温度为 $A_{c3}$ + (30℃～50℃)。这样可获得均匀细小的马氏体组织，若淬火加热温度过高，不仅会出现粗大马氏体组织，还会导致淬火钢的严重变形。若淬火加热温度过低，则会在淬火组织中出现铁素体，造成淬火钢硬度不足，甚至出现"软点"现象。

共析钢和过共析钢的淬火加热温度为 $A_{c1}$ + (30℃～50℃)。淬火后，共析钢组织为均匀细小的马氏体和少量残余奥氏体；过共析钢则可获得均匀细小的马氏体加粒状二次渗碳体和少量残余奥氏体的混合组织。过共析钢的这种正常淬火组织，有利于获得最佳硬度和耐磨性。若过共析钢的淬火加热温度过高，则会得到较粗大的马氏体和较多的残余奥氏体。这不仅降低了淬火钢的硬度和耐磨度性，而且会增大淬火变形和开裂倾向。

(2) 淬火加热时间。加热时间包括升温和保温时间，通常是根据加热设备和工件的有效厚度来确定的。

(3) 淬火冷却介质。冷却也是影响淬火质量的一个重要因素。因此选择合适的淬火冷却介质，对于达到淬火目的和保证淬火质量具有十分重要的意义。为了保证淬火能得到马氏体组织，淬火冷却速度就必须大于临界冷却速度($v_k$)而快冷总是不可避免地要造成较大的内应力，以致往往要引起钢件的变形或开裂。要解决这一矛盾，理想的淬火冷却速度曲线如图 3.3.23 所示。

由图可知，淬火并不需要整个冷却过程都是快冷，只要求在 C 曲线鼻尖附近快冷；而在 $M_s$ 点以下则应尽量慢冷，以减小马氏体转变时的内应力。但是到目前为止，还没有一种十分理想的淬火冷却介质。淬火最常用的冷却介质是水和油。

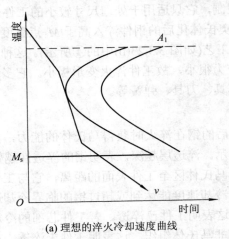

(a) 理想的淬火冷却速度曲线

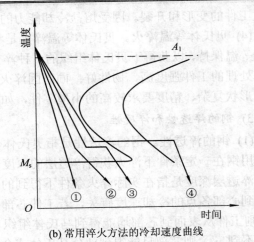

(b) 常用淬火方法的冷却速度曲线

图 3.3.23　淬火冷却曲线示意图

水是既经济又有很强冷却能力的淬火冷却介质。其不足之处是在 650℃～400℃的范围内冷却能力不够强，而在 300℃～200℃范围内冷却能力又偏强，但水廉价安全，故适用于形状简单、截面较大的碳钢件的淬火，不符合理想淬火冷却介质的要求。为了提高水在 650℃～400℃范围内的冷却能力，常加入少量(5%～10%)的盐(或碱)制成盐(或碱)水溶液。盐水对工件有锈蚀作用，淬过火的工件必须进行清洗，主要用于结构简单的低、中碳钢件淬火。

油是一类冷却能力较弱的淬火冷却介质。淬火用油主要为各种矿物油。油在高温区冷却速度不够，不利于碳钢的淬硬，但有利于减少工件的变形。因此，在实际生产中，油主要用作合金钢和尺寸小的碳钢零件的淬火冷却介质。

2) 淬火方法

由于淬火介质不能完全满足淬火质量的要求，因此要选择适当的淬火方法，以保证获得所需要的淬火组织和性能的前提下，尽量减小淬火应力、工件变形和开裂倾向。最常用的几种淬火方法如下：

(1) 单液淬火。单液淬火是将奥氏体化后的钢件淬入一种介质中连续冷却获得马氏体组织的一种淬火方法(如图 3.3.23(b)中的①所示)这种方法操作简单，易实现机械化与自动化热处理；但它只适用于形状简单的碳钢和合金钢零件的淬火。

(2) 双液淬火。双液淬火是先将奥氏体化后的钢件淬入冷却能力较强的介质中冷至接近 $M_s$ 点温度时快速转入冷却能力较弱的介质中冷却，直至完成马氏体转变(如图 3.3.23(b)中的②所示)。这种淬火法利用了两种介质的优点，获得了较为理想的冷却条件；在保证工件获得马氏体组织的同时，减小了淬火应力，能有效防止工件的变形或开裂。在工业生产常以水和油分别作为两种冷却介质，故又称之为水淬油冷法。双液淬火法要求操作人员必须具有丰富的实践经验，否则难以保证淬火质量，主要用于复杂工件的淬火工艺。

(3) 马氏体分级淬火。马氏体分级淬火是将奥氏体化后的钢件淬入稍高于 $M_s$ 点温度的盐浴中，保持到工件内外温度接近后取出，使其在缓慢冷却条件下发生马氏体转变(如图 3.3.23(b)中的③所示)。这种淬火方法显著降低了淬火应力，因而更为有效地减小或防止了淬火工件的变形和开裂。因受熔盐冷却能力的限制，它只适用于处理尺寸较小的工件。

(4) 贝氏体等温淬火。贝氏体等温淬火是将奥氏体化后的钢件淬入高于 $M_s$ 点温度的盐浴中等温保持，以获得下贝氏体组织的一种淬火工艺(如图 3.3.23(b)中的④所示)。这种淬火方法处理的工件强度高、韧性好；同时因淬火应力很小，故工件淬火变形极小。它多用于处理形状复杂、精度要求较高的小型零件，如模具、刀具、弹簧等。

3) 钢的淬透性和淬硬性

(1) 钢的淬透性。钢的淬透性是指奥氏体化后的钢在淬火时获得马氏体的能力，其大小可用钢在一定条件下淬火获得淬透层的深度表示。淬透层越深，表明钢的淬透性越好。

淬透层深度是指在实际淬火条件下得到的半马氏体区至工件表面的距离，它与工件从表面到心部各点的冷却速度有关，若工件芯部的冷却速度能达到或超过钢的临界冷却速度 $v_k$，则工件从表面到芯部均能得到马氏体组织，这表明工件已淬透。若工件芯部的冷却速度达不到 $v_k$，则芯部只能得到部分马氏体或全部非马氏体组织，这表明工件未淬透。在这种情况下，工件由表及里是由一定深度的淬透层和未淬透的芯部组成的。

显然，钢的淬透层深度与钢件尺寸及淬火介质的冷却能力有关。工件尺寸越小，淬火介质冷却能力越强，则钢的淬透层深度越大。

钢的淬透性是钢的一种属性，一种钢在一定的奥氏体化温度下淬火时，其淬透性是确定不变的，在本质上取决于过冷奥氏体的稳定性。过冷奥氏体越稳定，临界冷却速度越小，钢件在一定条件下淬火后得到的淬透层深度越大，则钢的淬透性越好。因此，凡是影响过冷奥氏体稳定性的因素，都影响钢的淬透性。过冷奥氏体的稳定性主要取决于钢的化学成分和奥氏体化温度。也就是说，钢的含碳量、合金元素及其含量以及淬火加热温度是影响淬透性的主要因素。

钢的淬透性是选择材料和确定热处理工艺的重要依据。若工件淬透了，经回火后，由表及里均可得到较高的力学性能，从而充分发挥材料的潜力；若没有淬透，经回火后，芯部的强韧性则显著低于表面。因此，对于承受较大负荷(特别是受拉、压、剪切力)的结构零件，都应采用淬透性较好的钢。当然，并非所有的结构零件均要求性能表里如一。例如，对于承受弯曲和扭转应力的轴类零件，由于表层承受应力大，芯部承受应力小，故可选用淬透性低的钢。

(2) 钢的淬硬性。钢的淬硬性是指钢在理想条件下进行淬火硬化所能达到的最高硬度的能力。淬硬性的高低主要取决于马氏体中的含碳量。钢中含碳量越高，淬硬性越好。必须注意淬硬性与淬透性的区别。淬硬性好的钢淬透性不一定好；反之，淬透性好的钢淬硬性不一定好。如过共析碳钢的淬硬性高，但淬透性低；而低碳合金钢的淬硬性虽然不高，但淬透性很好。

4) 常见的淬火缺陷及预防

在热处理生产中，因淬火工艺不当，常会产生下列缺陷。

(1) 硬度不足与软点。钢件淬火硬化后，表面硬度偏低的局部小区域称为软点，淬火工件的整体硬度都低于淬火要求的硬度时称为硬度不足。

产生硬度不足或软点的原因有：淬火加热温度过低、淬火介质的冷却能力不够、钢件表面氧化脱碳。一般情况下，可采用重新淬火来消除。但在重新淬火前要进行一次退火或正火处理。

(2) 淬火变形和开裂。变形是淬火时工件产生的形状或尺寸偏差现象。开裂是当淬火冷却应力过大而超过钢的抗拉强度时，在工件上产生的裂纹。工件产生变形和开裂的原因，都是由于热处理过程中工件内部存在着较大的内应力造成的。为了控制和减小变形，防止开裂，可采用以下一些措施：

① 合理选材和正确设计零件结构。对于形状复杂、截面变化较大的零件应采用淬透性好的合金钢，淬火时用油冷。在设计零件结构时，要使截面尺寸差异减小，避免尖角过渡。

② 采用合理的热处理工艺。为了减小淬火变形，应正确选定加热温度与时间，避免奥氏体晶粒粗化。对于形状复杂或用高合金钢制造的工件，应采用一次或多次预热、预冷淬火或等温淬火，以减小工件变形。

③ 淬火后及时回火。其目的是消除淬火冷却应力，防止淬火件在等待回火期间发生变形和开裂。

**4. 钢的回火**

回火是将钢淬硬后，再加热到临界点 $A_{c1}$ 以下的某一温度，保温后以适当方式冷却到室温的一种热处理工艺。回火一般在淬火后立即进行。淬火和回火常作为零件的最终热处理。

回火可以消除或减少淬火时产生的应力和脆性，防止和减小工件的变形和开裂；获得稳定组织，保证工件在使用过程中形状和尺寸的稳定性，获得工件所要求的机械性能。

1) 淬火钢在回火时的转变

钢在淬火后组织是不稳定的，在回火过程中逐渐向稳定组织转变。随着回火温度的升高，淬火钢的组织变化大致可以分为四个阶段。

(1) 马氏体分解(小于 200℃)。当回火温度超过 80℃时，马氏体开始发生分解，从过饱和 α 固溶体中析出弥散的且与母相保持共格联系的 ε 碳化物($Fe_{2.4}C$)。随着回火温度的升高，马氏体中含碳量不断降低，直到 350℃左右，马氏体分解基本结束。α 相中的含碳量降至接近平衡浓度。此时的 α 相仍保持板条或针片状特征。这种由细小的 ε 碳化物和较低过饱和度的针片状 α 相组成的组织，称为回火马氏体，其显微组织如图 3.3.24 所示。

图 3.3.24　回火马氏体的显微组织

由于 ε 碳化物析出，晶格畸变降低，淬火应力有所降低，故钢的塑性、韧性有所提高，但钢仍然保持高的硬度和耐磨性。

(2) 残余奥氏体转变(200℃～300℃)。淬火碳钢加热到 200℃时，在马氏体分解的同时，残余奥氏体也开始转变，一般分解为下贝氏体，其组织与回火马氏体相同。到 300℃时残余奥氏体分解基本完成。回火组织仍为回火马氏体，硬度无明显降低。

(3) 渗碳体的形成(250℃～400℃)。当回火温度升至 250℃以上时，由于碳原子的扩散能力增加，过饱和的固溶体很快转变为铁素体，同时亚稳定的 ε 碳化物也逐渐转变稳定的渗碳体，得到大量弥散分布的细粒状渗碳体和针片状铁素体组成的组织，称为回火托氏体，其显微组织如图 3.3.25 所示。此时，淬火应力基本消除，硬度降低。

图 3.3.25　回火托氏体的显微组织

(4) 渗碳体聚集长大和 α 相再结晶(大于 400℃)。当回火温度升至 400℃以上时，渗碳体开始聚集长大。淬火碳钢经高于 500℃回火后，渗碳体已为粒状；当回火温度超过 600℃时，细粒状渗碳体迅速粗化。与此同时，在 450℃以上 α 相发生回复；当回火温度升到 600℃以上时，α 相发生再结晶，失去板条或针片状形态，成为多边形铁素体。这种在多边形铁素体分布着粒状渗碳体的组织，称为回火索氏体，其显微组织如图 3.3.26 所示，其淬火应力完全消除，硬度明显下降。

淬火钢回火后的性能取决于组织的变化，随着回火温度的升高，强度、硬度降低，而塑性、韧性提高，如图 3.3.27 所示。温度越高，其性能变化越明显。

为防止回火后重新产生应力，一般回火后采用空冷，冷却方式对回火后性能影响不大。

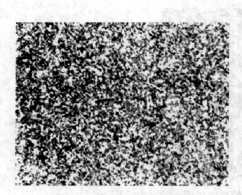

图 3.3.26　回火索氏体的显微组织

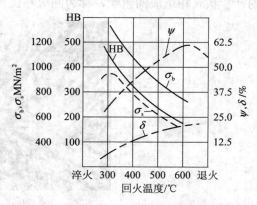

图 3.3.27　40 钢回火温度与性能的关系

2) 回火种类及应用

按回火温度不同，可将钢的回火分为三类：

(1) 低温回火(小于 250℃)。回火后的组织为回火马氏体。其目的是减小淬火应力和脆性，保持淬火后高硬度(58～64 HRC)和高耐磨性；主要用于处理刃具、量具、模具、滚动轴承以及渗碳、表面淬火的零件。

(2) 中温回火(250℃～500℃)。回火后的组织为回火托氏体。淬火钢经中温，其目的是获得较高的弹性极限和屈服极限，并有一定的塑性和韧性。回火后硬度为 35～50 HRC，主要用于各种弹簧的处理。

(3) 高温回火(大于 500℃)。钢件淬火后高温回火的热处理工艺称为调质处理。调质后的组织为回火索氏体，硬度为 25～35 HRC。其目的是获得强度、塑性和韧性都较好的综合机械性能。广泛应用于处理各种重要的结构零件，如在交变载荷下工作的连杆、螺栓、齿轮及轴类等。

需要强调的是，钢件经正火或调质后的硬度值很相近，但重要的结构零件一般都进行调质处理。因为钢件经调质处理后得到回火索氏体，其中渗碳体呈粒状，而正火得到的索氏体呈层片状。因此，经调质处理后的钢不仅其强度较高，塑性、韧性也显著超过正火状态，如表 3.3.3 所示。

表 3.3.3　45 钢($\phi$20 mm～$\phi$40 mm)调质与正火后性能

| 处理方法 | 力 学 性 能 | | | | 组 织 |
| --- | --- | --- | --- | --- | --- |
| | $R_m$/MPa | A/% | $A_K$/J | HBS | |
| 调质 | 750～850 | 20～25 | 64～96 | 210～250 | 回火索氏体 |
| 正火 | 700～800 | 15～20 | 40～64 | 163～220 | 索氏体+铁素体 |

3) 回火脆性

当回火温度升高时，合金钢的冲击韧度变化规律如图 3.3.28 所示。由图可见，在 250℃～350℃和 500℃～650℃两个温度区间冲击韧度显著降低，也就是脆性增加，这种脆化现象称为回火脆性。

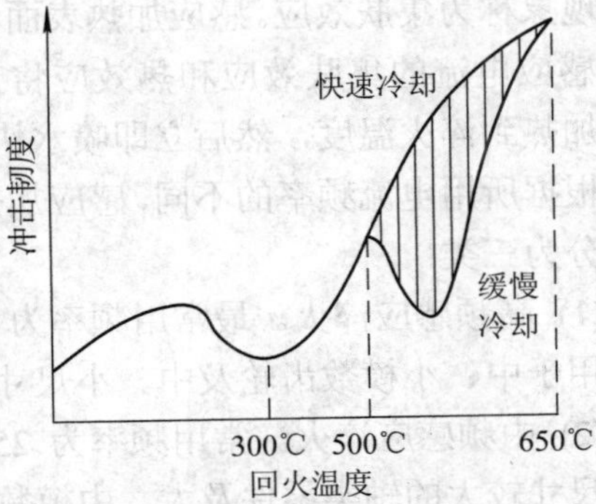

(1) 低温回火脆性(也称为第一类回火脆性)。低温回火脆性是指在 250℃～350℃回火时出现的脆性。几乎所有的工业用钢都有这类脆性。这类脆性的产生与冷却速度无关，为避免这类回火脆性，一般不在此温度回火。

(2) 高温回火脆性(也称为第二类回火脆性)。高温回火脆性是指在 500℃～650℃回火时

图 3.3.28　合金钢回火温度与冲击韧度的关系

出现的脆性。这类回火脆性具有可逆性，即将已产生此类回火脆性的钢，重新加热至 650℃以上温度，然后快冷，则脆性消失；回火保温后缓冷，则脆性再次出现。这类回火脆性主要发生在含有 Cr、Ni、Si、Mn 等合金元素的结构钢中。尽量减少钢中杂质元素的含量以及采用含 W、Mo 等合金元素的合金钢来防止第二类回火脆性。

**5. 钢的表面热处理**

很多承受弯曲、扭转、摩擦和冲击的零件，其表面要比芯部承受更高的应力。这时就

可以采用表面淬火。

表面淬火是钢表面强化的方法之一，由于其具有工艺简单、生产率高、热处理缺陷少等优点，因而在工业生产中获得了广泛的应用。根据加热方法的不同，表面淬火可分为感应加热表面淬火、火焰加热表面淬火、电接触加热表面淬火、电解液加热表面淬火及激光加热表面淬火等。其中应用最广泛的是感应加热与火焰加热表面淬火方法。

1) 钢的表面淬火

表面淬火是采用快速加热的方法使工件表面奥氏体化，然后快冷获得表层淬火组织的一种热处理工艺。其目的是使工件表面具有高硬度和耐磨性，而芯部保持良好的韧性，使工件达到表硬内韧的性能要求。

根据加热方法不同，表面淬火可分为感应加热表面淬火、火焰加热表面淬火。

感应加热表面淬火利用感应电流通过工件所产生的热效应，将工件表层迅速加热，并进行快速冷却的淬火工艺称为感应加热表面淬火。图3.3.29 为感应加热表面淬火的示意图。将工件放入感应圈内，当感应圈中通过一定频率交流电时会产生交变磁场，于是工件内就会感应产生同频率的感应电流。由于感应电流沿工件表面形成封闭回路，故通常称为涡流。涡流在工件中的分布由表面到心部呈指数规律衰减。因此，涡流主要分布在工件表面，工件芯部电流密度几乎为零，这种现象称为集肤效应。感应加热表面淬火就是利用感应电流的集肤效应和热效应将工件表面迅速加热到淬火温度，然后立即喷水快速冷却。

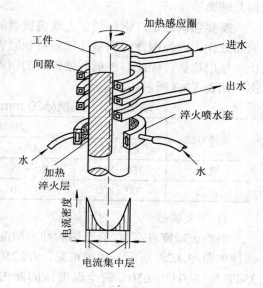

图 3.3.29　感应加热表面淬火的示意图

根据所用电流频率的不同，感应加热表面淬火可分为三类：

(1) 高频感应淬火。最常用频率为 200~300 kHz，可获淬硬层深度为 0.5~2.0 mm，主要适用于中、小模数齿轮及中、小尺寸轴类零件的表面淬火。

(2) 中频感应淬火。常用频率为 2500~8000 Hz。可获淬硬层深度为 2~10 mm，主要用于尺寸较大的轴类零件及大、中模数齿轮的表面淬火。

(3) 工频感应淬火。电流频率为 50 Hz，不需要变频设备，可获得淬硬层深度为 10~15 mm，适用于轧辊、火车车轮等大直径零件的表面淬火。

感应加热表面淬火的特点是：

(1) 加热速度快。工件由室温加热到淬火温度，仅需要几秒到几十秒时间。

(2) 淬火质量好。由于加热迅速，时间短，奥氏体晶粒细小均匀，淬火后表面可获得极细的马氏体，硬度比普通淬火高 2~3 HRC。而且在淬硬的表面层存在很大的残余压应力，有效地提高了工件的疲劳强度。

淬硬层深度易于控制，淬火操作便于实现机械化和自动化。但因设备费用昂贵，不宜用于单件生产。

感应加热表面淬火主要适用于中碳和中碳低合金结构钢，如 40 钢、45 钢、40Cr 钢、40MnB 钢等，也可用于高碳工具钢、含合金元素较少的合金工具钢和铸铁等。

一般表面淬火前应对工件正火或调质，以保证芯部有良好的力学性能，并为表层加热做好准备。表面淬火后应进行低温回火，以降低淬火应力和脆性。

2) 火焰加热表面淬火

火焰加热表面淬火是用氧-乙炔火焰，对工件表面进行加热，随之快速冷却的工艺方法，其示意图如图 3.3.30 所示。其淬硬层深度一般为 2～6 mm。火焰加热表面淬火的优点是设备简单，成本低，使用方法灵活。但其生产效率低，淬火质量较难控制。因此只适用于单件、小批量生产或用于中碳钢、中碳合金钢制造的大型零件，如大齿轮、轴等的表面淬火。

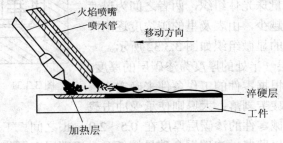

图 3.3.30　火焰加热表面淬火的示意图

### 6. 钢的化学热处理

化学热处理是将工件置于一定温度的活性介质保温，使介质中的活性原子渗入工件表层，改变表层的化学成分和组织的一种热处理工艺。与表面淬火相比，化学热处理不仅改变工件表层的组织，而且表层的化学成分也发生了变化。

化学热处理不仅可以显著提高工件表层的硬度、耐磨性、疲劳强度和耐腐蚀性能，而且能够保证工件芯部具有良好的强韧性。因此，化学热处理在工业生产中已获得越来越广泛的应用。

化学热处理种类很多，根据渗入元素的不同，可分为渗碳、渗氮、碳氮共渗、渗硼、渗硫、渗金属、多元共渗等。不论是哪一种化学热处理，都是通过以下三个基本过程完成的：

(1) 分解。介质在一定温度下发生分解，产生渗入元素的活性原子，如 C、N 等。

(2) 吸收。活性原子被工件表面吸收，也就是活性原子由钢的表面进入铁的晶格而形成固溶体或化合物。

(3) 扩散。被工件吸收的活性原子由表面向内部扩散，形成一定厚度的扩散层。

目前在机械制造工业中，常用的化学热处理有渗碳、渗氮、碳氮共渗等。

1) 钢的渗碳

将低碳钢放入渗碳介质中，在 900℃～950℃加热保温，使活性碳原子渗入钢件表面以获得高碳渗层的化学热处理工艺称为渗碳。渗碳的主要目的是提高工件表面的硬度、耐磨性和疲劳强度，同时保证芯部具有一定强度和良好的塑性与韧性。渗碳钢的含碳量一般为 0.1%～0.3%，常用渗碳钢有 20、20Cr、20CrMnTi、12CrNi、20MnVB 等钢。因此，一些重要的钢制机器零件经渗碳和热处理后，能兼有高碳钢和低碳钢的性能，从而使它们既能承受磨损和较高的表面接触应力，同时又能承受弯曲应力及冲击载荷的作用。

根据所用渗碳剂的不同，渗碳方法可分为三种，即气体渗碳、固体渗碳和液体渗碳。常用的是前两种，本节只介绍应用最广泛的气体渗碳，如图 3.3.31 所示。

气体渗碳是零件在含有气体渗碳介质的密封高温炉罐中进行渗碳处理的工艺。通常使用的渗碳剂是易分解的有机液体，如煤油、苯、甲醇、丙酮等。这些物质在高温下发生分解反应，产生活性碳原子，造成渗碳条件。

低碳钢渗碳缓冷后，表层组织为珠光体加二次渗碳体，芯部为铁素体加少量珠光体组织，两者之间为过渡层，越靠近表层铁素体越少，由表及里的碳浓度逐渐降低，低碳钢渗碳缓冷后的显微组织如图 3.3.32 所示。一般规定，从表面到过渡层一半处的厚度为渗碳层的厚度。

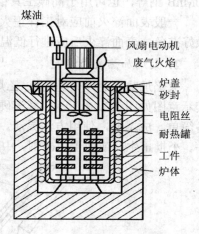

图 3.3.31 气体渗碳的示意图

渗碳层的厚度主要根据零件的工作条件来确定。渗碳层太薄，易产生表面疲劳剥落；太厚则使承受冲击载荷的能力降低。一般机械零件的渗碳层厚度在 0.5～2.0 mm 之间。工作中磨损轻、接触应力小的零件，渗碳层可以薄些；渗碳钢含碳量较低时，渗碳层应厚些；合金钢的渗碳层可以比碳钢的薄一些。

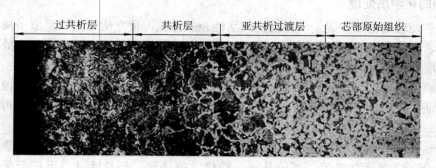

图 3.3.32 低碳钢渗碳缓冷后的显微组织

为了充分发挥渗碳层的作用，使渗碳件表面获得高硬度、高耐磨性和芯部良好的韧性，渗碳后必须进行热处理，常用的热处理方法主要有三种：

(1) 直接淬火。工件渗碳后预冷到一定温度直接淬入水中或油中进行淬火(如图 3.3.33(a)所示)。预冷是为了减少淬火应力和变形。

直接淬火法操作简单，不需要重新加热，生产率高，成本低，脱碳倾向小。由于渗碳温度高，奥氏体晶粒易长大，淬火后马氏体粗大，残留奥氏体也较多，因此工件的耐磨性较低，变形较大。此法适用于本质细晶粒钢或受力不大、耐磨性要求不高的零件。

(2) 一次淬火。工件渗碳后出炉缓冷，然后再重新加热进行淬火、低温回火。由于工件在重新加热时奥氏体晶粒得到细化，因此可提高钢的力学性能。此法应用比较广泛。

对于芯部性能要求较高的工件，淬火温度应略高于芯部成分的 $A_{c3}$ 点(如图 3.3.33(b)中的虚线所示)；对于芯部强度要求不高，而要求表面有较高硬度和耐磨性的工件，淬火温度应略高于 $A_{c1}$；对介于两者之间的渗碳件，要兼顾表层与芯部的组织及性能，淬火温度可选在 $A_{c1}$～$A_{c3}$ 之间(如图 3.3.33(b)所示)。不论来用哪种方法淬火，渗碳件在最终淬火后都应进行低温回火。回火温度一般为 180℃～200℃。

(3) 二次淬火。第一次淬火是为了改善芯部组织和消除表面网状二次渗碳体，加热温度为 $A_{c3}$ 以上 30℃～50℃。第二次淬火是为细化工件表层组织，获得细化的马氏体和均匀分布的粒状二次渗碳体，加热温度为 $A_{c1}$ 以上 30℃～50℃(如图 3.3.33(c)所示)。二次淬火法工艺复杂，生产周期长，成本高，变形大，只适用于表面耐磨性和芯部韧性要求高的零件或本质粗晶粒钢。

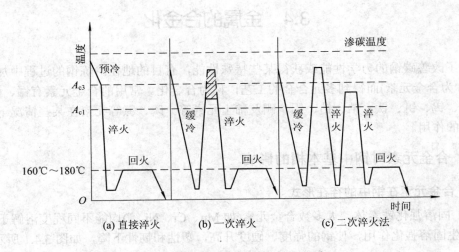

图 3.3.33　渗碳件常用的热处理方法

2) 钢的渗氮(氮化)

向钢的表面渗入氮元素，以获得富氮表层的化学热处理称为渗氮，通常称为氮化。其目的是提高工件表面硬度、耐磨性、疲劳强度和耐蚀性，目前较为广泛应用的氮化工艺是气体渗氮。

工件在气体介质中进行渗氮称为气体渗氮。它是将工件放入密闭的炉内，加热到 500℃～580℃，通入氨气($NH_3$)作为介质，氨气分解产生的活性氮原子被工件表面吸收，并逐渐向里层扩散，从而形成渗氮层，一般渗氮层厚度为 0.4～0.6 mm。

最常用的渗氮钢为 38CrMoAl 钢，在渗氮前要进行调质处理，以获得均匀的回火索氏体组织。形状复杂或精度要求较高的零件，在渗氮前精加工后还要进行消除压力的退火，以减小渗氮时的变形。渗氮后工件表面有很高的硬度(1000～1200 HV，相当于 72HRC)和耐磨性，因此渗氮后不需要淬火，而且这些性能在 600℃～650℃时仍可维持。另外，渗氮层的致密性和化学稳定性均很高，因此渗氮工件有很高的耐蚀性，可防止水、蒸汽、碱性溶液的腐蚀。渗氮温度低，工件的变形小。

但是，渗氮处理的生产周期长(约需 40～70 h)，成本低，渗碳层薄而脆，不宜承受集中的重载荷，这就使渗氮的应用受到限制。因此，渗氮主要用于处理重要和复杂的耐磨、耐腐蚀零件，如精密丝杠、镗床主轴、汽轮机阀门、高精度转动齿轮、高速柴油机曲轴等。

### 3) 钢的碳氮共渗(氰化)

碳氮共渗就是向钢件表层同时渗入碳和氮的化学热处理工艺，又称为氰化。

常用的是气体碳氮共渗，加热温度为 820℃～860℃，渗层表面 $W_C = 0.7\%\sim 1.0\%$，$W_N = 0.15\%\sim 0.5\%$。经淬火和低温回火后，表层组织为含碳、氮的回火马氏体及呈细小分布的碳氮化合物和少量残余奥氏体。渗碳层深度一般为 0.3～0.8 mm。气体碳氮共渗用钢大多为低碳或中碳的碳钢、低合金钢及合金钢。

气体碳氮共渗与渗碳相比较，具有温度低、时间短、变形小、硬度高、耐磨性好、生产率高等优点，主要用于机床和汽车上的各种齿轮、涡轮、蜗杆和轴类零件。

# 3.4　金属的合金化

为了改善碳钢的力学性能或获得某些特殊性能，有目的地在冶炼钢的过程中加入某些元素(称为合金元素)而得到多元合金的工艺，称为合金化。常用的合金元素有锰、硅、铬、镍、钼、钨、钒、钛、锆、钴、铝、硼及稀土元素等。磷、氮等元素在某些情况下也会起到有益的作用。

## 3.4.1　合金元素对钢中基本相的影响

### 1. 合金元素在钢中的存在形式

(1) 固溶强化铁素体。大多数合金元素(如 Mn、Cr、Ni 等)均能不同程度溶解于铁素体中，产生固溶强化作用，使钢的强度、硬度升高，塑性和韧性下降，如图 3.4.1 所示。

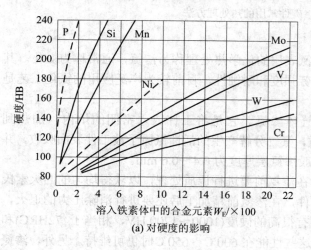

(a) 对硬度的影响

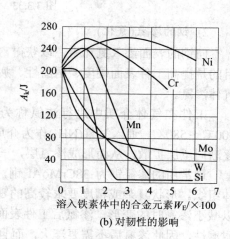

(b) 对韧性的影响

图 3.4.1　合金元素对铁素体力学性能的影响

(2) 形成强化相。具有比 Fe 与 C 更大亲和力的合金元素，除固溶于铁素体之外，还形成合金渗碳体、特殊碳化物或金属间化合物等。这些组织均具有较高的硬度和稳定性，有的硬度可达 71～75 HRC。因此，提高了钢的强度、硬度和耐磨性。

(3) 以纯金属相存在。如 Pb、Cu 等既不溶于铁，也不形成化合物，而是在钢中以游离状态存在。

**2. 合金元素的种类**

(1) 碳化物形成元素。在钢中能与碳作用形成碳化物的元素，如 Fe、Mn、Cr、Mo、W、V、Nb、Zr、Ti 等(按照与碳的亲和力由弱到强，依次排列)称为碳化物形成元素。其中：

① 强碳化物形成元素。Ti、V、Nb 等与碳亲和力很强，几乎总是与碳形成特殊碳化物。特殊碳化物的稳定性、熔点、硬度、耐磨性高。

② 中强碳化物形成元素。W、Mo、Cr 等，当其含量较少时，多溶于渗碳体中而形成合金渗碳体(Fe，Me)$_3$C；当含量较高时，则可能形成特殊碳化物。

③ 弱碳化物形成元素。Mn 等与碳的亲和力较弱，除少量可溶于渗碳体中形成合金渗碳体外，大部分溶于铁素体或奥氏体中。

合金元素与碳的亲和力越强，形成的碳化物稳定性越高，高温下就越难溶于奥氏体，也越不易聚集长大。随着碳化物数量的增加，钢的硬度、强度提高，塑性和韧性下降。

(2) 非碳化物形成元素。与碳亲和力很弱，不能形成碳化物的元素，如 Ni、Co、Si、Al、N 等，主要是以溶入 α-Fe 或 γ-Fe 中的形式存在。

## 3.4.2　合金元素对 Fe-Fe$_3$C 相图的影响

Fe-Fe$_3$C 相图是以铁和碳两种元素为基本组元的相图。如果在这两种元素的基础上加入一定量的合金元素，必将使 Fe-Fe$_3$C 相图(如图 3.2.8 所示)的相区和转变点等发生变化。

**1. 合金元素对奥氏体相区的影响**

Ni、Mn、N 等合金元素使单相奥氏体区域扩大，即使 $A_1$ 线、$A_3$ 线下降。若其含量足够高，可使单相奥氏体区扩大至常温，即可在常温下保持稳定的单相奥氏体组织。利用合金元素扩大奥氏体相区的特性可生产奥氏体钢。例如，当 Mn(13%)或 Ni(24%)时，S 点降到室温以下，即在室温下可获得奥氏体组织，如图 3.4.2(a)所示。

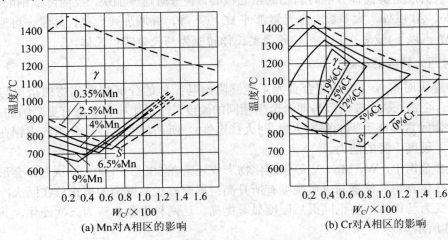

图 3.4.2　合金元素对相区的影响

Cr、Mo、Si、W 等合金元素使单相奥氏体区域缩小，即使 $A_1$ 线、$A_3$ 线升高。若其含量足够高，可使钢在高温与常温均保持铁素体组织，这类钢称为铁素体钢。例如，当 Cr(13%)

时，在室温下奥氏体相区消失，即可获得单相铁素体组织，如图 3.4.2(b)所示。

### 2. 合金元素对 $S$、$E$ 点的影响

合金元素都使 Fe-Fe$_3$C 相图(如图 3.2.8 所示)的 $S$ 点和 $E$ 点向左移，即使钢的共析含碳量和奥氏体对碳的最大固溶度降低。若合金元素含量足够高，可以在 $W_C = 0.4\%$ 的钢中产生过共析组织，在 $W_C = 1.0\%$ 的钢中产生莱氏体。例如，在高速工具钢($W_C = 0.7\% \sim 0.8\%$)的铸态组织中就有莱氏体组织。

## 3.4.3　合金元素对钢热处理的影响

### 1. 加热时对奥氏体化及奥氏体晶粒长大有影响

合金钢的奥氏体形成过程基本上与非合金钢相同，但由于高熔点的合金碳化物、特殊碳化物的存在，为了得到比较均匀的、含有足够数量合金元素的奥氏体，充分发挥合金元素的有益作用，合金钢在热处理时需要提高加热温度和延长保温时间。

在钢的奥氏体化过程中，合金元素(除 Mn、P 外)均阻止奥氏体晶粒长大。其中 V、Ti、Nb、Zr 等强碳化物形成元素，强烈阻止奥氏体晶粒长大，起细化晶粒的作用；W、Mo、Cr 等的作用次之；非碳化物形成元素如 Ni、Si、Cu、Co 等的作用较弱。

因此，除锰钢外，合金钢在加热时不易过热，有利于在淬火后获得细马氏体，有利于增加淬透性及钢的力学性能，也有利于减小淬火时变形与开裂的倾向。

### 2. 冷却时对过冷奥氏体转变的影响

除 Co 外，大多数合金元素(如 Cr、Ni、Mn、Si、Mo、B 等)溶于奥氏体后都使钢的过冷奥氏体的稳定性提高，从而使钢的淬透性提高。因此，一方面有利于大截面零件的淬透；另一方面可采用较缓和的冷却介质淬火，有利于降低淬火应力，减少变形、开裂。

必须指出，加入的合金元素，只有完全溶于奥氏体中时，才能提高淬透性。如果未完全溶解，就会成为奥氏体分解时新相的结晶核心，使分解速度加快，反而降低钢的淬透性。

除 Co、Al 以外，大多数合金元素都使 $M_s$ 点下降，并增加残余奥氏体量。可通过冷处理(冷至 $M_f$ 点以下)或多次回火，使残余奥氏体转变为马氏体或贝氏体。

### 3. 对回火转变的影响

由于淬火时溶入马氏体的合金元素能够阻碍马氏体的分解和碳化物的析出与聚集长大，因此合金钢回火，要达到与非合金钢相同的硬度，需要比非合金钢有更高的加热温度，这说明合金元素提高了钢的耐回火性(回火稳定性)。所谓耐回火性，是指淬火钢在回火时抵抗强度、硬度下降的能力。

在高合金钢中，W、Mo、V 等强碳化物形成元素在 500℃～600℃回火时，会形成细小弥散的特殊化合物，使钢回火后硬度有所升高；同时淬火后残余的奥氏体在回火冷却过程中部分转变为马氏体，使钢回火后硬度显著提高。这两种现象都称为二次硬化，其示意图如图 3.4.3 所示。

高的耐回火性和二次硬化使合金在较高的温度(500℃～600℃)仍保持高硬度(不小于60HRC)，这种性能称为热硬性。热硬性对高速切削刀具及热变形模具等非常重要。合金元素对淬火钢回火后力学性能的不利方面主要是回火脆性，这种脆性主要在含 Cr、Ni、Mn、

Si 的调质钢中出现，而 Mo 和 W 可降低这种回火脆性。

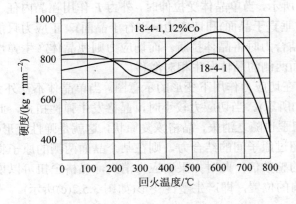

图 3.4.3　二次硬化的示意图

# 3.5　金属塑性变形对材料性能的影响

　　通过浇注成型的铸锭或型材，绝大多数都要经过压力加工(如锻造、轧制、挤压、拉拔、冲压等)来消除其晶粒粗大、组织不均匀、不致密以及成分偏析等缺陷，而塑性变形正是金属压力加工的基础。金属的塑性变形有冷塑性变形和热塑性变形之分，大多数钢和有色金属合金都有一定的塑性，它们均可以在冷态或热态下进行压力加工。

　　塑性变形不仅可以使金属获得一定形状和尺寸的零件、毛坯或型材，而且还会引起金属内部组织与结构的变化，使铸态金属的组织和性能得到改善。例如，经冷轧、冷拉等冷塑性变形后，金属的强度显著提高而塑性下降；经热轧、锻造等热塑性变形后，强度的提高虽不明显，但塑性和韧性较铸态时有显著的改善。因此，研究塑性变形过程中的组织、结构与性能的变化规律，对改进金属材料加工工艺，提高产品质量和合理使用金属材料都具有重要意义。

## 3.5.1　金属的冷塑性变形

### 1. 单晶体金属的塑性变形

　　当应力超过弹性极限后，金属将产生塑性变形。尽管工程上应用的金属和合金大多数为多晶体，但为了研究问题的方便，我们先来研究单晶体的塑性变形，这是因为多晶体的塑性变形与各个晶体的变形行为相关联，因而掌握了单晶体的变形规律，有助于了解多晶体的塑性变形本质。

　　在常温下，单晶体金属的塑性变形的主要方式有滑移和孪生两种，其中滑移是最重要的也是最基本的方式。

　　(1) 滑移。滑移是指在切应力的作用下，晶体的一部分相对于另一部分沿一定的晶面(即滑移面)发生相对的整体滑动，即产生了相对位移，这种位移在应力去除后不能恢复，大量局部滑移的积累就构成金属的宏观塑性变形。

　　滑移只能在切应力的作用下发生，产生滑移的最小切应力称为临界切应力。单晶体滑移的示意图如图 3.5.1 所示，当单晶体受拉伸时，外力 $F$ 作用在晶内任一晶面 $MN$ 上的应力 $f$ 都可分解为正应力 $\sigma$(垂直于晶面)和切应力 $\tau$(平行于晶面)。正应力只能使晶体产生弹性伸长，并在超过原子间结合力时将晶体拉断。而切应力则使晶体产生弹性歪扭，并在超过临界切应力时引起滑移面两侧的晶体发生相对滑移。

　　图 3.5.2 是单晶体在切应力作用下变形的示意图。当单晶体不受外力作用时，原子处于平衡位置(如图 3.5.2(a)所示)。当切应力较小时，晶格发生弹性扭歪，此时去除外力，则切应力消失，晶格弹性扭歪也随之消失，晶格恢复原状，这就是弹性变形(如图 3.5.2(b)所示)；若切应力继续增大，超过原子间的结合力，则在某个晶面两侧的原子将发生相对滑移，滑移的距离为原子间距的整数倍，此时如果切应力消失，晶格歪扭可以恢复，但已经滑移的原子不能回复到变形前的位置，即产生塑性变形(如图 3.5.2(c)所示)。

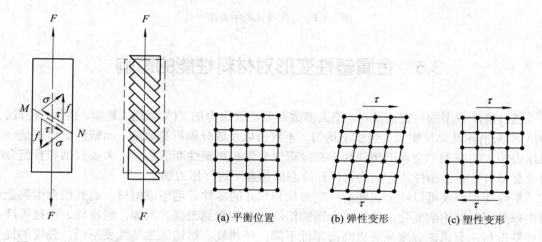

图 3.5.1　单晶体滑移的示意图　　　　　　　图 3.5.2　单晶体在切应力作用下变形的示意图

　　(2) 滑移经常是沿晶体中原子密度最大的晶面和晶向进行的。能够产生滑移的晶面和晶向，称为滑移面和滑移方向，通常是晶体中的密排面和密排方向。这是因为在晶体原子密度最大的晶面上，原子的结合力最强，而面与面之间的距离最大，即相互平行的密排晶面之间的原子结合力最弱，相对滑移的阻力最小，因此在较小的切应力下便能相对滑移。同样沿原子密度最大的晶向滑动时，阻力也最小。

　　图 3.5.3 为滑移面的示意图，Ⅰ-Ⅰ晶面的同一原子面间原子间距小，原子排列最紧密，面间距最大，面间结合力最弱，因此滑移常在这样的晶面上发生。而Ⅱ-Ⅱ晶面原子排列最稀疏(原子间距大)，面间距较小，面间结合力较强，因此此面不易发生滑移。

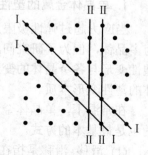

　　晶体中的一个滑移面和该面上的一个滑移方向组成一个滑移系，晶体中的滑移系越多，金属发生滑移的可能性就越大，金属的塑性就越好，其中滑移方向对塑性的贡献比滑移面更大。例如，面心立方晶格和体心立方晶格的滑移系的数目都是 12 个，

图 3.5.3　滑移面的示意图

但面心立方晶格每个滑移面上有 3 个滑移方向，体心立方晶格每个滑移面上只有 2 个，因

此面心立方晶格金属(如 Au、Ag、Cu、Al、Ni 等)比体心立方晶格金属(如 Fe、Cr、Mo、W、V 等)的塑性好，密排六方金属(如 Mg、Zn 等)滑移系只有 3 个，塑性最差。

(3) 滑移的结果使晶体表面形成台阶，产生滑移线和滑移带。若将表面经过抛光的金属单晶体(如铜)试样进行拉伸，当应力超过屈服极限发生塑性变形后，在光学显微镜下观察，可发现试样表面有许多互相平行的线条，这就是滑移带，如图 3.5.4 所示。

若在放大倍数更高的电子显微镜下观察，则发现每条滑移带都是由许多密集的相互平行的更细的滑移线组成的，这些滑移线实际上是塑性变形后在晶体表面产生的一个一个的小台阶，每个台阶的高度约为 200 nm，相互靠近的小台阶在宏观上是一个大台阶，这就是滑移带，如图 3.5.5 所示。当发生滑移的晶面移出晶体表面时，在滑移面和晶体表面的相交处，就形成了滑移台阶，一个滑移台阶就是一条滑移线，每一条滑移线对应的台阶高度，标志着某一滑移面的滑移量，这些台阶的累积就造成了宏观的塑性变形。

图 3.5.4　铜变形后的滑移带

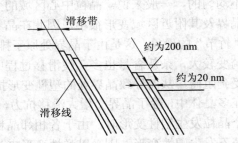

图 3.5.5　滑移带和滑移线的示意图

(4) 滑移是由位错运动造成的。上述的滑移是指滑移面上每个原子都同时移动到与其相邻的另一个平衡位置上，即发生刚性移动。把滑移设想为刚性整体滑动所需的理论临界切应力值比实际测量临界切应力值大 3~4 个数量级，这与现实不符合。近代科学研究表明，滑移时并不是整个滑移面上的原子一起发生刚性移动，而是通过滑移面上位错的运动来实现刚性移动。晶体通过位错运动产生滑移时，只在位错中心的少数原子发生移动，它们移动的距离远小于一个原子间距，因而所需临界切应力小，这种现象称为位错的易动性。

图 3.5.6 为刃型位错进行滑移示意图，在晶体右侧的位错中心滑移面上面有一列多余的半原子面，像一个刀刃插在晶体内，因此称为刃型位错(如图 3.5.6(a)所示)，在切应力 $\tau$ 作用下该位错沿滑移面逐步由右向左移动(如图 3.5.6(b)、3.5.6(c)所示)，当它运动出晶体时，便在左侧表面形成了滑移量为一个原子间距大小的台阶(如图 3.5.6(d)所示)。若大量位错在该滑移面上移动出晶体时，就会在晶体表面产生滑移量达几百纳米的宏观可见的台阶。由此可见，通过位错运动方式的滑移并不需要整个滑移面上的原子同时移动，只需位错中心附近的少量原子发生微量位移，所以它所需要的临界切应力远远小于刚性滑移。

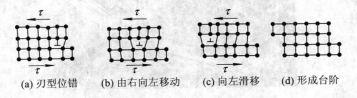

(a) 刃型位错　　(b) 由右向左移动　　(c) 向左滑移　　(d) 形成台阶

图 3.5.6　刃型位错进行滑移的示意图

**2. 多晶体金属的塑性变形**

多晶体金属的塑性变形与单晶体金属的塑性变形本质上没有多大的差别，其每个晶粒的塑性变形仍以滑移的方式进行。但由于晶界的存在和每个晶粒中晶格位向不同，使多晶体的塑性变形比单晶体复杂得多。

1) 晶界及晶粒位向差的影响

由于滑移是由位错运动造成的，当位错运动到晶界附近时，受到晶界的阻碍而堆积起来，称为位错的塞积。要使变形继续进行，则必须增加外力，从而使金属的变形抗力提高。图 3.5.7 表示只包含两个晶粒的试样进行拉伸试验时的情况。对于一个晶粒来说，变形是不均匀的，一般来说，晶粒中心区域的变形量较大，晶界及其附近区域变形很小，因此在晶界处产生所谓"竹节"的现象。这是由于晶界处原子排列紊乱，晶格畸变较大，杂质含量也多，使滑移过程中的位错移动受到阻碍，从而导致晶界处的塑性变形抗力远远高于晶粒内部。

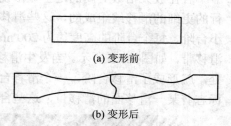

(a) 变形前

(b) 变形后

图 3.5.7　两个晶粒的试样在拉伸时的变形示意图

在多晶体中，除了晶界会增大滑移抗力，各晶粒晶格位向的不同也会增大其滑移抗力。当一个晶粒发生塑性变形时，由于各相邻晶粒位向不同，为了保持金属的连续性，周围的晶粒若不发生塑性变形，则必以弹性变形来与之协调，这种弹性变形便成为晶粒塑性变形的阻力。由于晶粒间的这种相互约束，使得多晶体金属的塑性变形抗力提高。显然，相邻晶粒晶格位向相差越大，滑移抗力越大。

2) 多晶体金属的塑性变形过程

在多晶体中，首先发生滑移的是滑移系与外力夹角等于或接近于 45° 的晶粒。当塞积位错前端的应力达到一定程度时，加上相邻晶粒的转动，使相邻晶粒中原来处于不利位向滑移系上的位错开动，从而使滑移由一批晶粒传递到另一批晶粒，当有大量晶粒发生滑移后，金属便显示出明显的塑性变形。

图 3.5.8 是铜的多晶体试样经过拉伸后，在表面形成滑移带的示意图，可以看出每个晶粒内的滑移带方向相同，而不同晶粒之间的滑移带方向不同，由于受到晶界和晶粒位向的影响，多晶体的塑性变形并不是单晶体塑性变形的简单叠加。

图 3.5.8　铜多晶体试样拉伸后形成滑移带的示意图

3) 晶粒大小对金属力学性能的影响

由此可见，多晶体塑性变形抗力不仅与金属原子间结合力有关，而且还与多晶体晶粒的大小有关。金属的晶粒越细，其强度和硬度越高。因为金属晶粒越细，晶体单位体积中的晶界越多，晶界总面积越大，位错障碍越多，需要协调的具有不同位向的晶粒越多，使金属塑性变形的抗力越高，强度便越高。

多晶体的晶粒越细，不仅强度越高，而且塑性和韧性也较好。因为晶粒越细，晶体单位体积中的晶粒数目便越多。变形时，同样的变形量便可分散在多个晶粒中发生，产生均匀的塑性变形，而不致造成局部应力集中，引起裂纹的过早产生和扩展。因此，断裂前金属便可能发生较大的塑性，具有较高的抗冲击载荷的能力。

这种通过细化晶粒来同时提高金属的强度、硬度、塑性和韧性的方法称为细晶强化。目前，在工业生产中通过压力加工、热处理等手段使金属材料获得细而均匀的晶粒，是提高金属材料整体力学性能的有效途径之一。

**3. 冷塑性变形对金属组织和性能的影响**

1) 形成纤维组织

金属变形前后晶粒形状变化的示意图如图 3.5.9 所示，当金属在外力作用下产生塑性变形时，随着金属外形被拉长，其晶粒也相应地被拉长。当变形量很大时，各晶粒将会被拉长呈细条状或纤维状，晶界变得模糊不清，晶粒难以分辨，这种组织被称为纤维组织。

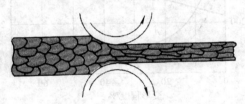

图 3.5.9　金属变形前后晶粒形状变化的示意图

图 3.5.10 是工业纯铁经过塑性变形后形成的纤维组织。形成纤维组织后，金属的性能具有明显的方向性，即纵向(沿纤维组织方向)的强度和塑性比横向(垂直于纤维组织方向)高得多。

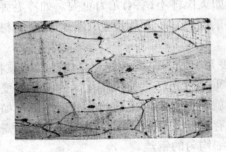
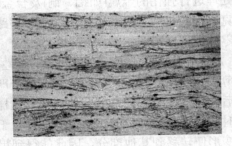

(a) 40%变形量　　　　　　　　　　　(b) 80%变形量

图 3.5.10　工业纯铁经塑性变形后的纤维组织

2) 产生加工硬化

当金属发生塑性变形时，不仅晶粒的外形发生了变化，而且晶粒内部的结构也发生了变化。当变形量不大时，先是在变形晶粒的晶界附近出现位错的堆积，随着变形量的增加，晶粒破碎成为细碎的亚晶粒，变形量越大，晶粒破碎得越严重，亚晶界越多，位错密度越大。

随着亚晶界处堆积的位错增多，位错之间相互干扰，从而会阻碍位错的移动，使金属的塑性变形抗力增大，强度和硬度显著提高。塑性变形后，金属的强度、硬度上升，塑性、韧性下降的现象被称为金属的加工硬化现象，如图 3.5.11 所示(实线表示的是纯铜，虚线表示的是低碳钢)。

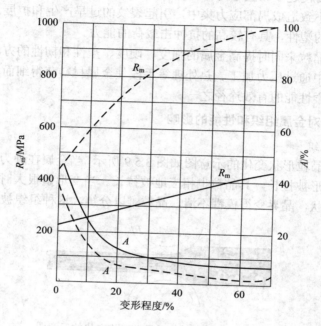

图 3.5.11　金属的加工硬化现象

加工硬化在生产中具有重要意义：

(1) 可以用加工硬化来强化金属，提高其强度、硬度和耐磨性，特别是对于那些不能通过热处理进行强化的金属(如铝、铜)及合金(如奥氏体不锈钢)尤为重要。如冷卷弹簧，冷加工坦克、拖拉机履带板，破碎机颚板和铁路的道岔等，都用冷加工来强化金属材料，从而提高零件使用性能的实例。

(2) 加工硬化有利于金属产生均匀的塑性变形，使得某些工件和半成品能够顺利成型。如金属薄板在冲压过程中，弯角处的变形最严重，首先产生加工硬化，因此该处变形到一定程度后，随后变形就转移到其他部分，这样就可以得到厚薄均匀的冲压件。再如，当冷拉钢丝时，受力较大部分的钢丝先变形，由于存在加工硬化，这个部位继续变形需要的力增大，变形便转移到其他部分，因此能得到粗细均匀的钢丝。

(3) 加工硬化还可以提高金属零件和构件在使用过程中的安全性。若构件在工作过程中产生应力集中或过载现象，由于加工硬化，过载部位在发生少量塑性变形后提高了屈服点，并与所承受的应力达到平衡，变形就不会继续发展，从而提高了构件的安全性。

但是加工硬化也会给随后的材料生产和使用带来麻烦，因为金属加工到一定程度后，变形抗力就会增加，进一步变形就必须加大设备功率，增加动力消耗。另外，金属经加工硬化后，塑性大为降低，继续变形就会导致开裂。为了消除这种硬化现象，以便继续进行冷加工，中间需要进行退火(再结晶退火)处理。

3) 形成形变织构

当塑性变形量很大时(30%～90%)，伴随着晶粒的转动，各晶粒的位向将与外力的方向趋于一致，晶粒趋向于整齐排列，这种现象称为择优取向，所形成的有序化结构被称为形变织构。

形变织构形成后会使金属材料呈现明显的各向异性，这对金属材料的后续加工和使用性能都有不利的影响。例如，用有织构的板材冲制筒形零件时，由于板材各个方向的变形能力不同，冲出的产品厚薄不均匀，边缘不整齐，形成"制耳"现象，如图 3.5.12 所示。但织构在某些情况下是有利的，例如，制造变压器铁芯的硅钢片，利用织构可使变压器铁芯的磁导率明显增加，磁滞损耗降低，从而提高变压器的效率。

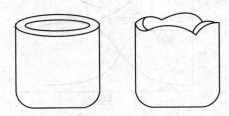

图 3.5.12　冲压件的"制耳"现象

形变织构很难消除。生产中为避免织构产生，常将零件的较大变形量分为几次变形来完成，并进行再结晶退火。

4) 产生残余内应力

残余内应力是指外力去除后，残留在金属内部且平衡于金属内部的应力。产生内应力的主要原因是金属在外力作用下所产生的内部变形不均匀以及变形金属中各部分相互间的牵制作用所致。

内应力可分为三类：第一类内应力(宏观内应力)，是由于金属材料各部分变形不均匀而造成的宏观范围内的平衡内应力，如表层与心部变形不同所形成的平衡内应力；第二类内应力(微观内应力)，是金属材料晶粒之间，晶粒内部或亚晶粒之间变形不均匀造成的微观范围内的平衡内应力；第三类内应力(晶格畸变内应力)，是由于位错、空位等晶格缺陷引起的晶格畸变造成的平衡内应力。

第一、二类内应力，虽然在变形的金属材料中所占的比例不大(约为 10%左右)，但它们可以引起构件的变形、开裂和耐蚀性降低。而第三类内应力占的比例最大(约为90%以上)，它可以使金属的强度、硬度升高，是使金属强化的主要原因。金属材料塑性变形后，通常要进行退火处理，以消除或降低残余内应力。

残余应力虽然可以引起工件的变形、开裂和应力腐蚀，但是在某些特定条件下也有有利的一面，例如，承受交变载荷的零件，若采用表面滚压或喷丸处理，可以使零件表面产生一层具有残余压应力的应变层，该层就能起到强化表面的目的，从而零件的疲劳寿命成倍提高。

#### 4. 回复与再结晶

金属材料在塑性变形后，产生了加工硬化，导致金属的强度、硬度升高，塑性、韧性下降，而且还存在着残余内应力，为了恢复其原有的性能或便于进一步塑性变形加工，需要对冷变形金属进行退火处理。在退火过程中，随着加热温度的升高，变形金属将经历回复、再结晶和晶粒长大三个阶段。冷塑性变形金属在加热时组织和性能变化的示意图，如图 3.5.13 所示。

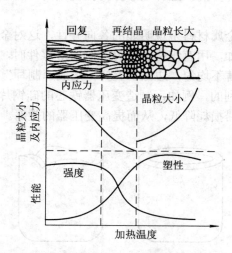

图 3.5.13　冷塑性变形金属在加热时组织和性能变化的示意图

**1) 回复**

回复是指冷塑性变形的金属材料在较低的加热温度下，其光学显微组织未发生改变(即未形成再结晶晶粒)时，晶体内部产生的某些结构和性能的变化。由于加热温度较低，原子活动能力较小，晶格中的原子仅能做短距离的扩散。因此，金属内只需要较小能量就可以开始运动，有缺陷处将首先移动，例如，偏离晶格结点位置的原子回复到结点位置，空位在回复阶段中向晶体表面、晶界处或位错处移动，使晶格结点恢复到较规则形状，晶格畸变减轻，残余应力显著降低。但因亚组织尺寸没有明显改变，位错密度没有明显减少，即造成加工硬化的主要原因没有消除，因而力学性能在回复阶段变化不大。

总之在回复阶段，冷变形金属的显微组织(晶粒的大小和形状)没有明显变化，力学性能(如强度、硬度、塑性、韧性等)没有明显变化，仍然保持加工硬化的效果，但是残余内应力显著降低。因此回复退火又称为去应力退火。

冷塑性变形金属材料经去应力退火后，在基本上保持加工硬化的条件下，降低了其内应力，减少了工件的翘曲和变形，降低了电阻率，提高了材料的耐蚀性，并使塑性和韧性得到适当改善，提高了工件使用时的安全性。如用冷拉钢丝卷制弹簧，在卷成后要在250℃～300℃进行退火，以降低内应力并使之定型。又如用黄铜材料经冷冲压制成弹壳后，必须在260℃左右去应力退火，以防止放置后变形和开裂。

**2) 再结晶**

(1) 再结晶的过程。当冷塑性变形后的金属加热到比回复阶段更高的温度时，由于原子的扩散能力增强，使被拉长呈纤维状的晶粒又变为均匀而细小的等轴晶粒，同时使加工硬化现象消除，这一变化过程称为再结晶。再结晶的实质是新晶粒重新形成晶核和长大的过程。

再结晶后的晶粒内部晶格畸变消失，位错密度下降，残余内应力和加工硬化现象也完全消失，因而金属的强度、硬度显著下降，而塑性、韧性显著提高，结果使变形金属的组织和性能基本恢复到冷塑性变形前的状态。

(2) 再结晶温度。再结晶不是在恒温下而是在一个温度范围内发生的，一般所说的再结晶温度是指再结晶开始的温度(发生再结晶所需的最低温度)。在实际生产中，通常把再结晶温度定义为：经过大变形量的冷塑性变形金属(变形度大于 70%)，在 1 h 保温时间内能够完成再结晶转变(转变量大于 95%)的温度。再结晶温度与金属的熔点、纯度和冷塑性变形的程度有关系。

金属的冷塑性变形程度越大，晶体内的缺陷就越多，组织越不稳定，再结晶的倾向也越大，再结晶开始的温度就越低。当冷塑性变形程度达到一定量后，再结晶温度趋于某一最低值，其关系如图 3.5.14 所示，这个温度通常是指再结晶温度。大量的试验证明，各种金属的再结晶温度 $T_{再}$ 与其熔点 $T_{熔}$ 间的关系如下：

$$T_{再} \approx 0.4 T_{熔}$$

式中，温度应按绝对温度计算。由此式可知，金属的熔点越高，在其他条件相同的条件下，再结晶温度越高。

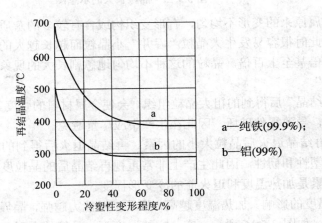

图 3.5.14　铁和铝的再结晶温度与冷塑性变形程度的关系

金属中的微量杂质和合金元素(特别是高熔点元素)，常会阻碍原子扩散和晶界迁移，从而显著提高再结晶温度。例如，高纯度铝(99.999%)的 $T_{再}$ 为 80℃，而工业纯铝(99.0%)的 $T_{再}$ 提高到了 290℃；再如工业纯铁的 $T_{再}$ 为 450℃，加入少量的碳形成低碳钢后，$T_{再}$ 提高到了 500℃～650℃。

加热速度和保温时间也会影响再结晶温度。由于再结晶过程是在一定的时间内完成的，因此提高加热速度可以使再结晶在较高的温度下发生；而延长保温时间，可以使原子有充分的时间进行扩散，使再结晶过程能在较低的温度下完成。

把经过冷塑性变形后的金属材料加热到再结晶温度以上，使其发生再结晶的热处理过程称为再结晶退火。在工业生产中，常采用再结晶退火来消除材料所产生的加工硬化现象，来提高材料的塑性。此退火工艺也常作为冷塑性变形过程中的中间退火，以恢复金属材料的塑性便于后续加工。为了缩短退火周期，常将再结晶退火加热温度定在最低再结晶温度以上，即为 100℃～200℃。

(3) 晶粒的长大。冷塑性变形后的金属材料经过再结晶后，一般可以得到细小而均匀的等轴晶粒，但如果加热温度过高或保温时间过长，金属晶粒将会以互相"吞并"的方式继续长大。如图 3.5.15 所示，晶粒的长大，实质上是一个晶粒的边界向另一个晶粒迁移的过程，将另一个晶粒的晶格位向逐步地改变为与这个晶粒的晶格位向相同，于是另一个晶粒逐渐地被这个晶粒"吞并"而成为一个粗大的晶粒。

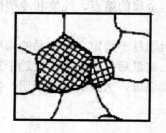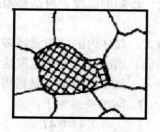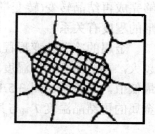

(a) "吞并"长大前的两个晶粒　　　(b) 晶粒移动以减少晶界面积　　　(c) 小晶粒被"吞并"

图 3.5.15　晶粒长大的示意图

尤其当金属原来的变形不均匀，有形变织构或含有较多的杂质时，再结晶后得到大小不等的晶粒，此时很容易发生大晶粒"吞并"小晶粒而越长越大的现象，其尺寸往往比原始晶粒大几十倍甚至上百倍。晶粒的这种不均匀地急剧长大的现象称为"二次再结晶"或"聚合再结晶"。

"二次再结晶"后得到的粗大晶粒组织，会使金属材料的强度、塑性和韧性显著降低，还易产生裂纹，导致零件破坏，因此在生产中应尽量避免。

(4) 影响再结晶退火后晶粒大小的因素。再结晶退火后得到的晶粒大小直接影响金属材料的强度、塑性和韧性，因此生产上非常重视再结晶后的晶粒度。影响再结晶退火后晶粒度的主要因素是加热温度和退火前的冷变形程度。

① 加热温度的影响。加热温度越高，原子扩散能力越强，晶界迁移越快，再结晶后的晶粒度就越大，如图 3.5.16 所示。在一定的温度下，晶粒长大到一定尺寸后一般就不再长大，温度升高则晶粒又会继续长大。此外，当加热温度一定时，延长保温时间也会使晶粒长大，但影响远不如加热温度的影响大。

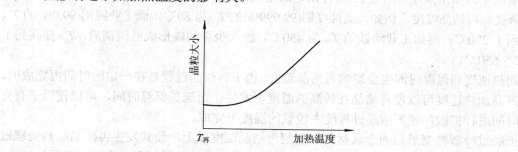

图 3.5.16　再结晶退火温度对晶粒大小的影响

② 冷塑性变形程度的影响。冷塑性变形程度的影响比较复杂，如图 3.5.17 所示。当变形程度很小时，金属晶格畸变很小，不足以引起再结晶，晶粒不变。当变形程度达到 2%～10% 时，金属中只有少量晶粒变形，变形分布很不均匀，再结晶时形核数目少，再结晶后晶粒大小极不均匀，非常有利于晶粒发生相互吞并而长大，最终形成异常粗大的晶粒。

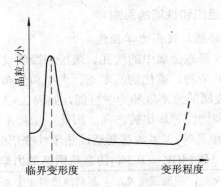

图 3.5.17　冷塑性变形程度对再结晶后晶粒大小的影响

再结晶时，使金属获得异常粗大晶粒的冷变形量称为临界变形度。工业生产中进行冷变形加工时，一般应避开临界变形度这个范围，超过临界变形度后，随变形度的增加，变形趋于均匀，再结晶形核率增大，最终形成的晶粒就越细小。当变形程度很大(约大于 90%)时，某些金属(如铁)中又会出现再结晶后晶粒再次粗大的现象，一般认为这与金属中形成的形变织构有关。

## 3.5.2　金属的热塑性变形

金属的塑性变形如果是在室温下进行的，习惯上称之为冷塑性变形或冷加工。虽然冷塑性变形后的产品表面质量好，尺寸精度高，但是经过冷塑性变形后容易引起金属加工硬化，变形抗力增大，塑性下降。对于尺寸较大，变形量较大或塑性不好的金属材料，用冷塑性成型的方法很难加工，生产上常采用热塑性变形的方法加工(即热加工)，如锻造、热挤和热轧等。金属在高温下，强度、硬度低，而塑性、韧性高，金属的热加工比冷加工容易进行。

从金属学的观点看，把再结晶温度以上的变形加工称为热塑性变形，而再结晶温度以下的变形加工称为冷塑性变形，也就是说再结晶温度是区分冷、热塑性变形的分界线。例如，铅的再结晶温度是 −33℃，那么即使在室温下的塑性变形仍旧是热塑性变形；而钨的再结晶温度是 1200℃，即使在 1100℃ 时拉制钨丝也属于冷塑性变形。

热塑性变形实质上是变形时的加工硬化和动态软化两个过程同时进行，在再结晶温度以上变形时，要发生再结晶，其示意图如图 3.5.18 所示，使塑性变形造成的加工硬化被再结晶软化所抵消。因此，热加工时一般不会产生明显的加工硬化现象。

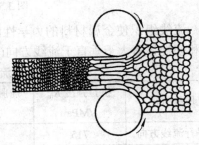

图 3.5.18　热塑性变形时再结晶的示意图

　　由于金属热塑性变形时表面易于氧化，产品的表面粗糙度和尺寸精度不如冷塑性变形好，因而热塑性变形主要用于金属制品或半成品的截面尺寸较大、变形量较大以及脆性很大的金属材料的变形；而冷塑性变形则适用于金属制品的截面尺寸较小、加工精度要求较高和表面粗糙度较低的场合。

**1. 热塑性变形对金属组织和性能的影响**

1) 消除铸态金属组织缺陷，提高力学性能

　　通过热塑性变形，能使铸态金属中的气孔、疏松和微裂纹焊合，减轻甚至消除粗大柱状晶粒与枝晶偏析，改善夹杂物、碳化物的形态、大小和分布等，因此正确的热塑性变形加工可以细化晶粒、提高金属的致密度和力学性能，如表 3.5.1 所示。由此可见，经热塑性变形后，钢的强度、塑性和韧性等均比铸态高。因此，工程上凡是受力复杂、载荷较大的工件(如齿轮、轴、刃具和模具等)大多数都要通过热塑性变形的方式来制造。

表 3.5.1　碳钢($W_C = 0.3\%$)铸态与锻态的力学性能比较

| 状态 | 抗拉强度 $R_m$ /MPa | 屈服强度 $R_{eL}$ /MPa | 断后伸长率 $A$ /% | 断面收缩率 $Z$ /% | 冲击韧度 $a_k$ /J·cm$^{-2}$ |
|---|---|---|---|---|---|
| 铸态 | 500 | 280 | 15 | 27 | 35 |
| 锻态 | 530 | 310 | 20 | 45 | 70 |

2) 形成热加工纤维组织(流线组织)

　　在热加工过程中，铸态金属中的某些枝晶偏析，非金属夹杂物将沿塑性变形的方向被拉长，就形成了在宏观组织上的一条条细线，这就是热加工中的纤维组织或流线组织，如图 3.5.19 所示。

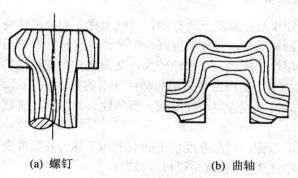

(a) 螺钉　　　　　　　　(b) 曲轴

图 3.5.19　锻造纤维组织的示意图

　　流线组织使金属材料的力学性能具有明显的各向异性，沿流线方向(纵向)的强度、塑性和韧性显著大于垂直于流线方向(横向)的相应性能，如表 3.5.2 所示。

表 3.5.2　流线方向对 45 钢力学性能的影响

| 取样方向 | 抗拉强度 $R_m$ /MPa | 屈服强度 $R_{eL}$ /MPa | 断后伸长率 $A$ /% | 断面收缩率 $Z$ /% | 冲击韧度 $a_k$ /J·cm$^{-2}$ |
|---|---|---|---|---|---|
| 平行流线方向 | 715 | 470 | 17.5 | 62.8 | 62 |
| 垂直流线方向 | 675 | 440 | 10 | 31 | 30 |

采用正确的热加工工艺，应力求使零件具有合理的流线分布，应使零件工作时的最大正应力方向与流线方向一致，最大切应力方向与流线方向垂直，以保证金属材料的力学性能。另外，还要保证流线分布的连续性，使流线沿工件外形轮廓连续分布是最理想的，这就是轴承套圈和曲轴等重要零件用锻造法生产，而不用车削加工的方法生产的原因，分别如图 3.5.20 和图 3.5.21 所示。车削加工会将流线切断，使零件的轮廓与流线的方向不符、力学性能降低。若采用锻件则可使热加工流线合理分布，从而提高力学性能，保证零件质量。

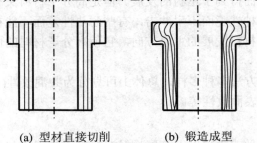

(a) 型材直接切削　　　　(b) 锻造成型

图 3.5.20　不同方法制成轴承套圈流线分布的示意图

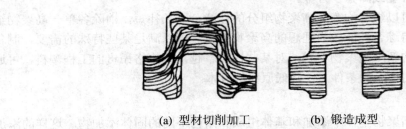

(a) 型材切削加工　　　　(b) 锻造成型

图 3.5.21　不同方法制成曲轴流线分布的示意图

**2. 钢中的带状组织**

若钢锭中存在严重的夹杂物偏析或热塑性变形时的加热温度偏低，在钢中就会出现铁素体与珠光体分层分布的组织，在层与层之间还有一些被拉长的夹杂物或偏析区，这种变形方向呈带状或层状分布的显微组织称为带状组织，如图 3.5.22 所示。带状组织使钢的力学性能变坏，特别使横向的塑性、韧性下降。防止和消除带状组织的主要措施有：减少钢中杂质元素的含量并尽量在单相区变形；采用高温扩散退火来消除元素偏析；对于出现严重带状组织的材料，要经过高温扩散退火+正火或多次正火方可消除。钢中的带状组织正火后的显微组织如图 3.5.23 所示。

图 3.5.22　钢中的带状组织的显微组织

图 3.5.23　钢中的带状组织正火后的显微组织

# 3.6　高分子材料的增强与改性

高分子材料作为 20 世纪发展起来的材料，因其优越的性能、相对简便的成型工艺以及极为广泛的应用领域，而得到了迅猛的发展。但是高分子材料又有许多需要克服的缺点。如塑料，有许多塑料品种性脆而不耐冲击，有些耐热性差而不能在高温下使用。因此高分子的改性始终是高分子材料发展的主要方向，它使高分子材料的性能大幅度提高，拓宽了其应用领域。

高分子材料的改性方法多种多样，总体上可划分为共混改性(高分子合金)、填充改性、增强攻性、化学改性和表面改性等。

1) 共混改性

高聚物共混是指两种或两种以上高聚物经混合制成宏观均匀材料的过程，高聚物共混物通常又称为高聚物合金或高分子合金。

高聚物共混改性可以综合均衡各高聚物组分的性能，取长补短，消除各单一高聚物组分性能上的弱点，获得综合性能较为理想的高聚物材料；可以满足某些特殊的需要，制备一系列具有崭新性能的新型高聚物材料；对某些性能卓越，但价格昂贵的工程塑料，可通过共混，在不影响使用要求的条件下，降低原材料成本。

2) 填充改性

填充改性是指在高聚物基体中添加和基体组成和结构不同的固体添加物。这样的添加物称为填充剂，也称为填料。高聚物填充改性的目的，有的是为了降低成本，如塑料制品中大量加入的碳酸钙、滑石粉等无机填充剂；有的是为补强或改善加工性能，如在橡胶工业中，炭黑对橡胶制品具有良好的补强作用，且可改善加工工艺性能；还有一些填料具有阻燃或抗静电等作用。

在高聚物的加工成型过程中，多数情况下，加入数量不等的填充剂。由于这些填充剂大多是无机物粉末，因此填充改性涉及有机高分子材料与无机物在性能上的差异与互补，这就为填充改性提供了广阔的研究空间和应用领域。在填充改性体系中，炭黑对橡胶的补强是典型的范例。正是这一补强体系，促进了橡胶工业的发展。在塑料领域，填充改性不仅可以改善性能，而且在降低成本方面发挥着重要作用。

3) 增强改性

高聚物的增强改性是指使用玻璃纤维、碳纤维、金属纤维等具有较大长径比的填料(增强性填料或增强材料)，使聚合物材料的力学性能和耐热性能有明显提高。

纤维增强复合材料是一代性能卓越的增强改性材料，其因突出的"轻质高强"特性而获得了广泛的应用。这些复合材料能在保留原组分主要特性的基础上，通过复合获得原成分所不具备的性能。因此，增强改性是对高聚物进行改性的十分有效、简便、经济、适用的方法。

4) 化学改性

高聚物的化学改性是通过高聚物的化学反应，改变大分子链上的原子或原子团的种类及其结合方式的一类改性方法。经化学改性，高聚物的分子链结构发生了变化，从而赋予其新的性能，扩大了应用领域。利用化学改性，可以制造不能用加聚或缩聚方法获得的聚合物，得到具有不同性能的新材料。

高聚物本身就是一种化学合成材料，因而也就易于通过化学的方法进行改性。化学改性的应用比共混要早，橡胶的交联就是一种早期的化学改性方法。

嵌段和接枝的方法在聚合物改性中应用广泛。嵌段共聚物的成功范例是热塑性弹性体，它是一种既能像塑料一样加工成型，又具有橡胶般弹性的新型材料。在接枝共聚物中，应用最为普遍的是 ABS(丙烯腈、丁二烯及苯乙烯的共聚共混物)，这一材料优异的性能和相对低廉的价格，使它在诸多领域广为应用。

5) 表面改性

材料的表面特性是材料最重要的特性之一，随着高分子材料工业的发展，对高分子材料不仅要求其内在性能要好，而且对表面性能的要求也越来越高。如印刷、粘结、涂装、染色、电镀、防雾等都要求高分子材料有适当的表面性能。

高聚物表面改性的方法有化学改性和物理改性，包括等离子体表面改性、火焰表面改性、化学药品处理、高聚物涂敷、电极沉淀等多种处理方法。其目的主要在于改变高聚物表面的化学结构或物理特性，使低表面能或化学惰性的塑料表面引入某些极性单元，从而使其具有合适的表面特性，满足表面的需要。

# 本 章 小 结

分析二元合金相图与铁碳合金相图，介绍了结晶的条件，过冷度，形核、长大及影响因素，二元合金的结晶，合金的性能与相图的关系，铁碳合金的结晶，塑性变形后金属在加热时组织性能的变化，金属的冷加工与热加工，钢在加热时的转变，钢在冷却时的转变，钢的普通热处理，钢的表面热处理，钢的化学热处理等，合金元素与铁、碳的作用，合金元素对铁碳相图的影响，合金元素对钢的机械性能的影响，合金元素对钢的工艺性能的影响等。

# 本章主要名词

结晶(crystal)　　　　　　　　　　　　冷却曲线(cooling curve)

过冷度(degree of supercooling)　　　　晶核(crystal nucleus)

晶粒(grain)　　　　　　　　　　　　纯金属(pure metal)

合金(alloy)　　　　　　　　　　　　相图(the phase diagram)

匀晶相图(uniform grain phase diagram)　　相变(phase transition)

枝晶偏析(dendrite segregation)　　　　共晶相图(the eutectic phase diagram)

铁碳合金(iron carbon alloy)　　　　　铁素体(ferrite)

同素异晶转变(allotropic transformation)　奥氏体(austenite)

渗碳体(cementite)　　　　　　　　　　珠光体(pearlite)

莱氏体(ledeburite)　　　　　　　　　　铸铁(cast iron)

热处理(heat treatment)　　　　　　　　临界点(critical point)

晶粒度(grain size)　　　　　　　　　　贝氏体(bainite)

马氏体(martensite)　　　　　　　　　　退火(annealing)

正火(normalizing)　　　　　　　　　　淬火(quench)

回火(tempering)　　　　　　　　　　　淬透性(hardenability)

淬硬性(hardenability)　　　　　　　　　塑性变形(plastic deformation)

滑移(slip)　　　　　　　　　　　　　　纤维组织(fibrous tissue)

加工硬化(work hardening)　　　　　　　形变织构(deformation texture)

回复(reply)　　　　　　　　　　　　　再结晶(recrystallization)

# 习题与思考题

1. 金属结晶的基本规律是什么？

2. 过冷度与冷却速度有何关系？它对金属结晶过程有何影响？

3. 细晶粒组织为什么具有较好的综合力学性能？细化晶粒的基本途径有哪些？

4. 说明铁素体、奥氏体、渗碳体、珠光体和莱氏体等基体组织的显微特征及其性能。

5. 画出简化的 $Fe-Fe_3C$ 相图，说明图中主要点、线的意义，填出各相区的相和组织组成物。

6. 将 45 钢(含碳量为 0.45%)和 T8 钢(含碳量为 0.8%)分别加热到 600℃、760℃、840℃，然后在水中冷却，试说明各获得什么组织？性能(硬度)如何变化？

7. 正火和退火的主要区别是什么？生产中应如何选择正火和退火。

8. 简述各种淬火方法及其适用范围。

9. 为什么淬火钢回火后的性能主要取决于回火温度，而不是冷却速度？

10. 化学热处理工艺有哪些？

11. 渗碳后的零件为什么必须淬火和回火？淬火、回火后表层和芯部性能有何不同？为什么？

12. 简述高聚物改性方法。

# 第二篇

# 常用机械工程材料

# 第4章 金属材料

## 4.1 工业用钢

工业生产上，依据金属材料的成分组成，将其划分为钢铁材料与有色金属材料两大类。钢铁材料又分为生铁与钢材两类。钢材是含碳量小于 2.11% 的铁碳合金。

为了便于生产、保管、选材和研究，可将钢材按其冶炼方法、化学成分、质量类别和用途不同加以分类。分别如表 4.1.1、表 4.1.2、表 4.1.3 和表 4.1.4 所示。实际工业生产中，钢材分类一般采用综合性的分类方法，如优质碳素结构钢，包含了质量、成分和用途等三重含义。

**表 4.1.1 钢材按冶炼方法分类**

| 熔炼炉的种类 | 转炉钢、电炉钢、平炉钢 |
| --- | --- |
| 冶炼时的脱氧程度 | 镇静钢、半镇静钢、沸腾钢 |
| 钢材的酸碱性 | 碱性钢、酸性钢 |

**表 4.1.2 钢材在化学成分上的分类**

| 碳钢 | 低碳钢 $W_C < 0.25\%$，中碳钢 $W_C = 0.25\% \sim 0.60\%$，高碳钢 $W_C > 0.60\%$ |
| --- | --- |
| 合金钢 | 低合金钢，合金元素总量 $W_{Me} < 5\%$ |
| | 中合金钢，合金元素总量 $W_{Me} = 5\% \sim 10\%$ |
| | 高合金钢，合金元素总量 $W_{Me} > 10\%$ |

**表 4.1.3　钢材在质量上的分类**

| | | |
|---|---|---|
| 普通钢 | 碳素结构钢 | A 级 $W_S \leqslant 0.05\%$, |
| | | B 级 $W_S$、$W_P \leqslant 0.045\%$ |
| | | C 级 $W_S$、$W_P \leqslant 0.040\%$ |
| | 低合金结构钢 | $W_S$、$W_P \leqslant 0.045\%$ |
| 优质钢 | D 级碳素结构钢 | $W_S \leqslant 0.035\%$、$W_P \leqslant 0.035\%$ |
| | 优质碳素结构钢 | |
| | 合金结构钢 | |
| | 碳素工具钢 | $W_S \leqslant 0.030\%$，$W_P \leqslant 0.035\%$ |
| 高级优质钢(标号为 A) | 碳素工具钢 | $W_S \leqslant 0.020\%$，$W_P \leqslant 0.030\%$ |
| | 合金结构钢 | $W_S \leqslant 0.025\%$，$W_P \leqslant 0.030\%$ |
| | 合金工具钢 | $W_S \leqslant 0.030\%$，$W_P \leqslant 0.030\%$ |
| 特级优质钢(标号为 E) | | $W_S \leqslant 0.015\%$，$W_P \leqslant 0.025\%$ |

**表 4.1.4　钢材在用途上的分类**

| | | |
|---|---|---|
| 结构钢 | 工程结构用钢 | 建筑用钢、专门用钢(桥梁、船舶及锅炉用钢) |
| | 机械零件用钢 | 渗碳钢、调质钢、弹簧钢、滚动轴承钢 |
| 工具钢 | 量具钢、刃具钢、模具钢 | |
| 特殊性能钢 | 不锈钢、耐热钢、耐磨钢、电工用钢 | |

## 4.1.1　结构钢

### 1. 工程构件用钢

工程构件用钢又称为工程结构钢。是指用于制造各种大型金属结构(如桥梁、船舶、车辆、锅炉和压力容器)所用的钢料，简称构件钢。

一般说来，构件的工作条件特点是：不做相对运动；往往承受长期的静载荷；有一定的使用温度要求。例如，有的构件(如锅炉)使用温度可到 250℃ 以上，而有些构件在北方寒带条件下工作又可能长期经受低温作用。构件通常在野外(如桥梁)或海水中(如船舶)使用，长期与大气或海水接触，而又不可能像机器那样防锈维护得很好。工程构件用钢应有以下一些使用性能：

(1) 力学性能要求：为使构件在长期静载荷作用下结构稳定，不易产生弹性变形(即刚度好)，不产生塑性变形与断裂，应要求构件用钢的弹性模量大，以保证构件有较好的刚度；有足够的抗塑性变形及抗断裂的能力，即 $R_{eH}$ 较高而 $A$ 值和 $Z$ 值较大；缺口敏感性及冷脆倾向性较小等。

(2) 加工工艺性能：构件用钢通常以棒材、板材、型材、管材、带材等形式供应用户。为了制造成各种构件，需要先进行必要的变形以制成各种部件，然后用焊接、铆接等方法装配连接起来。钢材的变形通常在一般气候条件下进行，因此要求具有良好的冷变形性能和焊接性能。

(3) 耐大气及海水腐蚀性要求：为使构件在大气或海水中能长期稳定工作，应要求构件用钢具有一定的耐大气腐蚀性及耐海水腐蚀性。

根据上述性能要求，绝大多数构件用钢都采用低碳钢，$W_C$ 一般在 0.2%以下；通常是在热轧空冷(正火)状态下供货，因此构件用钢的基体组织是大量的铁素体和少量的珠光体。

1) 碳素构件用钢

碳素结构钢又称为普碳钢，其使用量很大，约占钢产量的 70%左右，大部分用于制造结构件，少量用于制造机器零件和其他制品。碳素结构钢易于冶炼和轧制，价格低廉，性能基本上能够满足一般工程构件的要求，所以使用范围极为广泛。这类钢除了要求有足够的强度外，还要求具有良好的塑性和韧性，易于成型和焊接。

在国家标准 GB/T7130—1988 中，将碳素结构钢屈服强度的下限值分为五个级别，它们的钢号是 Q195、Q215、Q235、Q255、Q275。这里，Q 代表屈服强度，数字为屈服强度的下限值，单位为 N/mm$^2$。其力学性能如表 4.1.5 所示。

碳素结构钢按其脱氧程度的不同分为沸腾钢(F)、半镇静钢(b)、镇静钢(Z)。沸腾钢的成材率高，但偏析严重，其冲击韧度、冷脆倾向性、时效敏感性、焊接性均不如镇静钢，特别是在钢材截面尺寸较大时，其心部偏析的影响更为显著，不适合在高冲击载荷和较低温度环境中使用。镇静钢的偏析程度小，气体含量少，质量较高，但成材率较低，成本偏高。半镇静钢的质量介于沸腾钢和镇静钢之间。

碳素结构钢应用很广，钢材品种有热轧钢板、钢带、钢管、槽钢、角钢、圆钢、钢轨、钢筋等。这类钢大量用于工程结构，一般在钢材的供应状态下使用。碳素结构钢的用途举例如表 4.1.6 所示。

**表 4.1.5 碳素结构钢的力学性能**

| 钢号 | 等级 | 拉 伸 试 样 | | | | | | | | | | | | | 冲击试验 | |
| | | 屈服点 $R_{eH}$/(N/mm$^2$) | | | | | | 抗拉强度 $R_m$ /(N/mm$^2$) | 伸长率 $A$/% | | | | | | 温度 /℃ | V 形冲击功 (纵向) /J |
| | | 钢材厚度(直径)/mm | | | | | | | 钢材厚度(直径)/mm | | | | | | | |
| | | ≤16 | >16 ~40 | >40 ~60 | >60 ~ 100 | >100 ~ 150 | >150 | | ≤16 | >16 ~40 | >40 ~60 | >60 ~ 100 | >100 ~ 150 | >150 | | |
| | | 不小于 | | | | | | | 不小于 | | | | | | | 不小于 |
| Q195 | — | (195) | (185) | — | — | — | — | 315~390 | 33 | 32 | — | — | — | — | — | — |
| Q215 | A | 215 | 205 | 195 | 185 | 175 | 165 | 335~410 | 31 | 30 | 29 | 28 | 27 | 26 | — | — |
| | B | | | | | | | | | | | | | | 20 | 27 |
| Q235 | A | 235 | 225 | 215 | 205 | 195 | 185 | 375~460 | 26 | 25 | 24 | 23 | 22 | 21 | — | — |
| | B | | | | | | | | | | | | | | 20 | 27 |
| | C | | | | | | | | | | | | | | 0 | 27 |
| | D | | | | | | | | | | | | | | 20 | 27 |
| Q255 | A | 255 | 245 | 235 | 225 | 215 | 205 | 410~510 | 24 | 23 | 22 | 21 | 20 | 19 | — | — |
| | B | | | | | | | | | | | | | | 20 | 27 |
| Q275 | — | 275 | 265 | 255 | 245 | 235 | 225 | 490~610 | 20 | 19 | 18 | 17 | 16 | 15 | — | — |

**表 4.1.6　碳素结构钢的用途举例**

| 钢　号 | 用　途　举　例 |
|---|---|
| Q195<br>Q215 | 薄板、钢丝、焊接钢管、钢丝网、屋面板、烟囱、炉撑、地脚螺丝、铆钉、印板等 |
| Q235 | 薄板、钢筋、钢结构用各种型钢及条钢，中厚板，铆钉，道钉，各种机械零件如拉杆、螺栓、螺钉、钩子、套环、轴、连杆、销钉等 |
| Q255 | 钢结构用各种型钢及条钢，但使用面不如 Q235 钢广泛，也用于制造各种机械零件(如 Q235 钢所列) |
| Q275 | 鱼尾板、农业机械用型钢及异型钢，还用于钢筋，但现已逐渐减少 |

2) 低合金结构钢

低合金结构钢也称为低合金高强度钢，英文为 High Strength Low Alloy Steel，简称 HSLA 钢。低合金高强度钢的冶金生产比较简单，大部分使用转炉冶炼，也可以使用电炉熔炼，轧钢工艺与碳素结构钢相近；其屈服强度比碳素结构钢高 50%~100%，可以减轻钢结构的重量，节省钢材，并且合金元素，特别是价格高的合金元素用量少，价格便宜，因而在工农业生产中的应用越来越广泛。

(1) 低合金结构钢的性能要求。

① 力学性能要求。

A. 在热轧状态下具有高的屈服点 $R_{eH}$。使用低合金高强度钢的主要目的是为了减轻金属结构的重量，节省钢材，提高其可靠性，因此首先要求这种钢具有高的屈服强度。如将 $R_{eH}$ 由 250 N/mm$^2$ 提高到 350 N/mm$^2$，即可使构件自重减轻 20%~30%，可见其经济意义。

B. 在热轧状态下具有高的抗拉强度 $R_m$。通常构件是按 $R_{eH}$ 设计的，但 $R_m$ 在本质上反映了钢材塑性失稳时的极限承载能力。因此除了满足设计要求提高 $R_{eH}$ 外，同时还应提高 $R_m$ 以免使 $R_{eH}$ 与 $R_m$ 太接近。屈强比 $R_{eH}/R_m$ 对低合金结构钢而言也是一个有意义的指标，屈强比越高，越能发挥钢的潜力，但也不能过大，否则将降低结构的安全可靠性，合适的屈强比应在 0.65~0.75 之间。

C. 塑性与韧性要求。通常要求低合金结构钢韧脆转变温度在 −30℃左右；伸长率不小于 21%(厚度为 3~20 mm 的钢材)；纵向的室温冲击韧度不小于 80 J/cm$^2$，横向不小于 60 J/cm$^2$。

D. 时效敏感性要小。应变时效常常会导致钢力学性能发生不利的变化。一般认为碳、氮、硅、铜等元素使时效敏感性增大，而铝、钒、钛、铌等可使时效敏感性减小。

② 工艺性能要求。这类钢材要求具有良好的工艺性能，即焊接性、冷成型性。一般应保证碳当量小于 0.3%左右，可焊性要求高时，还应对钢中氢、磷、硫等元素含量加以控制。

③ 耐大气腐蚀性要求。可向钢中加入铜、磷、铬、镍等元素，以提高耐腐蚀性。

④ 经济要求。普低钢用量很大，加入合金元素时应充分考虑国内资源条件。其特点应是多组元微量合金化。

(2) 低合金高强度钢的化学成分。普低钢的钢号和化学成分如表 4.1.7 所示。

① 低碳低合金钢中基本上不加铬和镍，是经济性能较好的钢种。

### 表 4.1.7 普低钢的钢号和化学成分

| 钢号 | 化学成分 $W_B$/% | | | | | | | |
|------|------|------|------|------|------|------|------|------|
| | C | Mn | Si | S | P | V | Nb | 其他 |
| | | | | 不大于 | | | | |
| 09MnV | ≤0.12 | 0.80~1.20 | 0.20~0.55 | 0.045 | 0.045 | 0.04~0.12 | — | |
| 09Mn2 | ≤0.12 | 1.40~1.80 | 0.20~0.55 | 0.045 | 0.045 | — | — | |
| 12Mn | 0.09~0.16 | 1.10~1.50 | 0.20~0.55 | 0.045 | 0.045 | — | — | |
| 18Nb | 0.14~0.22 | 0.40~0.80 | 0.17~0.37 | 0.045 | 0.045 | — | 0.020~0.050 | |
| 09MnCuPTi | ≤0.12 | 1.00~1.50 | 0.20~0.55 | 0.045 | 0.05~0.12 | — | — | Ti≤0.03 Cu 0.20~0.40 |
| 12MnV | ≤0.15 | 1.00~1.40 | 0.20~0.55 | 0.045 | 0.045 | 0.04~0.12 | — | |
| 14MnNb | 0.12~0.18 | 0.80~1.20 | 0.20~0.55 | 0.045 | 0.045 | — | 0.015~0.050 | |
| 16Mn | 0.12~0.20 | 1.20~1.60 | 0.20~0.55 | 0.045 | 0.045 | — | — | |
| 16MnRE | 0.12~0.20 | 1.20~1.60 | 0.20~0.55 | 0.045 | 0.045 | — | — | RE 0.02~0.20 |
| 10MnPNbRE | ≤0.14 | 0.80~1.20 | 0.20~0.55 | 0.045 | 0.06~0.12 | — | 0.015~0.050 | RE 0.02~0.20 |
| 15MnV | 0.12~0.18 | 1.20~1.60 | 0.20~0.55 | 0.045 | 0.045 | 0.04~0.12 | — | |
| 14MnVTiRE | ≤0.18 | 1.30~1.60 | 0.20~0.55 | 0.045 | 0.045 | 0.04~0.10 | — | Ti 0.09~0.19 RE 0.02~0.20 |
| 15MnVN | 0.12~0.20 | 1.30~1.70 | 0.20~0.55 | 0.045 | 0.045 | 0.10~0.20 | — | N 0.01~0.02 |

② 低合金高强度钢的主要强化机制是固溶强化。溶于铁素体的合金元素大都能提高强度，对固溶强化起作用的元素依次为 P、Si、Mn、Ni、Mo、V、W、Cr。在这些元素中，P 的强化作用很显著，但 P 增加钢的冷脆性，应当限制其含量，在含 P 的钢(P)中最高不超过 0.15%。Si、Mn 都有显著的固溶强化作用，且价格便宜，所以在普通低合金钢中常用的合金元素主要是 Si、Mn。其他元素有 Ni、Mo、W、Cr、Cu、Co 等，因考虑到资源、价格等因素，一般不使用。固溶强化时要考虑的一个重要方面是合金元素对脆性转变温度的影响，Mn 可使脆性转变温度降低，这是因为 Mn 略有细化晶粒的作用，但 $W_{Mn}$ 一般不超过 1.8%。Si 使脆性转变温度升高，因此 Si 的含量应适当，$W_{Si}$ 一般应在 1.10% 以下，超过之后将降低韧性。

③ 辅加以合金元素铝、钒、钛、铌，通过形成细小质点既可产生沉淀强化作用，还可细化晶粒，从而使强韧性得以改善。需注意的是，此类元素所形成的碳化物在高温轧制时可以溶解，此时细化晶粒效果将消失。因此在轧制时要严控轧制温度，充分发挥铝、钒、钛、铌的强化作用。

④ 为改善钢的耐大气腐蚀性能，应加入铜、磷等。

⑤ 加入微量稀土元素可以脱硫去杂质，净化钢材，并改善夹杂物的形态与分布，从而改善钢的力学性能和工艺性能。

综上所述，低合金高强度钢的 $W_C$ 应该控制在 0.2% 以下。Si、Mn 是固溶强化效果显著的合金元素；Al、Nb、V、Ti 可以细化晶粒、还具有沉淀强化的作用；Cu 能提高耐大气腐蚀性；P 与其他元素配合使用，可发挥其固溶强化和提高耐大气腐蚀性的作用。其发展方向是多组元微量合金化。

(3) 我国的低合金高强度钢。由于普低钢的使用范围很广，工作条件往往差别较大，因此应根据钢的性能特点合理使用，我国常用普低钢的特点及用途如表 4.1.8 所示。

表 4.1.8　我国常用普低钢的特点及用途

| 钢　号 | 主　要　特　点 | 用　途　举　例 |
|---|---|---|
| 09MnV<br>09MnNb | 具有良好的塑性和较好的韧性、冷弯性、焊接性及一定的耐蚀性 | 冲压用钢，用于制造冲压件或结构件；也可用于制造拖拉机轮圈、各类容器 |
| 09Mn2 | 塑性、韧性、可焊性均好，薄板材料冲压性能和低温性能均好 | 用于制造低压锅炉锅筒、钢管、铁道车辆、输油管道、中低压化工容器、各种薄板冲压件 |
| 12Mn | 与 09Mn2 钢性能相近。低温和中温力学性能较好 | 用于制造低压锅炉板，船、车辆的结构件，低温机器零件 |
| 09MnCuPTi | 耐大气腐蚀用钢，低温冲击韧度好，可焊性、冷热加工性能都好 | 用于制造潮湿多雨地区和腐蚀气氛环境的各种机械 |
| 12MnV | 工作温度为 −70℃ 低温用钢 | 用于制造冷冻机械，低温下工作的结构件 |
| 16Mn | 综合力学性能好，低温性能、冷冲压性能、焊接性能和切削加工性能都很好 | 用于制造矿山、运输、化工等各种机械 |
| 10MnPNbRE | 耐海水及大气腐蚀性好 | 用于制造抗大气和海水腐蚀的各种机械 |
| 15MnV | 性能优于 16Mn 钢 | 用于制造高压锅炉锅筒、石油、化工容器、高应力起重、运输机械构件 |
| 16MnNb | 综合力学性能比 16Mn 钢好，焊接性、热加工性和低温冲击韧度都很好 | 用于制造大型焊接结构，如容器、管道及重型机械设备 |
| 15MnVN | 力学性能优于 15MnV 钢。综合力学性能不佳，强度虽高，但韧性、塑性较低。焊接时，脆化倾向大。冷热加工性尚好，但缺口敏感性较大 | 用于制造大型船舶、桥梁、电站设备、起重机械、机械车辆、中压或高压锅炉及容器、大型焊接构件等 |

(4) 低合金高强度钢的使用特点：

① 大多数钢种热轧状态使用，已广泛用于各种重要的钢结构。

② 有些钢种为了得到均匀组织和稳定性能，则采用高温回火、正火或调质处理后使用。

③ 屈服强度高的钢材还采用轧后控冷方法。

④ 有些钢种还用于冲压用钢，耐海水腐蚀的结构、化工设备及管线用钢等，因而发展成为各种专业用钢。

### 2. 机器零件用钢

机器零件用钢是用来制造各种机器零件的钢种。常用的机器零件包括应用在各类机器上的轴类、齿轮、弹簧、轴承及紧固件等，种类和用量都非常多。机器零件用钢是国民经济中各部门，特别是机械制造行业中广泛使用且用量最大的钢种。

本章着重讨论渗碳钢、调质钢、弹簧钢和滚动轴承钢的合金化、热处理与性能特点。

1) 渗碳钢

(1) 对渗碳钢组织性能的要求。

渗碳钢是指经渗碳处理后使用的钢种。汽车、拖拉机变速箱齿轮等零件的受力情况很复杂，齿根部承受交变的弯曲应力；在啮合过程中，齿面相互成线接触并有滑动，其中存在接触疲劳和磨损作用；行车中离合器突然接合或刹车时，齿牙还受到较大的冲击。齿轮主要的失效形式是齿面磨损和剥落以及齿牙断裂。因此要求齿轮用钢应有高的弯曲疲劳强度和接触疲劳强度，高的耐磨性，心部组织还应有较高的强韧性以防止齿轮断裂。为满足这样的要求，可以采用低碳钢或低碳合金钢、经渗碳后进行淬火和低温回火处理。

(2) 渗碳钢的化学成分。

① 低碳。渗碳钢的 $w_C$ 一般在 0.10%～0.25% 之间，渗碳钢的含碳量就是渗碳零件心部的含碳量，对渗碳零件的性能有着重要意义。如含碳量过低，不但导致心部强度不足，而且使表层至心部的碳浓度梯度过陡，表面的渗碳层就易于剥落；如含碳量过高，则心部的塑性韧性会下降，还会减小表层有利的残余压应力，降低钢的弯曲疲劳强度。

② 合金元素的作用：

A. 提高淬透性。在渗碳钢中常常单独或复合加入铬、镍、锰、钼、钨、硼以提高其淬透性。实践证明，多元少量的加入优于单个元素较多量的加入。渗碳钢的发展经历了由简单碳素钢到单元合金钢，直至多元合金钢的历程，如 20→20Cr→20CrMn→20CrMnMo (20CrMnTi)或 20→20Cr→20CrNi→18Cr2Ni4WA。

B. 改进渗碳性能。碳化物形成元素铬、钼、钨等增大钢表面吸收碳原子的能力，降低碳原子在奥氏体中的扩散系数，对渗碳的影响表现在增大表层碳浓度，使渗碳层碳含量分布变陡；非碳化物形成元素镍的作用则相反，加速碳原子的扩散，降低表层碳浓度，有利于形成由表及里较平缓的碳浓度梯度。在渗碳钢中合理搭配地加入碳化物形成元素和非碳化物形成元素，有利于钢的渗碳性能改善。

C. 细化晶粒。渗碳操作一般是在 900℃～950℃ 高温下进行，时间可能较长。因此渗碳钢中常加入少量的强碳化物形成元素钒、钛等，以阻止奥氏体晶粒在渗碳过程中长大。

(3) 常用渗碳钢及热处理。

① 常用渗碳钢。我国常用的合金渗碳钢的钢号、热处理、性能和应用如表 4.1.9 所示，通常按钢的淬透性高低将渗碳钢分级。

② 渗碳钢的渗后热处理：

A. 降温预冷直接淬火。对于过热敏感性不高的低合金渗碳钢(如 20CrMnTi 钢、20MnVB 钢)，可采用此法淬火。预冷淬火可减少淬火变形，同时在预冷过程中，析出一些碳化物而减少了淬火后渗层中的残余奥氏体量，提高了表层的硬度和疲劳强度，预冷的温度应高于钢的 $A_{r3}$，以防止心部析出铁素体。

表4.1.9　常用合金渗碳钢的钢号、热处理、性能和应用(GB 3077—1999)

| 钢号 | 化学成分/% | | | | | | 热处理 | | | | | 试样毛坯尺寸/mm | 力学性能 | | | | | 供应状态硬度/HBS | 特点和应用 |
|---|---|---|---|---|---|---|---|---|---|---|---|---|---|---|---|---|---|---|---|
| | C | Si | Mn | Cr | Mo | 其他 | 淬火 温度/℃ 第一次 | 第二次 | 冷却剂 | 回火 温度/℃ | 冷却剂 | | $R_m$ /(N/mm²) | $R_{eH}$ /(N/mm²) | A /% | Z /% | $KU_2$ /(J/cm²) | | |
| | | | | | | | | | | | | | 不小于 | | | | | | |
| 20Cr | 0.18~0.24 | 0.17~0.37 | 0.50~0.80 | 0.70~1.00 | — | — | 880 | 800 | 水、油 | 200 | 水、空气 | 15 | 835 | 540 | 10 | 40 | 47 | ≤179 | 低淬透性合金渗碳钢。用于制造截面小于20 mm、形状简单、心部强度、韧性较高、耐磨性能的渗碳和碳氮共渗件，如齿轮、凸轮等，渗碳后为(56~62)HRC |
| 20CrMn | 0.17~0.23 | 0.17~0.37 | 0.90~1.20 | 0.90~1.20 | — | — | 850 | — | 油 | 200 | 水、空气 | 15 | 930 | 735 | 10 | 45 | 47 | ≤187 | 低淬透性合金渗碳钢。强度、韧性均高，淬透性良好，热处理性能优于20Cr钢，淬火变形小，焊接性能差，可代替20CrNi钢制造中截面、小冲击的小型渗碳件 |
| 20Mn2 | 0.17~0.24 | 0.17~0.37 | 1.40~1.80 | | — | — | 850 880 | — | 水、油 | 200 440 | 水、空气 | 15 | 785 785 | 590 590 | 10 | 40 | 47 | ≤187 | 低淬透性合金渗碳钢。小载面下性能相当于20Cr钢。用于制造渗碳小齿轮、小轴、钢杆、缸套、渗碳后为(56~62)HRC |

续表

| 钢号 | 化学成分/% | | | | | | 热处理 | | | | | 试样毛坯尺寸/mm | 力学性能 不小于 | | | | | 供应状态硬度/HBS | 特点和应用 |
|---|---|---|---|---|---|---|---|---|---|---|---|---|---|---|---|---|---|---|---|
| | | | | | | | 淬火 | | | 回火 | | | $R_m$ /(N/mm²) | $R_{eH}$ /(N/mm²) | A /% | Z /% | $KU_2$ /(J/cm²) | | |
| | C | Si | Mn | Cr | Mo | 其他 | 温度/℃ 第一次 | 第二次 | 冷却剂 | 温度/℃ | 冷却剂 | | | | | | | | |
| 20CrMnTi | 0.17~0.23 | 0.17~0.37 | 0.80~1.10 | 1.10~1.30 | — | Ti 0.04~0.10 | 880 | 870 | 油 | 200 | 水、油 | 15 | 1080 | 835 | 10 | 45 | 55 | ≤217 | 中淬透性合金渗碳钢。渗碳淬火后具有良好耐磨性和抗弯强度、切削加工性良好,广泛用于汽车、拖拉机中30 mm直径以下的高速、中重载、冲击磨损件 |
| 20CrNiMoA | 0.17~0.24 | 0.17~0.37 | 1.30~1.60 | | — | T0.04~0.10 B0.0005~0.0035 | 860 | — | 油 | 200 | 水、空气 | 15 | 1100 | 935 | 10 | 45 | 55 | ≤187 | 中淬透性合金渗碳钢。渗碳淬火后具有良好耐磨性和综合力学性能。可作为20CrMnTi钢的代替钢,用于制造汽车、拖拉机中小截面中等负荷的齿轮 |
| 20Cr2Ni4 | 0.17~0.23 | 0.17~0.37 | 0.30~0.60 | 1.25~1.65 | — | Ni3.25~3.65 | 880 | 780 | 油 | 200 | 水、油 | 15 | 1175 | 1080 | 10 | 45 | 62 | ≤269 | 高淬透性高级合金渗碳钢。用于制造载面较大、交变载荷下的重要渗碳件,如高载荷渗碳齿轮、轴、万向叉 |
| 18Cr2Ni4WA | 0.13~0.19 | 0.17~0.37 | 0.30~0.60 | 1.35~1.65 | — | W0.80~1.20 Ni4.00~4.50 | 950 | 850 | 空气 | 200 | 水、油 | 15 | 1175 | 835 | 10 | 45 | 78 | ≤269 | 高淬透性高级合金渗碳钢。高强度、良好韧性,且缺口敏感性低的重要渗碳件,如大齿轮、花键轴、曲轴。也可作为调质钢 |

B. 一次淬火。对于碳素渗碳钢或易于过热的合金渗碳钢(如20Mn2钢、20Cr钢、20Mn2B钢等)，在渗碳后缓冷至室温再重新加热至略高于心部 $A_{c3}$ 温度淬火，此种方法称为一次淬火法，其目的在于细化心部晶粒并消除表层网状组织。实际上，一些渗碳钢可根据技术条件要求选择降温预冷直接淬火或一次淬火的方法。

C. 二次淬火。将零件渗碳后缓冷至室温，再重新加热至不同的温度进行两次淬火，第一次加热至心部 $A_{c3}$ 以上进行完全淬火，细化心部组织，消除表层网状碳化物，第二次则加热至表层的 $A_{c1}$ 以上进行不完全淬火，使表层得到高硬度、高耐磨的组织。此种方法适用于性能要求很高的工件，但工艺复杂，成本较高，目前已不多用。

2) 调质钢

调质钢是指经过调质处理，即淬火并经高温回火后使用的结构钢。通过调质处理后所得组织为回火索氏体组织。调质钢通常具有良好的综合力学性能，是应用最为广泛的机器零件用钢。

(1) 调质钢组织性能的特点。

在机器制造业中，许多重要的机器零件，如机床主轴、汽车拖拉机后桥半轴、柴油机曲轴、连杆等的工作负荷经常变动，有时还受到冲击作用，在轴颈或花键等部位还存在较剧烈摩擦。此类零件失效形式主要是疲劳断裂、过量变形、局部磨损，因此要求所用钢应有较高的强度(屈服强度和疲劳强度)、局部的耐磨性及较好的韧性。调质钢经适当热处理后才能适应这样的工作条件。因此，对调质钢的力学性能要求是：高的屈服强度和疲劳强度，良好的冲击韧度和塑性，即具有良好的综合力学性能。同时，还要考虑调质钢的断裂韧度和疲劳裂纹扩展速率等性能。

(2) 调质钢的化学成分。

① 中碳。

调质钢的含碳量一般为 0.3%～0.5%，调质钢的力学性能对含碳量的变化是很敏感的，含碳量过低，上述的弥散强化和固溶强化作用就不足，而导致钢的强度下降；含碳量过高，又会损害钢的塑性和韧性。为了增加机器零件工作时的安全可靠性，在选择调质钢的含碳量时，在满足强度要求的前提下，应将其限制在较低的范围内，从而提高钢的塑性和韧性。

② 合金元素的作用。

调质钢的合金化经历了一个由单一元素加入到多元素复合加入的发展过程，从 40→40Mn→40CrMn→40CrMnMo 或 40→40Cr→40CrNi→40CrNiMo 的发展，可以看出合金元素在调质钢里的主要作用是：

A. 提高淬透性。在碳钢的基础上常单独加入或多元复合加入提高淬透性的元素，这样的合金元素有锰、铬、镍、钼、硅、硼等。

B. 固溶强化。合金元素溶入铁素体形成置换固溶体，能使基体得到强化。虽然这种强化效果不及提高淬透性的贡献，但仍是有效的。在常用合金元素中以硅、锰、镍的强化效果最显著。

C. 防止第二类回火脆性。调质钢的高温回火温度正好处于第二类回火脆性温度范围，钢中所含的锰、镍、铬、硅、磷元素会增大回火脆性倾向。为了防止和消除回火脆性的影响，除了在回火后采用快冷方法外，还可以在钢中加入抑制第二类回火脆性的元素钼或钨。

D. 细化晶粒。在钢中加入碳化物形成元素钨、钼、钒、钛可以有效地阻止奥氏体晶粒在淬火加热时长大，使最终组织细化，这样在提高强度的同时，也大大改善了塑性和韧性。

(3) 常用调质钢及热处理

① 常用调质钢。我国常用调质钢的化学成分、热处理、力学性能和用途如表 4.1.10 所示。

② 调质钢的热处理。

A. 预先热处理。调质钢因含不同种类、数量的合金元素，其热加工后的组织可能为铁素体和细片珠光体，也可能出现马氏体。对前者可加热至 $A_{c3}$ 以上进行完全退火(如果钢的含碳量和合金元素含量较低，可用正火代替)，以细化晶粒，减轻组织的带状程度，改善钢的切削加工性能。对于后者则应在正火后，再在 $A_{c1}$ 以下高温回火，降低硬度，便于切削加工。

B. 最终热处理。调质钢最终热处理的第一工序是淬火。淬火加热温度在 $A_{c3}$ 以上，具体温度的高低由钢的成分确定。淬火介质可根据钢的淬透性和零件的尺寸形状选择，实际上一般合金钢工件都在油中淬火。

回火是使调质钢性能定型化的重要工序。回火温度的选择应根据零件的技术要求和钢的化学成分综合决定。通常调质钢的回火温度有两种选择方案：

① 高温回火。一般采用 500℃～650℃ 的回火温度，使钢得到回火索氏体组织，获得较高的强度和较高的塑性、韧性。应该注意的是，对于有第二类回火脆性倾向的钢，在高温回火出炉后应迅速入水(油)冷却，以防止回火脆性的发展。

② 低温回火。当零件要求很高的强度($R_m = 1600 \sim 1800 \text{ N/mm}^2$)时，只有适当牺牲塑性、韧性而在 200℃～250℃回火，获得中碳回火马氏体组织。这是发展超高强度钢的重要方向之一。

3) 弹簧钢

弹簧是机器上的重要部件，其主要作用是储存能量和减轻振动。弹簧可分为板弹簧和螺旋弹簧两种，其中螺旋弹簧又可分为压力、拉力、扭力弹簧三种。板弹簧的受力以反复弯曲应力为主，同时还承受冲击负荷和振动。

(1) 对弹簧钢组织性能的要求。

弹簧钢是用于制造各种弹簧的钢种。在各种机械设备中，弹簧的主要作用是吸收冲击能量，减轻机械的振动和冲击作用。如用于车辆上的板弹簧来连接车轮和车架，不但承受巨大的车厢自重和载重，还要承受因地面不平引起的冲击和振动。弹簧还可以储存能量，使机器零件完成事先规定的动作，如气门弹簧、高压液压泵上的柱塞弹簧、喷嘴簧等。因弹簧是利用其弹性变形来吸收或释放能量的，所以弹簧钢应具有高的弹性极限(亦可考虑为屈服强度 $R_{eH}$)；弹簧一般都在交变应力作用下工作，因此弹簧钢应有高的疲劳强度；弹簧钢还应具有良好的工艺性能，具有一定的塑性以利于成型，过热敏感性小，不易脱碳等。另外，一些在高温、易蚀条件下工作的弹簧，还应有良好的耐热性和耐蚀性。

(2) 弹簧钢的化学成分。

碳素弹簧钢的 $W_C$ 在 0.6%～0.9% 之间，接近共析成分。因合金元素的作用，共析点的含碳量降低，故合金弹簧钢的 $W_C$ 一般在 0.45%～0.70% 之间，合金弹簧钢的主加元素是硅、锰，其主要目的是提高淬透性、强化铁素体基体和提高回火稳定性。硅对提高钢的弹性极限有明显的效果，但硅含量升高的钢有石墨化倾向，并在加热时易于脱碳。锰的不利作用是增大了钢的过热敏感性。合金弹簧钢里还加入少量铬、钼、钨、钒等碳化物形成元素，它们进一步提高淬透性(主要是铬)，防止钢在加热时晶粒长大和脱碳，增加回火稳定性及耐热性。

## 表 4.1.10　常用调质钢的化学成分、热处理、力学性能和用途

| 钢号 | 化学成分 $w_B$/% | | | | | | | | 热处理 | | | 力学性能 | | | | | | 用途 |
|---|---|---|---|---|---|---|---|---|---|---|---|---|---|---|---|---|---|---|
| | C | Mn | Si | Cr | Ni | Mo | V | B | 淬火/℃ | 回火/℃ | 毛坯尺寸/mm | 抗拉强度/(N/mm²)(不小于) | 屈服强度/(N/mm²)(不小于) | 伸长率/%(不小于) | 断面收缩率/%(不小于) | 冲击韧度/(J·cm⁻²)(不小于) | 退火硬度/HBS(不大于) | |
| 45 | 0.42~0.50 | 0.50~0.80 | 0.17~0.37 | | | | | | 840水 | 600空 | 25 | 600 | 355 | 16 | 40 | 50 | 197 | 用于制造普通机床主轴、齿轮、曲轴、活塞销等 |
| 45Mn2 | 0.42~0.49 | 1.40~1.80 | 0.20~0.40 | | | | | | 840水 | 540水 | 25 | 885 | 735 | 12 | 45 | 70 | 217 | 代替40Cr钢制造直径不大于50 mm的重要螺栓和轴类件等 |
| 35SiMn | 0.32~0.40 | 1.10~1.40 | 1.10~1.40 | | | | | | 900水 | 570 水,油 | 25 | 885 | 735 | 15 | 45 | 60 | 229 | 除低温韧性差外,可全面代替40Cr钢成部分代替40CrNi钢 |
| 40MnB | 0.37~0.44 | 1.10~1.40 | 0.20~0.40 | | | | | 0.001~0.0035 | 850油 | 500 水,油 | 25 | 980 | 785 | 10 | 45 | 60 | 207 | 代替40Cr钢制造中、小截面调质零件 |
| 40MnVB | 0.37~0.44 | 1.10~1.40 | 0.20~0.40 | | | | 0.05~0.10 | 0.001~0.004 | 850油 | 520 水,油 | 25 | 980 | 785 | 10 | 45 | 60 | 207 | 代替40Cr钢制造重要调质零件,如轴、齿轮等 |
| 40Cr | 0.37~0.44 | 0.50~0.80 | 0.20~0.40 | 0.80~1.10 | | | | | 850油 | 520 水,油 | 25 | 980 | 785 | 9 | 45 | 60 | 207 | 用于制造重要调质零件,如汽车半轴、转向节、机床齿轮、蜗杆、曲轴、重要螺栓等 |
| 38CrSi | 0.35~0.43 | 0.30~0.60 | 1.00~1.30 | 1.30~1.60 | | | | | 900油 | 600 水,油 | 25 | 980 | 835 | 12 | 50 | 70 | 255 | 用于制造直径为(30~40)mm要求高负荷的调质零件 |
| 35CrMo | 0.32~0.40 | 0.40~0.70 | 0.20~0.40 | 0.80~1.10 | | 0.15~0.25 | | | 850油 | 550 水,油 | 25 | 980 | 835 | 12 | 45 | 80 | 229 | 用于制造高温高负荷的重要调质零件及较高温度下的锅炉螺栓等 |
| 40CrMn | 0.37~0.45 | 0.90~1.20 | 0.17~0.37 | 0.80~1.10 | | | | | 840油 | 550 水,油 | 25 | 980 | 835 | 9 | 45 | 60 | 229 | 与40CrNi钢互换用于制造较大截面调质零件 |

续表

| 钢号 | 化学成分 $w_B$/% | | | | | | | | 热处理 | | 毛坯尺寸/mm | 力学性能 | | | | | 退火硬度/HBS (不大于) | 用途 |
|---|---|---|---|---|---|---|---|---|---|---|---|---|---|---|---|---|---|---|
| | C | Mn | Si | Cr | Ni | Mo | V | B | 淬火/℃ | 回火/℃ | | 抗拉强度 /(N/mm²) (不小于) | 屈服强度 /(N/mm²) (不小于) | 伸长率/% (不小于) | 断面收缩率/% (不小于) | 冲击韧度 /(J·cm⁻²) (不小于) | | |
| 30CrMnSi | 0.27~0.34 | 0.80~1.10 | 0.90~1.20 | 0.80~1.10 | | | | | 880 油 | 520 水,油 | 25 | 1080 | 885 | 10 | 45 | 50 | 229 | 用于制造高速高负荷的调质件，如砂轮轴、离合器等 |
| 40CrNi | 0.37~0.44 | 0.50~0.80 | 0.20~0.40 | 0.47~0.75 | 1.00~1.40 | | | | 820 油 | 500 水,油 | 25 | 980 | 785 | 10 | 45 | 70 | 241 | 用于制造较大截面重要的曲轴、主轴、连杆等 |
| 38CrMoAl | 0.35~0.42 | 0.30~0.60 | 0.20~0.40 | 1.35~1.65 | | 0.15~0.25 | | Al0.70~1.10 | 940 水,油 | 640 水,油 | 30 | 980 | 835 | 14 | 50 | 90 | 229 | 用于制造氮化零件如精密丝杆、高压阀门、量规、气缸套等 |
| 37CrNi3 | 0.34~0.41 | 0.30~0.60 | 0.20~0.40 | 1.20~1.60 | 3.00~3.50 | | | | 820 油 | 500 水,油 | 25 | 1130 | 980 | 10 | 50 | 60 | 269 | 用于制造大截面重负荷受冲击的调质零件 |
| 37SiMn2MoVA | 0.33~0.39 | 1.60~1.90 | 0.60~0.90 | | | 0.40~0.50 | 0.50~0.12 | | 870 水,油 | 650 水,空 | 25 | 980 | 835 | 12 | 50 | 80 | 269 | 用于制造大截面重要零件，可代替40CrNiMoA钢的使用 |
| 40CrMnMo | 0.37~0.45 | 0.90~1.20 | 0.20~0.40 | 0.90~1.20 | | 0.20~0.30 | | | 850 油 | 600 水,油 | 25 | 980 | 785 | 10 | 45 | 80 | 217 | 可代替40CrNiMoA钢的使用 |
| 40CrNiMoA | 0.37~0.44 | 0.50~0.80 | 0.20~0.40 | 0.60~0.90 | 1.25~1.75 | 0.15~0.25 | | | 850 油 | 600 水,油 | 25 | 980 | 835 | 12 | 55 | 100 | 269 | 用于制造重型机械中高负荷直径大于250 mm轴、叶片等及温度超过400℃的转子轴等 |
| 45CrNiMoVA | 0.42~0.49 | 0.50~0.80 | 0.20~0.40 | 0.80~1.10 | 1.30~1.80 | 0.20~0.30 | 0.10~0.20 | | 860 油 | 460 水,油 | 试样 | 1470 | 1325 | 7 | 35 | 40 | 269 | 用于制造飞机发动机曲轴、大梁、起落架等高强度零部件 |
| 25Cr2Ni4WA | 0.21~0.28 | 0.30~0.60 | 0.17~0.37 | 1.35~1.65 | 4.00~4.50 | | | W0.80~1.20 | 850 油 | 550 水,油 | 25 | 1080 | 930 | 11 | 45 | 90 | 229 | 用于制造大截面高负荷的重要调质件 |

(3) 常用弹簧钢及热处理。

① 常用弹簧钢。我国常用弹簧钢的化学成分、热处理、力学性能和用途如表 4.1.11 所示。在实际应用中，可根据使用条件和弹簧的尺寸选择合适的钢种。

② 弹簧钢的热处理。

弹簧的加工方法分为热成型和冷成型。热成型方法一般用于大中型弹簧和形状复杂的弹簧，热成型后再经淬火和中温回火。冷成型方法则适用于小尺寸弹簧，用已强化的弹簧钢丝冷成型后再进行去应力退火。

弹簧钢在热加工和热处理过程中要特别注意防止表面脱碳。表面脱碳将显著降低弹簧的疲劳强度，影响其使用寿命。因此，弹簧经热处理后，一般还要进行喷丸处理，使表面强化并在表面产生残余压应力，以提高其疲劳强度。例如，研究发现 55SiMn 钢的平板试样，当脱碳层深为 0.1～0.15 mm，其疲劳极限仅为 484 N/mm$^2$。若进行表面喷丸处理，疲劳极限可提高到 921 N/mm$^2$，超过了表面经过研磨试样的疲劳极限(876 N/mm$^2$)。板簧的棱边是应力集中的地方，也是热加工和热处理中最易出现缺陷的位置，疲劳裂纹源常常在此处产生。因此，对棱边进行喷丸处理比单面喷丸处理，还可再提高疲劳寿命。

弹簧钢中的非金属夹杂物降低钢的疲劳强度，减少其使用寿命，因此，弹簧钢都是优质钢($W_{(P、S)} \leqslant 0.04\%$)或高级优质钢($W_P \leqslant 0.035\%$、$W_S \leqslant 0.03\%$)。

4) 滚动轴承钢

(1) 对滚动轴承钢性能的要求。

用于制造滚动轴承套圈和滚动体的钢种称为滚动轴承钢，这类钢都是高碳合金钢。除了制造滚动轴承元件外，滚动轴承钢还用于制造多种工具和耐磨件。

滚动轴承是由内、外套圈、滚动体与保持架组成，保持架一般用碳钢制成，其余部分均用滚动轴承钢制造。轴承工作一段时间发生破坏时，其损坏形式主要有套圈和滚珠的疲劳剥落、磨损、破裂、锈蚀等。据此，对滚动轴承钢提出了以下主要性能要求：① 高的接触疲劳强度和屈服强度。② 高而均匀的硬度和耐磨性。③ 适当的韧性和耐蚀性。

(2) 滚动轴承钢的化学成分与冶金质量。

① 化学成分。

A. 高碳。滚动轴承钢中 $W_C$ 为 0.95%～1.15%，高的含碳量保证了钢的淬硬性，而且还可以与碳化物形成元素形成高硬度的碳化物，使钢获得高硬度和高耐磨性。

B. 加入铬、硅、锰。铬是滚动轴承钢中最常用的元素，铬加入钢中，一方面提高淬透性，使钢获得均匀组织及高而均匀的硬度和强度；另一方面溶于渗碳体形成较稳定的合金渗碳体(Fe、Cr)$_3$C，并以细小颗粒状均匀分布在基体上，从而提高钢的耐磨性和接触疲劳强度。铬还可以提高钢的耐蚀性。$W_{Cr}$ 应控制在 1.65% 以下，过高会增大碳化物的不均匀性，降低钢的性能。适量加入硅和锰，可以进一步提高钢的淬透性。硅还可以提高钢的回火稳定性。

② 冶金质量。轴承的失效统计表明，由原材料质量问题引起的失效约占 65%，可见，钢材的冶金质量对轴承的使用性能和寿命起着非常重要的影响。钢的纯净度和组织均匀性是滚动轴承钢冶金质量的两个主要问题。滚动轴承钢在冶炼时必须严格控制非金属夹杂物，提高钢的纯净度；改善钢中碳化物不均匀性。

(3) 常用滚动轴承钢及热处理。

表 4.1.12 列出了常用滚动轴承钢的化学成分、热处理和用途。

表 4.1.11 常用弹簧钢的化学成分、热处理、力学性能和用途

| 钢号 | 化学成分 $w_B$/% | | | | | | 热处理 | | 力学性能 | | | | 用途 |
|---|---|---|---|---|---|---|---|---|---|---|---|---|---|
| | C | Mn | Si | Cr | V | B | 淬火温度/℃ | 回火温度/℃ | 抗拉强度/(N/mm²)(不小于) | 屈服强度/(N/mm²)(不小于) | 伸长率/%(不小于) | 断面收缩率/%(不小于) | |
| 65 | 0.62~0.70 | 0.50~0.80 | 0.17~0.37 | ≤0.25 | | | 840油 | 500 | 980 | 785 | 9 | 35 | 截面小于(12~15)mm 的弹簧 |
| 65Mn | 0.62~0.70 | 0.90~1.20 | 0.17~0.37 | ≤0.25 | | | 830油 | 540 | 980 | 785 | 8 | 30 | 截面小于25 mm 的各种弹簧 |
| 60Si2Mn | 0.56~0.64 | 0.60~0.90 | 1.50~2.00 | ≤0.35 | | | 870油 | 480 | 1275 | 1175 | 5 | 25 | 截面小于25 mm 的各种弹簧 |
| 50CrVA | 0.46~0.54 | 0.50~0.80 | 0.17~0.37 | 0.80~1.10 | 0.10~0.20 | | 850油 | 500 | 1275 | 1130 | 10 | 40 | 截面小于30 mm 以下的重载弹簧及工作温度300℃以下的各种弹簧 |
| 55SiMnVB | 0.52~0.60 | 1.00~1.30 | 0.70~1.00 | ≤0.35 | 0.08~0.16 | | 860油 | 460 | 1375 | 1125 | 5 | 30 | 代替 60Si2Mn 钢用于制造中型弹簧 |
| 60CrMnA | 0.56~0.64 | 0.70~1.00 | 0.17~0.37 | 0.70~1.00 | | | 830~860油 | 460~520 | 1225 | 1080 | 9 | 20 | 直径50 mm 以下的螺旋弹簧及车辆用重载板簧 |
| 60CrMnBA | 0.56~0.64 | 0.70~1.00 | 0.17~0.37 | 0.70~1.00 | | 0.0005~0.0040 | 830~860油 | 460~520 | 1225 | 1080 | 9 | 20 | 推土机、船舶用超大型弹簧 |
| 30W4Cr2VA | 0.26~0.34 | ≤0.40 | 0.17~0.37 | 2.00~2.50 | 0.50~0.80 | W4.00~4.50 | 1050~1100油 | 600 | 1470 | 1325 | 7 | 40 | 500℃以下工作的耐热弹簧 |

表 4.1.12　常用滚动轴承钢的化学成分、热处理和用途

| 钢号 | 化学成分 $w_B$/% | | | | | | 热处理 | | | 用途 |
|---|---|---|---|---|---|---|---|---|---|---|
| | C | Cr | Si | Mn | V | Mo | 淬火/℃ | 回火/℃ | 硬度/HRC | |
| GCr6 | 1.05~0.70 | 0.40~0.70 | 0.15~0.35 | 0.20~0.40 | | | 800~820油 | 150~170 | 62~66 | 直径小于 10 mm 的滚珠、滚柱和滚针 |
| GCr9 | 1.00~1.10 | 0.90~1.20 | 0.15~0.35 | 0.20~0.40 | | | 815~830油 | 150~170 | 62~66 | 直径小于 20mm 的各种滚动体 |
| GCr9SiMn | 1.00~1.10 | 0.90~1.20 | 0.40~0.70 | 0.90~1.20 | | | 815~835油 | 150~170 | >62 | 同 GCr15 钢的用途 |
| GCr15 | 0.95~1.05 | 1.30~1.65 | 0.15~0.35 | 0.20~0.40 | | | 835~850油 | 150~170 | 61~65 | 壁厚小于 14 mm 外径小于 250 mm 的套圈、直径为(25~50)mm 的滚珠、直径 25 mm 左右的滚柱等 |
| GCr15SiMn | 0.95~1.05 | 1.30~1.65 | 0.40~0.65 | 0.90~1.20 | | | 820~840油 | 150~180 | >62 | 大型或特大型轴承套圈、滚动体 |
| GSiMnV① | 0.95~1.10 | | 0.55~0.80 | 1.10~1.30 | 0.20~0.30 | | 780~820油 | 150~170 | 62~63 | 代替 GCr15 钢用于制造各类轴承 |
| GMnMoV① | 0.95~1.07 | | 0.15~0.40 | 1.10~1.40 | 0.15~0.25 | 0.4~0.6 | 780~810油 | 150~170 | 62~63 | 代替 Gcx15 钢用于制造各类轴承 |
| GSiMnMoV① | 1.95~1.10 | | 0.45~0.65 | 0.75~1.05 | 0.2~0.3 | 0.2~0.4 | 1780~820油 | 160~180 | 62~64 | 代替 GCr15 钢用于制造各类轴承 |

注：① 钢中可加入 0.10%稀土，钢号分别为 GSiMnVRE、GMnMoVRE、GSiMnMoVRE。

① 铬轴承钢。

铬轴承钢中的典型钢种是 GCr15 钢，它是广泛使用的一种轴承钢，用于制造中小型轴承和部分大型轴承。GCr9SiMn 钢、GCr15SiMn 钢中有含量稍高的锰和硅，改善了淬透性，GCr15SiMn 钢可用于制造部分大型和部分特大型轴承。

② 其他轴承钢。

A. 无铬轴承钢。无铬轴承钢是为了节约铬而发展的多元轴承钢，其中往往含有硅、锰、钼、钒等合金元素，如 GSiMnV 钢、GMnMoV 钢、GSiMnMoV 钢等。因合金元素的共同作用，此类钢的淬透性均较高，零件淬火后能得到较均匀的高硬度，耐磨性、接触疲劳抗力和韧性都较好，而且淬火变形倾向小，回火稳定性好。但也存在脱碳敏感性大，退火硬度偏高及耐蚀性不如铬轴承钢的问题。钢中加入稀土元素后耐蚀性稍有提高。

B. 渗碳轴承钢。渗碳轴承钢主要用于制造大型轧机、发电机及矿山机械上的大型(外径大于 250 mm)或特大型(外径大于 450 mm)轴承。这些轴承的尺寸很大，在极高的接触应力下工作，频繁地经受冲击和磨损，因此对大型轴承除应有对一般轴承的要求外，还要求芯部有足够的韧性和高的抗压强度及硬度，所以选用低碳的合金渗碳钢来制造。GB3203—82 已列入了一些渗碳轴承钢，如 G20CrMo 钢、G20CrNiMo 钢、G20Cr2Ni4 钢、G20Cr2Mn2Mo 钢等。

C. 不锈轴承钢。不锈轴承钢是适应现代化学、石油、造船等工业发展而研制的。在各种腐蚀环境中工作的轴承必须有高的耐蚀性能，一般含铬量的轴承钢已不能胜任，因此发展了高碳高铬不锈轴承钢。铬是此类钢的主要合金元素，如 9Cr18 钢、9Cr18Mo 钢等。

## 4.1.2  工模具用钢

用于制造各种刀具、模具和量具等工具的材料称为工模具用钢，简称工具钢。虽然使用目的不同，但作为工具钢必须具有高硬度、高耐磨性，足够的塑性、韧性和小的变形量等性能。由于各类工具钢的工作条件不同，对某些性能的要求相应地也存在着差别。

### 1. 刃具钢

1) 刃具钢的工作条件及性能要求

刃具钢主要用来制造各种切削刀具，如车刀、铣刀、钻头等。在切削过程中，刀具直接与工件及切屑接触，承受很大的切削压力、冲击和振动，并受到强烈的摩擦，产生很高的温度，容易发生磨损、崩刃和热裂等失效。故刃具钢应具有的性能有：高硬度、高耐磨性，足够的强度、塑性和韧性，高的热硬性，即刀具刃部在切削热的作用下，仍然能保持高硬度的一种特性，通常用高温硬度来衡量。

2) 碳素工具钢

碳素工具钢可分为优质碳素工具钢(简称碳素工具钢)和高级优质碳素工具钢两类。碳素工具钢的钢号冠以"T"表示，其后面数字表示平均碳质量分数的 1000 倍。若为高级优质碳素工具钢，则在数字后面再加"A"字。碳素工具钢的含碳量一般为 0.65%～1.35%，从而保证经淬火后有较高的硬度和耐磨性。随着碳含量的增加，未溶渗碳体增加，钢的硬度无明显变化，耐磨性却有所增加但韧性下降。常用碳素工具钢的钢号、化学成分及用途如表 4.1.13 所示。

**表 4.1.13　常用碳素工具钢的钢号、化学成分(GB1298—86)及用途**

| 钢号 | 化学成分 | | | 退火状态/HBW (不小于) | 试样淬火[①]/HRC (不小于) | 用途 |
|---|---|---|---|---|---|---|
| | $W_C$/% | $W_{Si}$/% | $W_{Mn}$/% | | | |
| T7 T7A | 0.65~0.74 | ≤0.35 | ≤0.40 | 187 | 800℃~820℃ 水淬，62 | 承受冲击，韧性较好、硬度适当的工具，如手钳、大锤、改锥、木工工具等 |
| T8 T8A | 0.75~0.84 | ≤0.35 | ≤0.40 | 187 | 780℃~800℃ 水淬，62 | 承受冲击，要求高硬度的工具，如冲头、压缩空气工具、木工工具等 |
| T8Mn T8MnA | 0.80~0.90 | ≤0.35 | 0.40~0.60 | 187 | 780℃~800℃ 水淬，62 | 同上，但淬透性较大，可制成断面较大的工具 |
| T9 T9A | 0.85~0.94 | ≤0.35 | ≤0.40 | 192 | 760~780℃ 水淬，62 | 韧性中等，硬度高的工具，如冲头、木工工具、凿岩工具 |
| T10 T10A | 0.95~1.04 | ≤0.35 | ≤0.40 | 197 | 760℃~780℃ 水淬，62 | 不受剧烈冲击，高硬度耐磨的工具，如车刀、刨刀、冲头、丝锥、钻头、手锯条 |
| T11 T11A | 1.05~1.14 | ≤0.35 | ≤0.40 | 207 | 760℃~780℃ 水淬，62 | 不受剧烈冲击，高硬度耐磨的工具，如车刀、刨刀、冲头、丝锥、钻头、手锯条 |
| T12 T12A | 1.15~1.24 | ≤0.35 | ≤0.40 | 207 | 760℃~780℃ 水淬，62 | 不受冲击，要求高硬度高耐磨的工具，如锉刀、刮刀、精车头、丝锥、量具 |
| T13 T13A | 1.25~1.34 | ≤0.35 | ≤0.40 | 217 | 760℃~780℃ 水淬，62 | 同上，要求更耐磨的工具，如剃刀、刮刀 |

注：① 淬火后硬度不是指有途举例中各种工具的硬度，而是指工具钢材料在淬火后的最低硬度。

碳素工具钢的预备热处理为球化退火，目的是降低硬度，便于切削加工，并为淬火作组织准备。若锻造组织中存在网状碳化物，则在球化退火前先进行正火处理。其最终的热处理为淬火+低温回火，得到的组织一般为回火马氏体+细粒状渗碳体及少量残余奥氏体。

图 4.1.1 为 T12 钢球化退火和正常淬火后的组织。

(a) 渗碳淬火后的表层组织　　　　(b) 球状珠光体　　　　(c) T12钢正常淬火后的组织

图 4.1.1　T12 钢球化退火和正常淬火后的组织

　　碳素工具钢的淬透性差、组织稳定性差、无热硬性且综合力学性能欠佳。因此，一般只能用来制造尺寸小、形状简单、要求不高的低速、走刀量小的切削工具。

　　3) 低合金刃具钢

　　(1) 低合金刃具钢的钢号。

　　低合金刃具钢是在碳素钢的基础上添加某些合金元素得到的，它的特点是含碳量高、合金元素含量低。其含碳量为 0.9%～1.5%，以保证足够的硬度和耐磨性。合金元素总量一般在 5% 以下，主要加入的元素为 Si、Cr、Mn 等，起到提高淬透性的目的。W 元素和 V 元素的加入，可在钢中形成高硬度、高熔点的弥散分布的合金碳化物，提高钢的硬度、耐磨性及热硬性。

　　低合金刃具钢的钢号表示方法与合金结构钢相似，但其平均 $W_C > 1\%$ 时，含碳量不用标出；当 $W_C < 1$ 时，则钢号前的数字表示平均碳质量分数的 1000 倍。常用低合金刃具钢的钢号、化学成分及用途如表 4.1.14 所示。

表 4.1.14　常用低合金刃具钢的钢号、化学成分、热处理(摘自 GB1299—85)及用途

| 钢号 | 化学成分 | | | | | 淬火试样 | | 退火状态/HBW (不小于) | 用　途 |
|---|---|---|---|---|---|---|---|---|---|
| | C/% | Mn/% | Si/% | Cr/% | 其他/% | 淬火温度/℃ | 试样淬火/HRC | | |
| Cr60 | 1.30～1.45 | ≤0.40 | ≤0.40 | 0.50～0.70 | — | 780～810 水 | ≥64 | 241～187 | 锉刀、刮刀、刻刀、刀片、剃刀 |
| Cr2 | 0.95～1.10 | ≤0.40 | ≤0.40 | 0.50～0.70 | — | 830～860 油 | ≥62 | 229～179 | 车刀、插刀、铰刀、冷轧辊等 |
| 9SiCr | 0.85～0.95 | 0.30～0.60 | 1.20～1.60 | 0.95～1.25 | — | 830～860 油 | ≥62 | 241～197 | 丝锥、板牙、钻头、铰刀、冷冲模等 |
| 8MnSi | 0.75～0.85 | 0.80～1.10 | 0.30～0.60 | — | — | 800～820 油 | ≥60 | ≤229 | 长丝锥、长铰刀 |
| 9Cr2 | 0.85～0.95 | ≤0.40 | ≤0.40 | 1.30～1.70 | — | 820～850 油 | ≥62 | 217～179 | 车刀、插刀、铰刀、冷轧辊等 |
| W | 1.05～1.25 | ≤0.40 | ≤0.40 | 0.10～0.30 | 0.80～1.20 | 800～830 水 | ≥62 | 229～187 | 低速切削硬金属刃具，如麻花钻、车刀和特殊刀削工具 |

(2) 热处理方法。

低合金刃具钢的热处理与碳素工具钢基本相同。低合金刃具钢属于共析钢，刃具毛坯锻压后的预先热处理采用球化退火，机械加工后的最终热处理采用淬火(油淬、分级淬火或等温淬火)、低温回火。合金刃具钢经球化退火及淬火、低温回火后，组织应为细回火马氏体、粒状合金碳化物及少量残余奥氏体，一般硬度为 60～65 HRC。

4) 高速工具钢

高速工具钢是红硬性、耐磨性较高的高合金工具钢。因它制作的刃具使用时，允许比低合金刃具钢有更高的切削速度而得此名。它的红硬性可达 600℃，切削时能长期保持刃口锋利，故又称其为"锋钢"。其强度也比碳素工具钢提高 30%～50%。

(1) 高速工具钢的钢号。

我国的高速工具钢有钨系、钨钼系、超硬系三大类。常用高速工具钢的钢号、化学成分、热处理、硬度及红硬性如表 4.1.15 所示。高速工具钢的钢号表示方法类似合金工具钢，但在高速工具钢的钢号中，不论含碳量多少，都不予标出。但当合金成分相同，仅含碳量不同时，对含碳量高者，钢号前冠以"C"字。如钢号 W6Mo5Cr4V2 与 CW6Mo5Cr4V2；前者的 $W_C = 0.80\% \sim 0.90\%$，后者的 $W_C = 0.95\% \sim 1.05\%$。

表 4.1.15　常用高速工具钢的钢号、化学成分(GB9943—88)、热处理、硬度及红硬性

| 种类 | 钢号 | 化学成分 | | | | | | 热处理 | | | 硬度 | | 红硬性[①] /HRC |
| | | $W_C$/% | $W_{Cr}$/% | $W_W$/% | $W_{Mo}$/% | $W_V$/% | $W_{其他}$/% | 预热温度 /℃ | 淬火温度 /℃ | 回火温度 /℃ | 退火 /HBW | 淬火+回火/HRC | |
| 钨系 | W18Cr4V | 0.70～0.80 | 3.80～4.40 | 17.5～19.90 | ≤0.30 | 1.00～1.40 | — | 820～870 | 1270～1285 | 550～570 | ≤255 | ≥63 | 61.5～62 |
| 钨钼系 | CW6Mo5Cr4V2 | 0.95～1.05 | 3.80～4.40 | 5.50～6.75 | 4.50～5.50 | 1.75～2.20 | — | 730～840 | 1190～1210 | 540～560 | ≤255 | ≥65 | — |
| | W6Mo5Cr4V2 | 0.80～0.90 | 3.80～4.40 | 5.50～6.75 | 4.50～5.50 | 1.75～2.20 | — | 840～885 | 1200～1240 | 540～560 | ≤255 | ≥64 | 60～61 |
| | W6Mo5Cr4V3 | 1.10～1.20 | 3.80～4.40 | 6.00～7.00 | 4.50～5.50 | 1.75～2.20 | — | 840～885 | 1200～1240 | 540～560 | ≤255 | ≥64 | 60～61 |
| 超硬系 | W18Cr4V2Co8 | 0.75～0.85 | 3.80～4.40 | 17.5～19.90 | 0.5～1.25 | 1.80～2.40 | Co7.0～9.5 | 820～870 | 1270～1295 | 540～560 | ≤285 | ≥65 | 64 |
| | W6Mo5Cr4V2Al | 1.05～1.20 | 3.80～4.40 | 5.50～6.75 | 4.50～5.50 | 1.75～2.20 | Al 0.80～1.20 | 850～870 | 1220～1250 | 540～560 | ≤269 | ≥65 | 65 |

注：① 红硬性是将淬火回火试样在 600℃的温度下加热四次，每次 1 h 的条件下测定的。

(2) 高速工具钢的铸态组织与锻造。

高速工具钢都含有大量的钨、铝、铬、钒等合金元素，当加热合金元素溶入奥氏体时，使碳在 γ-Fe 中最大溶解度 E 点显著左移，故高速工具钢铸态组织中出现了莱氏体，属于莱

氏体钢。在铸造高速工具钢的莱氏体中，共晶碳化物呈鱼骨状，如图 4.1.2 所示。

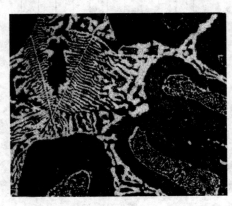

图 4.1.2　高速工具钢铸态的显微组织

高速工具钢中的碳化物偏析，将使刃具的强度、硬度、耐磨性、红硬性均下降，从而使刃具在使用过程中容易崩刃和磨损。粗大而不均匀的碳化物，是不能用热处理来消除的，只能用锻造的方法(改锻)，使碳化物细化并分布均匀。

(3) 高速工具钢的退火。

由于高速工具钢的奥氏体稳定性很好，锻造后虽然缓冷，但硬度仍较高，并产生残余应力。为了改善其切削加工性能，消除残余应力，并为最后淬火作组织准备，必须进行球化退火。生产中常采用等温球化退火(即在 860℃～880℃保温后，迅速冷却到 720℃～750℃ 等温)，退火后，组织为索氏体及粒状碳化物。硬度为 207～255 HBW。

高速工具钢淬火后，正常组织由隐针马氏体、粒状碳化物及 20%～25%的残余奥氏体 (体积分数)所组成。

一般高速工具钢多采用 560℃左右回火。由于高速工具钢中残余奥氏体量多，经第一次回火后，仍有 10%残余奥氏体未转变，只有经过三次回火(每次保温 1 h)后，残余奥氏体才基本转变完。为了减少回火次数，也可在淬火后，立即进行冷处理(−60℃～−80℃)，然后再进行一次 560℃回火。

(4) 高速工具钢的淬火和回火。

高速工具钢的优越性只有在正确的淬火与回火后才能发挥出来。高速工具钢属于高合金工具钢，塑性与导热性较差。淬火加热时，为了减少热应力，防止变形和开裂，必须在 800℃～850℃进行预热，待工件在截面上里外温度均匀后，再送入高温炉加热，对截面大、形状复杂的刃具，可采用 600℃～650℃与 800℃～850℃的二次预热。

图 4.1.3 为淬火温度对 W18Cr4V 高速工具钢奥氏体成分的影响。由图可见，以碳化物形式存在的钨、钼、钒等元素溶入奥氏体的量，将随淬火温度的增高而增多。为使钨、钼、钒等元素尽可能多地溶入奥氏体，以提高钢的红硬性，应提高淬火温度，但加热温度过高，将使钢过热，奥氏体晶粒粗大，碳化物聚集，致使处理后工具的力学性能变坏，甚至造成过热，使晶界熔化而报废。故高速工具钢淬火温度一般不超过 1300℃。淬火冷却一般多采用盐浴中分级淬火或油冷淬火。高速工具钢淬火后，正常组织由隐针马氏体、粒状碳化物及 20%～25%的残余奥氏体(体积分数)所组成。

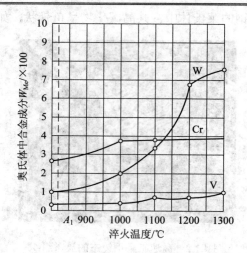

图 4.1.3　淬火温度对 W18Cr4V 高速工具钢奥氏体成分的影响

　　为了消除淬火应力，减少残余奥氏体含量，稳定组织，达到所要求的性能，高速工具钢淬火后必须及时回火。图 4.1.4 为 W18Cr4V 高速工具钢正常热处理后的组织。

　　高速工具钢淬火组织中的碳化物在回火中不发生变化，只有马氏体和残余奥氏体发生转变，使之引起性能的变化。由于高速工具钢回火时可产生二次硬化，其硬度最高。图 4.1.5 为高速工具钢硬度与回火温度关系，故一般高速工具钢多采用 560℃ 左右回火。由于高速工具钢中残余奥氏体量多，经第一次回火后，仍有 10%残余奥氏体未转变，只有经过三次回火(每次保温 1 h)后，残余奥氏体才基本转变完。

图 4.1.4　W18Cr4V 高速工具钢正常

热处理后的组织

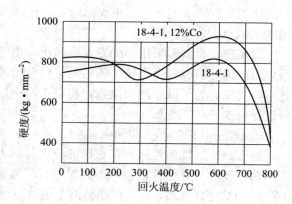

图 4.1.5　W18Cr4V 高速工具钢硬度与

回火温度关系

　　有时，为了减少回火次数，也可在淬火后，立即进行冷处理(−60℃～−80℃)，然后再进行一次 560℃回火。

　　高速工具钢正常淬火、回火后，组织应为极细的回火马氏体、较多的粒状碳化物及少量(1%～2%)的残余奥氏体(体积分数)，硬度为 63～66 HRC。图 4.1.6 为 W18Cr4V 高速工具钢的热处理工艺曲线。

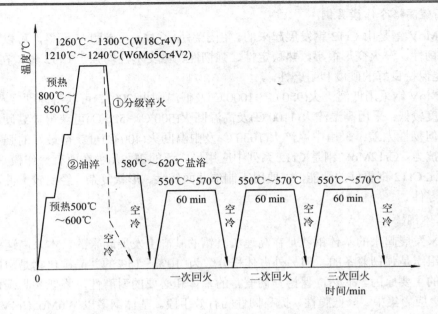

图 4.1.6  W18Cr4V 高速工具钢的热处理工艺曲线

各种高速工具钢由于具有比其他刃具用钢高得多的红硬性、耐磨性及较高的强度与韧性，不仅可用于制造切削速度较高的刃具，也可用于制造载荷大、形状复杂、贵重的切削刃具(如拉刀、齿轮铣刀等)。此外，高速工具钢还可用于制造冷冲模、冷挤压模及某些要求耐磨性高的零件，但应根据具体工件的使用要求，选用与上述刃具不同的热处理工艺。

**2. 冷作模具钢**

冷作模具钢是在非合金(碳素)工具钢的基础上发展起来的，用于金属或非金属材料的冲裁、拉伸、弯曲、冷挤、冷镦、滚丝、压弯等工序。工作对象处于室温状态，工作温度一般不超过 200℃～300℃，模具的工作条件相对恶劣，为了保证相足够的耐用度，除了要求模具有高强度、高硬度和高耐磨性，还要求足够的韧性，并且加工工艺性和成型性也要好。

1) 冷作模具钢性能要求及分类

(1) 冷作模具钢的使用性能要求。冷作模具钢在工作中承受拉伸、压缩、弯曲、冲击、疲劳、摩擦等机械作用，从而会发生脆断、磨损、咬合、啃伤、软化等现象。因此，冷作模具钢应具备一定的断裂抗力、变形抗力、磨损抗力、疲劳抗力以及抗咬合的能力。

(2) 冷作模具钢的分类。常用冷作模具钢的分类如表 4.1.16 所示。

表 4.1.16  常用冷作模具钢的分类

| 钢　　种 | 钢　号　举　例 |
| --- | --- |
| 碳素工具钢 | T7、T8、T10 |
| 低合金工模具钢 | 9Mn2v、CrWMn、9CrWMn、9SiCr、Cr2 |
| 高铬模具钢 | Cr12MoV、Cr12、Cr12Mo1V1 |
| 中铬模具钢 | Cr5Mo1V、Cr4W2MoV、Cr6WV |
| 高速钢类冷模具钢 | W6Mo5Cr4V2、W18Cr4V、6Cr4W3Mo2V2Nb |

2) 高碳高铬冷作模具钢

Cr12MoV 钢是由 Cr12 钢发展起来的。由于添加了 Mo 元素和 V 元素，可以有更好的淬透性和韧性，淬火变形很小，热稳定性、强韧性、微变形性均强于 Cr12 钢。在 300℃～400℃仍能保持良好的硬度和耐磨性。

Cr12MoV 钢采用低温淬火(950℃～1000℃)及低温回火(200℃)可获得高硬度及高韧性，但抗压强度较低；采用高温淬火(1100℃)及高温回火(500℃～520℃)可获得较高硬度及高抗压强度，但韧性太差；采用中温淬火(1030℃)及中温回火(400℃)可获得最好的强韧性，较高的断裂抗力。Cr12MoV 钢是 Cr12 系列中应用最广泛的钢，几乎在所有冷作模具中应用，由于它有比 Cr12 钢更好的性能，主要用于制造截面较大、形状复杂、经受较大冲击的各类冷作模具零件。

3) 基体钢

近年来发展起来的基体钢就是在高速工具钢的基础上发展起来的。本来高速钢淬火组织的基体组织是强韧兼备的，但另外占体积分数为 10%～15%的共晶碳化物是耐磨性高而脆性较大的主要原因。显然，保持强韧兼备的基体和必要的耐磨性，降低共晶碳化物的数量，是减少应力集中、降低脆性、提高韧性的有效手段。基体钢多以 W6Mo5Cr4V2 高速工具钢为母体，以各种方式加以改型，允许基体钢中含有体积分数为 5%左右的剩余碳化物，一方面可以增加耐磨性；另一方面有助于防止高温加热时晶粒长大；适当增添少量合金元素，例如，钛、镍、硅、锰、钼、铌等加以改型，形成目前已经推向市场的基体钢系列新钢种。

**3. 热作模具钢**

1) 热作模具钢的性能要求

热作模具品种繁多，归纳起来主要有锤锻模、热挤压模、压铸模和热冲裁模等几大类。各种模具的服役条件差异较大，因此其工作零件的热处理技术要求也各异。热作模具的失效形式主要有断裂、热疲劳、塑性变形或型腔坍塌、热磨损和热熔损等，有时多种失效形式同时出现。因此，热模具钢要求具有高的热硬性、高温耐磨性、高的抗氧化能力、高的热强性和足够高的韧性，尤其是受冲击较大的热锻模钢；高的热疲劳抗力，以防止龟裂破坏。此外，由于热作模具一般较大，还要求有较高的淬透性和导热性。

一般选用热导率(导热系数)较高的、碳的质量分数在 0.3%～0.6%的合金钢制造，淬火后在 500℃～700℃高温回火状态下服役。

2) 高韧性热作模具钢

(1) 5CrMnMo 钢。5CrMnMo 钢是至今仍在广泛使用的传统热锻模具钢，该钢韧性高，淬透性较好，有一定的耐磨性，但热强性较差，主要用于制造要求较高强度和耐磨性，有一定韧性要求的各种中、小型锤锻模及部分压力机模块，也可用于制造工作温度低于400℃的其他小型热作模具钢。

(2) 5CrNiMo 钢。5CrNiMo 钢是低合金热作模具钢的代表性钢号，比 5CrMnMo 钢应用更早，至今仍具有较广泛的应用。由于含 Ni，可以较大幅度地提高钢的强度和韧性，该钢比 5CrMnMo 钢有更好的塑性、韧性和强度，尺寸效应不敏感。有一定的耐磨性，淬透性良好，400 mm × 300 mm × 300 mm 的钢坯淬火回火后，表面和芯部的硬度差仅 1～2 HRC。

5CrNiMo 钢有白点敏感性，回火稳定性也不太高。由于碳化物形成元素含量低，二次硬化效应微弱，热稳定性差，高温强度低。为了使钢的组织逐步均匀化，锻造时必须交替镦粗和拔长，并保证有一定的锻造比。为防止白点产生，锻后小型锻件应缓冷到 150℃～200℃后空冷，大型锻件锻后必须在 600℃～650℃保温，然后缓冷到 150℃～200℃出炉空冷。

(3) 4CrMnSiMoV 钢。4CrMnSiMoV 钢是原 5CrMnSiMoV 钢的改进型，是我国研制的低合金大截面热锻模钢的新钢种之一。原钢种的合金元素种类及含量均未变动，只是降低碳含量(约为 0.1%)，其目的是在基本保持原有强度的基础上提高钢的韧性。因此它的强韧性比 5CrMnSiMoV 钢更好。该钢具有良好的淬透性，较高的热强性、耐热疲劳性能、耐磨性和韧度，其高温性能、抗回火稳定性、热疲劳抗力均比 5CrNiMo 钢好，冲击韧度与 5CrNiMo 钢相近。抗回火性能和冷热加工性能亦良好。它主要用于 5CrNiMo 钢不能满足要求的大、中型锻模，也可用于中、小型锻模，如连杆模、前梁模、齿轮模、突缘节模(深型模)等，寿命均比 5CrNiMo 钢的模具的寿命提高 0.1～0.8 倍。

3) 高热强热作模具钢

(1) 3Cr2W8V 钢。3Cr2W8V 钢是我国热作模具钢的传统用钢，要求高承载力、高热强性和高回火稳定性的压铸模、热挤压模、压型模等常常选用此种钢材。3Cr2W8V 钢的合金元素以钨为主，钨质量分数高达 8%以上，铬含量也比较高，因此有较高的高温力学性能，在 650℃时，仍能保持 300HBW 的硬度。抗回火的能力较高，淬透性较好，截面$\phi$80 mm以下可淬透。钢中低的含碳量，能保证模具有一定的韧性和良好的导热性能。适中的含铬量，能保证钢的淬透性，提高模具表面的抗氧化性能，而又不至于形成太多的碳化物。它广泛用于制造高温下高应力但冲击负荷不太大的热作模具凸、凹模，热挤压模的凹模，顶杆、芯棒，平锻机的凸、凹模，镶块、压力机锻模、压铸模等。

(2) 5Cr4W5Mo2V(RM2)钢。5Cr4W5Mo2V 钢是我国研制的新型高热强性热作模具钢，钢号为 RM2，该钢具有较高的含碳量及合金元素，总质量分数为 12%，因而具有较高的硬度、耐磨性、回火抗力及热稳定性。由于有比 3Cr2W8V 钢高的合金元素含量和含碳量，5Cr4W5Mo2V 钢具有高的热强性、热稳定性和耐磨性，用于制造汽车、轴承、轻工业产品等行业的精制模、压印模、凸缘热冲模、辊锻模、热挤压凸模及热切底模、热切边模、辊锻模等模具。

4) 高强韧性热作模具钢

(1) 4Cr5MoSiV1(H13)钢。4Cr5MoSiV1 钢是含 Cr5%的中合金热作模具钢的代表性钢材，在目前是我国应用最广泛的热作模具钢，4Cr5MoSiV1 钢源自美国的 H13(ASTM.AISI)，因此经常以 H13 称呼。由于有很好的淬透性，又称为空冷硬化热作模具钢，世界各国都有同类型钢种钢号，是国际上广泛应用的高强韧性热作模具钢。

H13 钢已成为铝合金、镁合金压铸模成型零件的常用材料。该钢有良好的渗氮工艺性能，渗氮后可进一步提高耐磨性和耐蚀性，压铸模成型零件最终经渗氮处理已经广泛应用。

(2) 4Cr5MoSiV(H11)钢。4Cr5MoSiV 钢也是含 Cr5%系列热作模具钢的代表性钢号，与 H13 比较，Mo 元素和 V 元素的含量低一些，性能特点基本相同，只是抗热疲劳和耐磨性稍低。与其他合金工具钢比较，显著优点是强韧性好。

H11 钢淬透性好，直径为 100 mm 的棒材在空冷淬火时也可以淬透，有二次硬化效应，抗回火性能较好。淬火变形和残余应力小，表面氧化倾向也小。在 510℃以上回火时能达到最佳性能，高温回火后内应力大体能消除，有良好的热稳定性和抵抗铝合金熔液的冲蚀作用。在温度 650℃以下，具有高的延展性、冲击韧度、抗氧化性、抗热疲劳性以及蠕变和断裂强度，该钢的高温抗氧化性优于 3Cr2W8V 钢。

**4. 塑料模具钢**

目前塑料模具材料仍然以钢材为主。随着高性能塑料的开发和生产规模的不断扩大，塑料制品的种类日益增多，并向精密化、大型化和复杂化发展，使塑料模具的工作条件愈加复杂和苛刻，对塑料模具材料的性能要求也在不断提高。

1) 塑料模具钢的性能要求

(1) 较高的硬度、耐磨性和耐蚀性。塑料模具钢在硬度、耐磨性和耐蚀性上的要求，主要取决于塑料的性质和塑料制品的表面质量要求。

(2) 较高的强度、韧性和疲劳强度。塑料模具钢的这些性能主要取决于模具的工作压力、工作频率和冲击载荷等服役条件，模具本身的尺寸和模具型腔的复杂程度。

(3) 耐热性。随着高速成型机械的出现，塑料制品的生产速度越来越高，这就决定了塑料模具钢势必在 20℃～350℃的温度范围内服役。要求塑料模具钢应该具有良好的耐热性，使塑料模具钢在高温服役条件下，基体组织不发生变化，强度不降低，以防止模具的变形甚至开裂。

(4) 尺寸稳定性。为保证塑料制品的成型精度，塑料模具在长期服役过程中的尺寸稳定性至关重要。为此，塑料模具除应具有足够的刚度外，还要求塑料模具钢具有较低的热膨胀系数和稳定的组织。

(5) 切削加工性和表面抛光性。塑料模具钢应具有良好的切削加工性和表面抛光性。特别是塑料制品形状复杂、表面质量要求很高或有精细花纹图案时，要求模具材料便于切削、宜于抛光，且有良好的光刻蚀性能。

2) 常用塑料模具钢

(1) 4Cr5MoV1 钢。4Cr5MoV1 钢是一种典型的调质预硬型塑料模具钢，与其他调质预硬型塑料模具钢相比还有较高的耐热性，适用于聚甲醛、聚酰胺树脂制品的注射成型模具，预硬后的硬度约为 45～50 HRC。3Cr2Mo(简称 P2)是国内较早开发的预硬型塑料模具钢，加上时一般先进行预硬处理，即先经 850℃～880℃淬火、580℃～640℃回火，硬度达到 28～35 HRC，然后再进行切削加工。该钢适用于制造大、中型精密塑料模具，如电视机、洗衣机壳体等塑料模具，并已得到了广泛的应用。

(2) SM2CrNi3MoAl1S(SM2)钢。SM2CrNi3MoAl1S 钢是我国研制的时效硬化型易切削塑料模具钢，钢号为 SM2。时效时通过析出硬化相 $Ni_3Al$ 而硬化，性能比 1Ni3Mn2CuAlMo(PMS)钢、25CrNi3MoAl 钢好，现已纳入标准(YB/T094—1997)。SM2 钢中加入铝，在时效时可以析出硬化相 $Ni_3Al$。加入铬的主要作用是提高钢的淬透性，因此 SM2 钢比 PMS 钢的淬透性稍高。该钢还具有一定的耐蚀性和良好的抛光性，可达镜面程度。由于含有较高量的 Al 和 Cr、Mo 等合金元素，该钢的渗氮工艺性能良好，气体渗氮，离子渗氮、氮碳共渗、氧氮化等均能获得良好效果。供应时硬度为 38～42 HRC，钢中加入 0.1 左右的 S，由于 S 和 Mn 的配比适当，可以形成易切削相 MnS，切削加工性能得到改善，可加工性也优于 PMS

钢。SM2 钢应用于照相机等光学制品以及玩具、文具、牙刷、线路板等高精度塑料模具，透明塑料用模具等的成型零件。

**5. 量具用钢**

1) 量具用钢的基本性能要求

量具是测量工件尺寸的工具(如游标卡尺、千分尺、塞规、块规、样板等)。

对量具的性能要求是：高硬度(62～65 HRC)、高耐磨性、高的尺寸稳定性。此外，还需有良好的磨削加工性，使量具能达到很小的粗糙度值。形状复杂的量具还要求淬火变形小。

2) 量具用钢的选择

通常合金工具钢如 8MnSi、9SiCr、Cr2 和 W 钢等都可用来制造各种量具。对高精度、形状复杂的量具，可采用微变形合金工具钢(如 CrWMn 钢、CrMn 钢)和滚动轴承钢 GCr15 制造。对形状简单、尺寸较小、精度要求不高的量具也可用碳素工具钢 T10A、T12A 制造，或用渗碳钢(如 15 钢、20 钢、15Cr 钢等)制造，并经渗碳淬火处理。对要求耐蚀的量具可用马氏体型不锈钢 7Cr17、8Cr17 等制造。对直尺、钢皮尺、样板及卡规等量具也可采用中碳钢(如 55 钢、65 钢、60Mn 钢、65Mn 钢等)制造，并经高频表面淬火处理。

3) 量具用钢热处理

量具热处理基本与刃具一样，需进行球化退火及淬火、低温回火处理。为获得高的硬度与耐磨性，其回火温度较低。量具热处理主要问题是保证尺寸稳定性。

量具尺寸不稳定的原因有三个：残余奥氏体转变引起尺寸膨胀；马氏体在室温下继续分解引起尺寸收缩；淬火及磨削中产生的残余应力未消除彻底而引起变形。所有这些原因所引起的尺寸变化虽然很小，但对高精度量具是不允许的。

为了提高量具尺寸的稳定性，可在淬火后立即进行低温回火(150℃～160℃)。高精度量具(如块规等)在淬火、低温回火后，还要进行一次稳定化处理(110℃～150℃，24～36 h)，以尽量使淬火组织转变成较稳定的回火马氏体，使残余奥氏体稳定化。且在精磨后再进行一次稳定化处理(110℃～120℃，2～3 h)，以消除磨削应力。最后才能研磨，从而保证量具尺寸的稳定性。

此外，量具淬火时一般不采用分级或等温淬火，淬火加热温度也尽可能低一些，以免增加残余奥氏体的数量而降低尺寸稳定性。

## 4.1.3 特殊性能的钢材料

**1. 耐蚀钢**

1) 金属腐蚀的概念

金属腐蚀的形式有两种：一种是化学腐蚀；另一种是电化学腐蚀。化学腐蚀是金属直接与周围介质发生化学反应而产生的腐蚀。如铁在高温下发生氧化反应形成氧化皮。电化学腐蚀是金属在酸、碱、盐等电解质溶液中由于原电池作用产生电流而引起的腐蚀现象。

电化学腐蚀是金属腐蚀更重要更普遍的形式。钢在电介质中由于本身各部分电极电位的差异，在不同区域产生电位差，构成原电池而产生电化学腐蚀。金属腐蚀过程的原电池作用的示意图如图 4.1.7 所示，电介质溶液在其阳极区和阴极区发生不同的反应。在阳极区，Fe 的电极电位较低，容易失去电子变成 $Fe^{2+}$，溶入电解质溶液，而在阴极区介质中的 $H^+$

接受阳极流来的电子发生还原反应生成 $H_2$。显然，电位较低的阳极区不断被腐蚀，而电位较高的阴极区受到保护不被腐蚀。钢中的阳极区是组织中化学性较活泼的区域，例如，晶界、塑性变形区、温度较高的区域等；而晶内、未塑性变形区、温度较低的区域等则为阴极区。显然，钢的电化学腐蚀是由于电化学不均匀性而引起的。通常，电极电位较低的金属或区域成为阳极而被腐蚀。例如，钢在室温下生锈主要是由于电化学腐蚀而造成的。

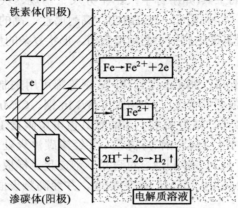

图 4.1.7　金属腐蚀过程的原电池作用的示意图

(1) 不锈钢的工作条件及性能要求：

① 较高的耐蚀性。耐腐蚀性是不锈钢的主要性能。根据具体环境和介质的具体腐蚀性，不锈钢对该介质要有较高的耐蚀性。一般都要求不允许有晶界腐蚀和点蚀产生。

② 应具有一定的力学性能。很多构件是在腐蚀介质下还要承受和传递一定的载荷。所以不锈钢的力学性能越高，也可减少构件的质量，节约成本。钢的屈服强度越高，越有利于提高抵抗应力腐蚀的能力。

③ 应有良好的工艺性能。不锈钢是板材、管材、型材等类型，常常要经过加工变形制成构件，如容器、管道、锅炉等。因此不锈钢的工艺性也很重要，主要有焊接性、冷变形性、切削加工性等。

(2) 提高不锈钢耐蚀性的途径。

解决工程中的腐蚀问题，可以从提高不锈钢本身的耐蚀性、降低环境介质的腐蚀性、改进设计等方面进行考虑。就提高不锈钢本身的耐蚀性来说，可以采用以下途径：① 提高不锈钢基体的电极电位，降低原电池的电动势；② 使钢具有单相组织，减少微电池数量；③ 使钢表面生成稳定的钝化膜，阻断腐蚀电流，避免钢基体与腐蚀介质接触；④ 采用机械保护或覆盖层，如电镀、发蓝、涂漆等方法。

2) 常用不锈钢

根据不锈钢的基体组织，不锈钢可分为铁素体不锈钢、马氏体不锈钢、奥氏体不锈钢、铁素体-奥氏体双相不锈钢和沉淀硬化型不锈钢等。

(1) 铁素体不锈钢。

铁素体不锈钢的耐蚀性(对硝酸、氨水等介质)和抗氧化性较好。特别是抗应力腐蚀性能较好，但加工性能和力学性能较差；在室温下性脆，限制了其应用。生产上铁素体不锈钢多用于受力不大的耐酸结构和抗氧化结构。

(2) 马氏体不锈钢。

马氏体不锈钢是一种既抗腐蚀又能热处理强化的不锈钢。这类钢的耐蚀性、塑性和焊接性能较奥氏体、铁素体不锈钢差。但由于它具有较好的力学性能(高强度、高硬度及高耐磨性)和耐蚀性的结合，因此是机械工业中广泛使用的钢种。

马氏体不锈钢和铁素体不锈钢相比，其成分特点是：铬含量为 12%～18%；大多数钢种的碳含量较高(2Cr13、3Cr13、4Cr13、9Cr18)；有些钢种还含有一定的镍元素；有时还加入钼、铜、铌等元素以改善钢的性能。常用马氏体和铁素体不锈钢的热处理，力学性能及用途如表 4.1.17 所示。

表 4.1.17　马氏体和铁素体不锈钢的热处理、力学性能及用途

| 类别 | 钢　号 | 热处理 | | | | 力学性能(不小于) | | | | | | 用　途 |
|---|---|---|---|---|---|---|---|---|---|---|---|---|
| | | 淬火温度/℃ | 冷却剂 | 回火温度/℃ | 冷却剂 | $R_m$/(N/mm²) | $R_{eH}$/(N/mm²) | $A$/% | $Z$/% | $KU_2$/J | 硬度/HRW | |
| 马氏体型 | 1Cr13 | 950～1000 | 油 | 700～750 | 油、水 | 540 | 345 | 25 | 55 | 78 | 159 | 用于制造抗弱腐蚀性介质、受冲击负荷、要求较高韧性的零件，如汽轮机叶片、水压机阀、结构架、螺栓、螺帽等 |
| | 2Cr13 | 920～980 | 油 | 700～750 | 油、水 | 635 | 440 | 20 | 50 | 63 | 192 | |
| | 3Cr13 | 920～980 | 油 | 200～300 | — | | | | | | 48 | 用于制造有较高硬度和耐磨性的热油泵轴、阀片、阀门、弹簧、手术刀片及医疗器械零件 |
| | 4Cr13 | 1050～1100 | 油 | 200～300 | — | | | | | | 50 | |
| | 1Cr17Ni2 | 950～1050 | 油 | 275～350 | 空 | 1080 | | 10 | — | 39 | — | 用于制造要求较高强度的耐硝酸及某些有机酸腐蚀的零件架设备 |
| | 9Cr18 | 1000～1050 | 油 | 200～300 | 油、空 | | | | | | 55 | 用于制造不锈钢切片机械刀具、剪切刃具、手术刀片、高耐磨、耐蚀零件 |
| | 9Cr18MoV | 1050～1075 | 油 | 100～200 | 油 | | | | | | 55 | |
| 铁素体型 | 0Cr13Al | 780～830 | 空 | — | | 410 | 177 | 20 | 60 | 78 | 183 | 用于制造抗水蒸气、碳酸氢铵母液、热含硫石油腐蚀设备 |
| | 1Cr17 | 780～850 | 空 | — | | 450 | 205 | 22 | 50 | — | 183 | 用于制造硝酸工厂设备，如吸收塔、硝酸热交换器、酸槽、输送管道等，食品工厂设备 |
| | 1Cr17Mo | 780～850 | 空 | — | | 450 | 205 | 22 | 60 | | 183 | 用途同 1Cr17 钢，比 1Cr17 钢抗盐溶液性强 |
| | 00Cr12 | 700～820 | 空 | — | | 265 | 196 | 22 | 60 | | 183 | 用于制造汽车排气处理装置、锅炉燃烧室、喷嘴等 |
| | 00Cr30Mo2 | 900～1050 | 水 | — | | 450 | 295 | 20 | 45 | | 228 | 用于制造耐乙酸、乳酸等有机酸的设备、苛性碱设备等 |

Cr13 型马氏体不锈钢经锻轧后空冷即可得到马氏体组织。为了降低硬度，改善其切削加工性能；同时为了消除构件内应力和防止开裂，应进行软化处理。将锻件加热至 850℃～900℃保温 1～3 h 后空冷，然后缓慢冷却至 600℃后空冷进行退火处理。1Cr13 钢与 2Cr13

钢一般进行调质处理，得到回火索氏体组织，主要用于制造要求塑性、韧性好与受冲击载荷的零件，如汽轮机叶片、水压机阀、热能设备配件等；3Cr13 钢与 4Cr13 钢、9Cr18 钢则采用淬火 + 低温回火处理，获得回火马氏体组织。3Cr13 钢与 4Cr13 钢低温回火后硬度可达 50HRC 以上，常用于制造医疗器械和不锈钢刃具，图 4.1.8 为 4Cr13 钢手术剪刀的淬火低温回火处理工艺；9Cr18 钢低温回火后硬度可达 56～59 HRC，常用于制造滚动轴承部件。

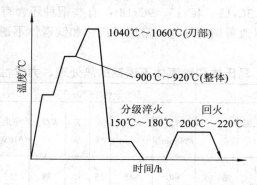

图 4.1.8　4Cr13 手术剪刀的淬火低温回火处理工艺

(3) 奥氏体不锈钢。

奥氏体不锈钢应用最为广泛。奥氏体不锈钢具有较好的耐蚀性(通常称为耐酸钢)、冷加工成型性、可焊性等一系列优点。除作为耐蚀构件外，这类钢还可用于高温作为承受低载荷的热强钢。这类钢缺点是强度低，不能用淬火强化，但可通过形变强化(冷加工硬化)达到提高强度的目的。

奥氏体不锈钢含有较低的碳，而铬、镍含量较高，使钢在室温下得单相奥氏体不锈钢；我国为了节约镍的消耗，用 Mn-N 来替代镍元素；为了进一步改善钢的耐蚀性，还向钢中添加钛、铌、钼、铜等元素。加入 Ti、Nb 元素是为了稳定碳化物，提高抗晶间腐蚀的能力，加入 Mo 元素可增加不锈钢的钝化作用，防止点腐蚀倾向，提高钢在有机酸中的耐蚀性；Cu 元素可以提高钢在硫酸中的耐蚀性；Si 元素使钢的抗应力腐蚀断裂的能力提高。常用奥氏体不锈钢的热处理、力学性能及用途如表 4.1.18 所示。

① 奥氏体不锈钢的热处理。奥氏体不锈钢的热处理一般有三种形式，即固溶处理、稳定化处理和消除应力处理。

A. 固溶处理。固溶处理就是要把钢加热到 F-C 相图中 *ES* 线以上，使碳化物溶解。奥氏体不锈钢的固溶处理温度一般为 1050℃～1150℃，钢中的含碳量越高，所需要的固溶处理温度也越高。为了保证高温下得到的奥氏体不发生分解，稳定到室温，固溶处理后的冷却速度应较快，多采用水冷，在室温下得到单相奥氏体组织。

B. 稳定化处理。这种处理只是在含 Ti、Nb 元素的奥氏体不锈钢中使用。确定稳定化处理工艺的一般原则为：高于碳化铬的溶解温度而低于碳化钛的溶解温度。稳定化退火通常采用 850℃～950℃，保温 2～4 h 后空冷，将碳化铬转变为特殊碳化物 TiC 或 NbC。这样就比较彻底地消除了晶间腐蚀倾向。

C. 消除应力处理。消除应力处理通常用于两种情况：一是为了消除钢经冷加工后的内应力，使钢在伸长率无显著变化情况下，屈服强度和疲劳强度有很大提高。这种消除应力处理可在较低的温度下进行，一般在 250℃～450℃下，保温 1～2 h 后空冷。对于不含钛和铌的钢，以及虽含钛和铌但未经稳定化处理的钢，消除应力处理温度应不超过 450℃，以免析出碳化铬使钢对晶间腐蚀敏感；第二种情况是消除钢经冷加工后对应力腐蚀敏感及消除焊接内应力，需要在较高温度下进行，一般要在 850℃以上。对于不含钛、铌的钢加热后应快冷至 540℃再空冷，以迅速通过碳化铬析出的温度区间，防止晶间腐蚀。

**表 4.1.18　奥氏体不锈钢的热处理、力学性能及用途**

| 类别 | 钢 号 | 热处理 | | | | 力学性能(不小于) | | | | | | 用 途 |
|---|---|---|---|---|---|---|---|---|---|---|---|---|
| | | 淬火温度/℃ | 冷却剂 | 回火温度/℃ | 冷却剂 | $R_m$/(N/mm²) | $R_{eH}$/(N/mm²) | $A$/% | $Z$/% | $KU_2$/J | 硬度/HRW | |
| 奥氏体型 | 00Cr19Ni10 | 1010～1150 | 水 | — | | 480 | 177 | 40 | 60 | — | ≤187 | 具有良好的耐蚀及耐晶间腐蚀性能，作为化学工业用的良好耐蚀材料 |
| | 1Cr18Ni9 | 1010～1150 | 水 | — | | 520 | 205 | 40 | 60 | — | ≤187 | 用于制造耐硝酸、冷磷酸、有机酸及盐、碱溶液腐蚀的设备零件 |
| | 1Cr18Ni9Ti | 920～1150 | 水 | — | | 520 | 205 | 40 | 50 | — | ≤187 | 用于制造耐酸容器及设备衬里、输送管道等设备和零件,抗磁仪表,医疗器械,有较好耐晶间腐蚀性 |
| | 0Cr18Ni9 | 1010～1150 | 水 | — | | 520 | 205 | 40 | 60 | — | ≤187 | |
| | 0Cr17Ni12Mo2 | 1010～1150 | 水 | — | | 520 | 205 | 40 | 60 | — | ≤187 | 用于制造抗硫酸、磷酸、蚁酸及醋酸等腐蚀性介质的设备,有良好的抗晶间腐蚀性能 |
| | 0Cr17Ni14Mo2 | 1010～1150 | 水 | — | | 480 | 177 | 40 | 60 | — | ≤187 | 用于制造耐蚀性要求高的焊接构件,尤其是尿素,硫铵尼龙等生产设备 |

②　奥氏体不锈钢的冷、热加工。奥氏体不锈钢具有良好的冷加工变形能力。18-8 型奥氏体不锈钢经过大变形量冷轧后，其强度将大大提高，而塑性下降。其强化原因，除了点阵畸变外，还与钢在形变条件下奥氏体稳定性降低，而引起的形变诱发相变(部分奥氏体转变为马氏体)有关。对于具有奥氏体稳定组织的钢，在冷变形时，不发生奥氏体向马氏体转变。钢的强度增加纯属形变冷作硬化所引起的，因此其强化效果较小。经强烈冷作硬化的奥氏体不锈钢可以用于制造高强度不锈钢弹簧，用于装在钟表和特殊仪器设备上。

奥氏体不锈钢在焊接中一个重要问题就是防止焊缝出现热裂。热裂经常发生在焊缝金属或接近母材金属的焊缝热影响区。在高温下，单相奥氏体组织不锈钢对热裂更为敏感。大量研究表明，这与焊缝金属或与熔融金属接触的母材的晶界有低熔点液态夹层存在有关。由于晶界强度不够，裂纹可沿已经凝固晶界继续扩展。单相奥氏体钢焊缝组织是粗大柱状晶，组织有方向性，低熔点液态夹杂物分布集中，容易在凝固收缩时引起热裂。另外钢中碳及硫都能促进热裂发生，也应尽量降低它们的含量。

③　奥氏体不锈钢的晶间腐蚀、应力腐蚀及点腐蚀。晶间腐蚀、应力腐蚀和点腐蚀是奥氏体不锈钢在使用中最为普遍和经常发生的腐蚀破坏形式，也是奥氏体不锈钢在使用中最

主要缺点。

A. 奥氏体不锈钢的晶间腐蚀。奥氏体不锈钢焊接后，在离焊缝不远处会产生严重的晶间腐蚀现象。这是由于焊缝周围有一个温度为450℃～800℃的热影响区，热影响区内沿晶界析出(Cr、Fe)$_{23}$C$_6$型碳化物，从而使晶界产生贫Cr区。当析出时间不太长时，由于Cr的扩散速度较慢，贫Cr区得不到恢复，使晶界附近的$\omega$(Cr)降低到$n$/8限度以下，因而耐腐蚀性能显著下降。

晶间腐蚀不但在Cr钢和Cr-Ni钢中出现，而且在Ni、Cu、Al基合金中也存在。当奥氏体不锈钢在450℃～800℃温度下工作或进行人工时效也会出现晶间腐蚀。碳及合金元素都对其产生影响，含碳量较高及非碳化物形成元素(Ni、Si、Co等)，促进形成晶间腐蚀；含碳量较低及碳化物形成元素(Mn、Mo、W、V、Nb等)阻碍形成晶间腐蚀。防止奥氏体不锈钢晶间腐蚀的措施有：① 降低钢中的碳量；② 钢中加入强碳化物形成元素(Ti、Nb)，形成特殊碳化物，消除晶间贫Cr区；③ 经1050℃～1100℃淬火，以保证固溶体中碳和铬的含量。

B. 奥氏体不锈钢的应力腐蚀。应力腐蚀常发生在石油化工装置中的压力容器、输送管线、换热器管线等所使用的奥氏体不锈钢中。一般认为它是应力和电化学腐蚀共同作用的结果。奥氏体不锈钢，特别是18-8型奥氏体不锈钢的屈服强度较低，很容易变形。由于拉应力的作用，在奥氏体不锈钢表面局部区域内将产生滑移，当位错在滑移面上移出表面后，就使钢表面局部钝化膜遭受破坏。裸露出的表面为阳极，周围连续的钝化膜为阴极，组成腐蚀微电池。在含有氯离子和浓的氢氧根离子(OH)介质中，发生阳极溶解，形成腐蚀小坑，这种腐蚀小坑向纵深发展，并在拉应力作用下最后导致穿晶腐蚀破裂。

目前防止奥氏体不锈钢应力腐蚀的方法主要从三个方面来考虑：① 降低拉应力可降低应力腐蚀敏感性。例如，焊接焊头在焊后消除应力退火可以避免或减轻应力腐蚀破坏。另外提高奥氏体不锈钢的屈服强度也可提高抗应力腐蚀敏感性；② 改善奥氏体不锈钢的使用介质条件，例如，降低或控制介质中的氯离子和氢氧根离子(OH)含量，向介质中加无机缓蚀剂或有机缓蚀剂，可以降低应力腐蚀敏感性。③ 可以适当改变其化学成分来提高应力腐蚀抗力。例如，可采用高镍奥氏体不锈钢；在奥氏体不锈钢中加入硅；尽量减少钢中磷、砷、锑、铋等杂质元素含量。

C. 奥氏体不锈钢的点腐蚀。一般认为点腐蚀是由于腐蚀性阴离子(如氯离子)，在氧化膜表面上吸附后离子穿过钝化膜所致。这种钝化膜的局部破坏就形成许多尺寸较小的蚀孔，如果钢的钝化能力很强，破坏的钝化膜可再钝化，小蚀孔就不再成长。否则小蚀孔将继续扩大，不断向金属深处发展，直至将金属穿透。

提高不锈钢抗点蚀性最好的方法是合金化，钢中加入铬、钼、氮可显著提高抗点蚀能力；加入镍、硅、稀土元素等也有一定作用。

**2. 耐热钢**

在高温下工作的钢称为耐热钢。耐热钢一般分为两类：一类称为抗氧化钢，这类钢主要失效原因是高温氧化，而承受的载荷并不大，如工业炉窑的炉衬板、炉栅等；另一类称为热强钢，这类钢在高温下工作时，承受载荷较大，失效的主要原因是由于高温强度不足，高温脆性和蠕变开裂，如高温螺栓、蜗轮叶片和高温蒸汽管道等。抗氧化钢和热强钢统称为耐热钢。

1) 耐热钢的工作条件及性能要求

动力机械、石油化工等设备中的许多构件是在 300℃ 以上的温度下工作的，有的甚至高达 1200℃ 以上。这些高温工作的构件要承受各种载荷，有的还受到冲击作用；同时还与各种高温气体接触，表面会发生高温氧化或燃气腐蚀；钢在高温下长期工作时，其内部将发生原子扩散的过程，因而会使组织结构发生变化。因此，对耐热钢性能的基本要求是：① 有足够的高温强度、抗蠕变性能、高温疲劳强度；② 有足够高的化学稳定性，即抗高温氧化性；③ 有良好的组织稳定性；④ 有良好的导热性，热膨胀系数要小；⑤ 良好的铸造性、焊接性、可锻性。

2) 提高耐热钢耐热性的途径

采用合金化方法，加入铬、镍、钼、钨等合金元素，固溶强化钢的基体，提高钢的再结晶温度。加入钛、铬、钨、钒等合金元素，生成特殊碳化物并弥散分布，应用本质粗晶粒的粒度钢，增加晶界位错，减少晶粒滑移等都是提高钢的热强化性的重要方法。加入硅、铬、铝等合金元素，生成连续、致密的氧化膜，保护金属不继续氧化，是提高钢的抗氧化性的主要方法。

3) 常用耐热钢

(1) 抗氧化钢。抗氧化钢广泛应用于工业炉中的构件，如炉底板、料架、马弗炉、辐射管等。这类钢主要有铁素体型和奥氏体型两类。表 4.1.19 为抗氧化钢的热处理性能和用途。

**表 4.1.19　抗氧化钢的热处理、性能和用途**

| 类型 | 钢　号 | 热处理，温度/℃ | $R_{eH}$ /(N/mm²) | $R_m$ / (N/mm²) | $A$ /% | $Z$ /% | 特性和用途 |
|---|---|---|---|---|---|---|---|
| | | | 不小于 | | | | |
| 铁素体型 | 2Cr25N | 退火 780～880，快冷 | 275 | 510 | 20 | 40 | 抗氧化性强，在 1082℃ 以下不产生易剥落的氧化皮，用于燃烧室 |
| | 00Cr12 | 退火 780～820，空冷或缓冷 | 196 | 365 | 22 | 60 | 耐高温氧化，可用于制造要求焊接的部件、汽车排气阀净化装置、锅炉燃烧室、喷嘴 |
| | 1Cr17 | 退火 780～850，空冷或缓冷 | 205 | 450 | 22 | 50 | 用于制造 900℃ 以下耐氧化部件、散热器、炉用部件，油喷嘴 |
| 奥氏体型 | 2Cr21Ni12N | 固溶 1050～1150，快冷；时效 730～780，空冷 | 430 | 820 | 26 | 20 | 用于制造以抗氧化为主的汽油及柴油机排气阀 |
| | 2Cr25Ni20 | 固溶 1050～1180，快冷 | 205 | 590 | 40 | 50 | 在 1035℃ 以下反复加热的抗氧化钢，用于炉用部件、喷嘴、燃烧室 |
| | 0Cr18Ni9 | 固溶 1010～1150，快冷 | 205 | 520 | 40 | 60 | 通用耐氧化钢，可承受 870℃ 以下反复加热 |
| | 1Cr18Ni9Ti | 固溶 920～1150，快冷 | 205 | 520 | 40 | 50 | 良好的耐热性及抗腐蚀性，用于制造加热炉管、燃烧室筒体、退火炉罩 |
| | 1Cr20Ni14Si2 | 固溶 1080～1130，快冷 | 295 | 590 | 35 | 50 | 具有较高的高温强度及抗氧化性，对含硫气氛较敏感，在 600℃～800℃ 有析出相的脆化倾向，用于制造承受应力的各种炉用构件 |
| | 1Cr25Ni20Si2 | 固溶 1080～1130，快冷 | 295 | 590 | 35 | 50 | |

　　(2) 热强钢。这类钢在正火状态下的组织为珠光体＋铁素体，含碳量较低，工艺性、导热性好，价格便宜，其工作温度可达 500℃～620℃。按用途主要有锅炉钢管、紧固件和转子用钢等几大类。常用珠光体耐热钢的钢号、热处理、力学性能及用途如表 4.1.20 所示。

**表 4.1.20　珠光体耐热钢的钢号、热处理、力学性能、用途**

| 类别 | | 钢号 | 热处理 | 力学性能(不小于) | | | | 用途 |
| --- | --- | --- | --- | --- | --- | --- | --- | --- |
| | | | | $R_m$ /(N/mm²) | $R_{eH}$ /(N/mm²) | $A$ /% | $Z$ /% | |
| 低碳珠光体热强钢 | 锅炉管用钢 | 16Mo | 880℃空冷，630℃空冷 | 400 | 250 | 25 | 60 | 管壁温度小于 450℃ |
| | | 12CrMo | 900℃空冷，650℃空冷 | 420 | 270 | 24 | 60 | 管壁温度小于 510℃ |
| | | 12Cr1MoV | 970℃空冷，750℃空冷 | 500 | 250 | 22 | 50 | 管壁温度小于 570℃～580℃ |
| | | 12MoWVBR | 1000℃空冷，760℃空冷 | 650 | 510 | 21 | 71 | 管壁温度小于 580℃ |
| | | 12Cr2MoWSiVTiB (钢研 102) | 1025℃空冷，770℃空冷 | 600 | 450 | 18 | 60 | 管壁温度小于 600℃～620℃ |
| 中碳珠光体热强钢 | 叶轮、转子、紧固件用钢 | 24CrMoV | 900℃油淬，600℃水或油 | 800 | 600 | 14 | 50 | 450℃～600℃ 工作的叶轮，小于 525℃ 紧固件 |
| | | 25Cr2Mo1VA | 1040℃空冷，670℃空冷 | 750 | 600 | 16 | 50 | 小于 565℃ 紧固件 |
| | | 25Cr1Mo1VA | 970℃～990℃ 及 930℃～950℃ 二次正火 680℃～700℃空冷 | 650 | 450 | 16 | 40 | 小于 535℃ 整锻转子 |
| | | 35CrMoV | 900℃油淬，630℃水或油 | 1100 | 950 | 10 | 50 | 500℃～520℃ 工作的叶轮及整锻转子 |
| | | 34CrNi3MoV | 820℃～830℃油淬、650℃～680℃空冷 | 870 | 750 | 13 | 40 | 小于 450℃工作的叶轮及整锻转子 |
| | | 20Cr1Mo1VNbTiB | 1050℃油淬，700℃回火 (4～6)h 上贝氏体 | | | | | 570℃紧固件 |

### 3. 耐磨钢

　　耐磨钢主要指在冲击载荷下发生加工硬化的高锰钢。它主要应用于采矿、冶金、电力、建筑、交通等重要工业领域。

### 1) 高锰钢的性能及成分特点

　　高锰钢经热处理后获得单一奥氏体组织，当它受到剧烈冲击及高压力作用时，其表层的奥氏体将迅速产生加工硬化，同时伴有奥氏体向马氏体的转变，导致表层的硬度提高到 450～550 HBW，从而形成硬而耐磨的表面，但其内部仍保持原有的低硬度状态。当表面一层磨损后，新的表面将继续产生加工硬化，并获得高硬度。正是由于高锰钢的这种特性，因此它才用于制造受剧烈冲击的耐磨件。

高锰钢中含有高含量的碳($W_C = 0.9\% \sim 1.5\%$)，高含量的锰($W_{Mn} = 11\% \sim 14\%$)，适量的硅($W_{Si} = 0.3\% \sim 0.8\%$)、低含量的硫($W_S < 0.05\%$)、低含量的磷($W_P < 0.10\%$)，碳的质量分数增加可提高钢的耐磨性及强度，但碳的质量分数太高，易导致高温下碳化物的析出，使钢的冲击韧性下降，故一般 $W_C$ 为 $1.15\% \sim 1.25\%$。高锰钢铸件的钢号、化学成分、热处理、力学性能及用途如表 4.1.21 所示。

**表 4.1.21  高锰钢铸件的钢号、化学成分、热处理、力学性能及用途**

| 钢 号 | 化学成分 $W_{Me} \times 100$ | | | | | 热处理 (水韧处理) | | 力 学 性 能 | | | | 用 途 |
|---|---|---|---|---|---|---|---|---|---|---|---|---|
| | C | Si | Mn | S | P | 淬火温度/℃ | 冷却介质 | $R_m$ /(N/mm²) | $A$/% | $KU_2$ /J | 硬度 /HBW | |
| | | | | | | | | 不小于 | | | 不大于 | |
| ZGMn13-1 | 1.00~1.50 | 0.30~1.00 | 11.00~14.00 | ≤0.050 | ≤0.090 | 1060~1100 | 水 | 637 | 20 | — | 229 | 用于制造结构简单、要求以耐磨为主的低冲击铸件，如衬板、齿板、滚套、铲齿等 |
| ZGMn13-2 | 1.00~1.40 | 0.30~1.00 | 11.00~14.00 | ≤0.050 | ≤0.090 | 1060~1100 | 水 | 637 | 20 | 118 | 229 | |
| ZGMn13-3 | 0.90~1.30 | 0.30~0.80 | 11.00~14.00 | ≤0.050 | ≤0.080 | 1060~1100 | 水 | 686 | 25 | 118 | 229 | 用于制造结构复杂、要求以韧性为主的高冲击铸件，如履带板等 |
| ZGMn13-4 | 0.90~1.20 | 0.30~0.80 | 11.00~14.00 | ≤0.050 | ≤0.070 | 1060~1100 | 水 | 735 | 35 | 118 | 229 | |

注：钢号、化学成分、热处理、力学性能摘自 GB5680—85《高锰钢铸件技术条件》。

锰有扩大并稳定奥氏体区的作用。当 $W_C$ 在 $0.9\% \sim 1.3\%$ 范围，$W_{Mn}$ 在 $11\% \sim 14\%$ 时，经高温加热快冷后可得到单相奥氏体组织。锰量的高低取决于构件对耐磨性的要求及碳量，一般将锰与碳的比例($W_{Mn}/W_C$)控制在 $9 \sim 11$。对于耐磨性要求高，冲击韧度要求低的薄壁件，锰碳比可取低限。相反，对于耐磨性要求略低，冲击韧度要求高的厚壁件，锰碳比可适当提高。

硅提高钢中固溶体的硬度和强度，从而有利于提高钢的耐磨性。但含硅量不能过高，否则易促使碳化物析出，降低钢的冲击韧度，并导致开裂。

2) 高锰钢的热处理

高锰钢一般在 1290℃～1350℃ 温度下浇注，在随后的冷却过程中，沿奥氏体晶界有碳化物析出，使钢呈现很大的脆性，且耐磨性也差，不能直接使用。为此，必须进行水韧处理(即固溶处理)，它是将铸件加热到 1060℃～1100℃ 保温一定时间，使碳化物完全溶入奥氏体中，然后在水中快冷，使碳化物来不及析出，获得单相奥氏体组织。水韧处理后不再回火，因为重新加热至 350℃ 以上时，碳化物会析出，有损钢的性能。

常用的高锰钢就是 ZGMn13 钢。主要用于要求耐磨性特别好并在冲击与压力条件下工作的零件、构件，如坦克、拖拉机的履带、挖掘机的斗齿、破碎机的颚板、铁路道岔等。

必须指出的是，高锰钢具有的高耐磨性是通过加工硬化而获得的，如果它不是用在剧烈冲击或挤压条件下经受摩擦，那么它的高耐磨性就发挥不出来。

# 4.2　铸　铁

铸铁是含碳量大于 2.11% 的铁碳合金。工业上常用的铸铁，含碳量一般在 2.5%～4.0% 的范围内，此外铸铁中还有硅、锰、硫、磷等元素。铸铁和钢相比，虽然铸铁的机械性能(抗拉强度、塑性、韧性)较低，但是由于铸铁具有优良的铸造性能、可切削加工性、耐磨性、吸振性及生产工艺简单、成本低廉等特点，因此被广泛应用于机械制造、冶金、矿山、石油化工、交通运输、建筑和国防生产部门。另外，通过在铸铁中添加合金元素或实施各种热处理，还可获得耐高温、耐热、耐蚀、耐磨、无磁性等各类特殊性能的铸铁，因此获得了广泛的应用。

## 4.2.1　概述

铸铁中的碳以石墨的形式析出(结晶)的过程称为石墨化。铸铁在冷却过程中，既可以从液体中析出 $Fe_3C$ 或石墨，也可以从奥氏体中析出 $Fe_3C$ 或石墨，还可以在一定条件下由 $Fe_3C$ 分解为铁素体和石墨。

### 1. (Fe-G)相图

由于铸铁中的碳能以石墨或 $Fe_3C$ 两种独立相的形式存在，因而使得铁碳合金系统存在着铁-渗碳体($Fe$-$Fe_3C$)和铁-石墨($Fe$-$G$)双重相图，如图 4.2.1 所示。图中虚线表示稳定态($Fe$-$G$)相图，实线表示亚稳定态($Fe$-$Fe_3C$)相图，虚线与实线重合的线用实线画出。铸铁在冷却过程中，是按 $Fe$-$Fe_3C$ 相图形成渗碳体还是按 $Fe$-$G$ 相图形成石墨，取决于加热、冷却条件或获得的平衡性质(亚稳平衡还是稳定平衡)。

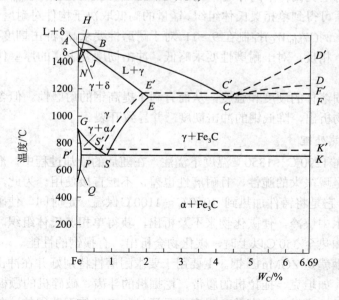

图 4.2.1　$Fe$-$Fe_3C$ 与 $Fe$-$G$ 双重相图

## 2. 石墨化过程

铸铁的石墨化程度及与其组织的关系如表 4.2.1 所示。

**表 4.2.1 铸铁的石墨化程度及与其组织的关系(以共晶铸铁为例)**

| 石墨化进行程度 | | 铸铁的显微组织 | 铸铁类型 |
|---|---|---|---|
| 第一阶段石墨化 | 第二阶段石墨化 | | |
| 完全进行 | 完全进行 | F + G | 灰口铸铁 |
| | 部分进行 | F + P + G | |
| | 没有进行 | P + G | |
| 部分进行 | 没有进行 | $L_e' + P + G$ | 麻口铸铁 |
| 未进行 | 没有进行 | $L_e'$ | 白口铸铁 |

## 3. 影响石墨化的主要因素

(1) 温度和冷却速度。在生产过程中，铸铁的缓慢冷却或在高温下长时间保温，均有利于石墨化。

铸件冷却速度是一个综合的因素，它与浇注温度、造型材料、铸造方法和铸件壁厚都有关系。其中铸件壁厚是影响铸件冷却速度的主要因素。图 4.2.2 为铸件壁厚以及 C、Si 含量对铸铁组织的影响。

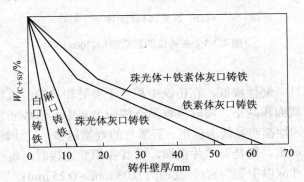

图 4.2.2 铸件壁厚以及 C、Si 含量对铸铁组织的影响

(2) 化学成分。按对石墨化的作用可分为促进石墨化的元素(如 C、Si、Al、Cu、Ni、Co、P 等)和阻碍石墨化的元素(如 Cr、W、Mo、V、Mn、S 等)两大类。

C 和 Si 是强烈促进石墨化的元素。铸铁中 C 和 Si 的质量分数越大，越有利于石墨的析出，石墨化程度就越充分，这是因为 C 含量越高，石墨的形核越有利；而 Si 与 Fe 原子的结合力大于 C 与 Fe 原子之间的结合力，由于削弱了 Fe 和 C 原子之间的结合力，而促使石墨化。

S 是强烈阻碍石墨化的元素。S 的存在不仅增强铁、碳原子的结合力，阻碍碳原子的扩散，还降低铁液的流动性和促进高温铸件开裂。S 是有害元素，应严格控制。

Cu、Ni 有利于得到珠光体基体的铸铁，提高铸铁的强度；Mn 能溶于铁素体和渗碳体，起固定碳的作用，从而阻碍石墨化。但 Mn 能与 S 结合生成 MnS，消除硫的有害影响。适量的 Mn 既有利于珠光体基体形成，又能消除 S 的有害作用，故 Mn 属于调节组织元素。P 是促进石墨化作用不太强的元素，能提高铁液的流动性，但当其质量分数超过奥氏体或铁素体的溶解度时，会形成硬而脆的磷共晶，使铸铁强度降低，脆性增大，P 属于控制元素。

### 4.2.2　灰铸铁

灰铸铁是指石墨呈片状分布的灰口铸铁。灰铸铁生产工艺简单，铸造性能优良，价格便宜、应用广泛，其产量约占铸铁总产量的 80% 以上。

**1. 组织**

灰铸铁的组织是由片状石墨和钢的基体两部分组成。根据不同阶段石墨化程度的不同其基体可分为铁素体、铁素体＋珠光体和珠光体三种，相应地，有三种不同基体组织的灰铸铁，它们的显微组织(400×)如图 4.2.3 所示。

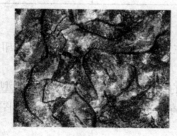

(a) 铁素体　　　　　　　(b) 铁素体+珠光体　　　　　(c) 珠光体

图 4.2.3　灰铸铁的显微组织(400×)

**2. 性能**

石墨的强度、塑性、韧性极低，在铸铁中相当于裂缝和孔洞，破坏了基体金属的连续性，使基体的有效承载面积减小，同时很容易造成应力集中，形成断裂源。因此，灰铸铁的抗拉强度、塑性及韧性都明显低于碳钢。石墨片的数量越多、尺寸越大、分布越不均匀，对基体的割裂作用越严重。但是石墨片很细，尤其在相互连接时，也会使承载面积显著下降。因此，石墨片尺寸应以中等为宜(长度约为 0.03 mm～0.25 mm)。

灰铸铁的硬度和抗压强度主要取决于基体组织，而与石墨的存在基本无关。因此，灰铸铁的抗压强度明显高于其抗拉强度(约为抗拉强度的 3～4 倍)。

石墨的存在，使灰铸铁的铸造性能、减摩性、减振性和切削加工性都高于碳钢，缺口敏感性也较低。

**3. 牌号与应用**

灰铸铁的牌号由"HT＋数字"组成。其中"HT"是"灰铁"两个字的汉语拼音字首，数字表示 $\phi$30 mm 单铸试棒的最低抗拉强度值(单位为 N/mm$^2$)。灰铸铁主要用于制造承受压力和振动的零部件，如机床床身、各种箱体、壳体、泵体、缸体等。常用灰铸铁的牌号、力学性能及用途如表 4.2.2 所示。

表 4.2.2 常用灰铸铁的牌号、力学性能及用途(摘自 GB/T9439—1988)

| 类别 | 牌号 | 铸件壁厚/mm | 力学性能 | | 用 途 |
|------|------|-----------|---------|------|-------|
| | | | 抗拉强度不低于/(N/mm²) | 硬度/HBW | |
| 铁素体灰铸铁 | HT100 | 2.5～10 | 130 | 110～166 | 用于制造载荷小、对摩擦和磨损无特殊要求的不重要铸件,如防护罩、盖、油盘、手轮、支架、底板、重锤、手柄等 |
| | | 10～20 | 100 | 93～140 | |
| | | 20～30 | 90 | 87～131 | |
| | | 30～50 | 80 | 82～122 | |
| 铁素体+珠光体灰铸铁 | HT150 | 2.5～10 | 175 | 137～205 | 用于制造承受中等载荷的铸件,如机座、支架、箱体、刀架、床身、轴承座、工作台、带轮、端盖、泵体、阀体、管路、飞轮、电机座等 |
| | | 10～20 | 145 | 119～179 | |
| | | 20～30 | 130 | 110～166 | |
| | | 30～50 | 120 | 105～157 | |
| 珠光体灰铸铁 | HT200 | 2.5～10 | 220 | 157～236 | 用于制造承受较大载荷和要求一定气密性或耐蚀性等重要铸件,如汽缸、齿轮、机座、飞轮、床身、汽缸体、汽缸套、活塞、齿轮箱、刹车轮、联轴器的盘、中等压力阀体等 |
| | | 10～20 | 195 | 148～222 | |
| | | 20～30 | 170 | 134～200 | |
| | | 30～50 | 160 | 129～192 | |
| | HT250 | 4～10 | 270 | 175～262 | |
| | | 10～20 | 240 | 164～247 | |
| | | 20～30 | 220 | 157～236 | |
| | | 30～50 | 200 | 150～225 | |
| | HT300 | 10～20 | 290 | 182～272 | 用于制造承受高载荷、耐磨和高气密性要求的重要铸件,如重型机床、剪床、压力机、自动车床的床身、机座、机架、高压液压件、活塞环,受力较大的齿轮、凸轮、衬套,大型发动机的曲轴、汽缸体、缸套、气缸盖等 |
| | | 20～30 | 250 | 168～251 | |
| | | 30～50 | 230 | 161～241 | |
| | HT350 | 10～20 | 340 | 199～298 | |
| | | 20～30 | 290 | 182～272 | |
| | | 30～50 | 260 | 171～257 | |

**4. 灰铸铁热处理及应用**

1) 时效处理

形状复杂、厚薄不均的铸件在浇注后的冷却过程中,由于各部位冷却速度不同,形成内应力,不仅削弱了铸件的强度,而且在随后的切削加工中,会因为应力的重新分布而引起变形,甚至开裂。因此,铸件在成型后都需要进行时效处理,尤其对一些大型、复杂或加工精度较高的铸件(如机床床身、柴油机汽缸等),在铸造后、切削加工前,甚至在粗加工后都要进行一次时效退火。传统的时效处理一般有两种方法,即自然时效和人工时效。自然时效是将铸件长期放置在室温下以消除其内应力的方法;人工时效是将铸件重新加热到 530℃～620℃,经长时间保温 2～6 h 后在炉内缓慢冷却至 200℃以下出炉空冷的方法。经时效退火后可消除 90% 以上的内应力。

2) 石墨化退火

灰铸铁件表层和薄壁处在浇注时有时会产生白口组织,难以切削加工,需要退火,使渗碳体在高温下分解为石墨，以降低硬度。

石墨化退火一般是将铸件以 70℃/h～100℃/h 的速度加热至 850℃～900℃，保温 2～5 h(取决于铸件壁厚)，然后缓冷至 400℃～500℃后空冷，使渗碳体在保温和缓冷过程中分解而形成石墨，消除白口组织，降低硬度，改善切削加工性。

**3) 表面热处理**

有些铸件，如机床导轨、缸体内壁等，表面需要高的硬度和耐磨性，可进行表面淬火处理，如高频表面淬火、火焰表面淬火和激光加热表面淬火等。淬火前铸件需进行正火处理，以保证获得大于 65%以上的珠光体，淬火后表面硬度可达 50～55 HRC。

### 4.2.3　可锻铸铁

可锻铸铁是由白口铸铁经长时间石墨化退火而获得的一种高强度铸铁。白口铸铁中的游离渗碳体在退火过程中分解出团絮状石墨，由于团絮状石墨对铸铁金属基体的割裂和引起的应力集中作用比灰铸铁小得多。因此，与灰铸铁相比，可锻铸铁的强度和韧性有明显提高，并且有一定的塑性变形能力，因而称为可锻铸铁(或称为展性铸铁，又称为马口铸铁)。可锻退火工艺图如图 4.2.4 所示。

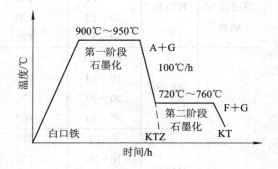

图 4.2.4　可锻退火工艺图

**1. 组织**

按热处理条件的不同，可锻铸铁分为两类：一类是铁素体基体＋团絮状石墨的可锻铸铁，它是由白口毛坯经高温石墨化退火而得，其断口呈黑灰色，俗称黑心可锻铸铁，这种铸铁件非常适合铸造薄壁零件，是最为常用的一种可锻铸铁；另一类是珠光体基体或珠光体与少量铁素体共存的基体加团絮状石墨的可锻铸铁件，它是由白口毛坯经氧化脱碳而得，其断口呈白色，称为珠光体可锻铸铁，俗称白心可锻铸铁，这种可锻铸铁很少应用。两种组织如图 4.2.5 所示。

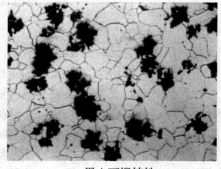

(a) 黑心可锻铸铁

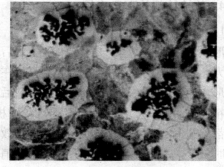

(b) 白心可锻铸铁

图 4.2.5　可锻铸铁的显微组织(400×)

**2. 性能**

可锻铸铁不能用锻造方法制成零件，只是因为石墨的形态改造为团絮状，不如灰口铸铁的石墨片分割基体严重，因而强度与韧性比灰铸铁高。可锻铸铁的力学性能介于灰铸铁与球墨铸铁之间，有较好的耐蚀性，但由于退火时间长，生产效率极低，使用受到限制，故一般用于制造形状复杂，承受冲击、振动及扭转复合的铸件，如汽车、拖拉机的后桥壳、轮壳、转向机构等。可锻铸铁也适用于制造在潮湿空气、炉气和水等介质中工作的零件，如水暖材料的三通、低压阀门等。

### 3. 牌号与应用

常用两种可锻铸铁的牌号由"KTH + 数字-数字"或"KTZ + 数字-数字"组成。"KTH"、"KTZ"分别代表"黑心可锻铸铁"和"珠光体可锻铸铁"，符号后的第一组数字表示最低抗拉强度(单位为 N/mm²)，第二组数字表示最小断后伸长率(单位为%)。可锻铸铁的牌号、力学性能及用途见表 4.2.3 所示。

**表 4.2.3　可锻铸铁的牌号、力学性能及用途(摘自 GB 9440—1988)**

| 类别 | 牌号 | 试样直径/mm | 力学性能 | | | 硬度/HBW | 用　途 |
|---|---|---|---|---|---|---|---|
| | | | 抗拉强度不低于/(N/mm²) | 条件屈服强度不低于/(N/mm²) | A/% | | |
| 黑心可锻铸铁 | KTH300-06 | 12 或 15 | 300 | | 6 | 不大于150 | 用于承受低动载荷及静载荷、要求气密性低的零件，如弯头、三通管件、中低压阀门等 |
| | KTH330-08 | | 330 | | 8 | | 用于承受中等动载荷的零件，如扳手、犁刀、犁柱、车轮壳等 |
| | KTH350-10 | | 350 | 200 | 10 | | 用于承受较高冲击、振动的零件，如汽车、拖拉机前后轮的轮壳、减速器壳、转向节壳、制动器、铁道零件等 |
| | KTH370-12 | | 370 | | 12 | | |
| 珠光体可锻铸铁 | KTZ450-06 | 12 或 15 | 450 | 270 | 6 | 150～200 | 用于载荷较大、耐磨损并有一定韧性要求的重要零件，如曲轴、凸轮轴、连杆、齿轮、活塞环、轴套、耙片、万向接头、棘轮、扳手、传动链条等 |
| | KTZ550-04 | | 550 | 340 | 4 | 180～250 | |
| | KTZ650-02 | | 650 | 430 | 2 | 210～260 | |
| | KTZ700-02 | | 700 | 530 | 2 | 240～290 | |

## 4.2.4　球墨铸铁

球墨铸铁是将铁液经球化处理和孕育处理，使铸铁中的石墨全部或大部分呈球状而获得的一种铸铁。将球化剂加入铁液的操作过程称为球化处理，我国目前广泛应用的球化剂是稀土镁合金。为防止铁液球化处理后出现白口，必须进行孕育处理，孕育剂通常采用硅铁和硅钙合金。经孕育处理的球墨铸铁，石墨球数量增加，球径减小，形状圆整，分布均匀，显著改善了其力学性能。

### 1. 组织

球墨铸铁的显微组织由球形石墨和金属基体两部分组成。随着成分和冷却速度的不同，球墨铸铁在铸态下的金属基体可分为铁素体、铁素体加珠光体、珠光体三种，通过合金化和热处理后，还可获得下贝氏体、马氏体、托氏体、索氏体和奥氏体等基体组织的球墨铸铁。球墨铸铁的显微组织(400×)如图 4.2.6 所示。

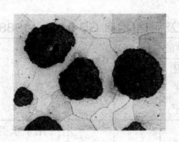

(a) 铁素体球墨铸铁　　　　　　　　　(b) 珠光体球墨铸铁

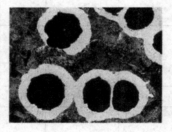

(c) 珠光体加铁素体球墨铸铁

图 4.2.6　球墨铸铁的显微组织(400×)

### 2. 性能

由于球形石墨对金属基体截面削弱作用较小，使得基体比较连续，基体强度利用率可达 70%～90%，与灰口铸铁相比，球墨铸铁具有较高的抗拉强度和弯曲疲劳极限，也具有良好的塑性及韧性。另外，球墨铸铁的刚性也比灰铸铁好，但其消振能力比灰铸铁低很多。在石墨球的数量、形状、大小及分布一定的条件下，珠光体球墨铸铁的抗拉强度比铁素体球墨铸铁高 50%以上，而铁素体球墨铸铁的伸长率是珠光体球墨铸铁的 3～5 倍。铁素体＋珠光体基体的球墨铸铁性能介于二者之间。

### 3. 牌号与应用

球墨铸铁的牌号由"QT＋数字-数字"组成。其中"QT"是"球铁"两个字的汉语拼音字首，其后的第一组数字表示最低抗拉强度(单位为 N/mm²)，第二组数字表示最小断后伸长率(单位为%)。球墨铸铁的牌号、力学性能及用途如表 4.2.4 所示。

**表 4.2.4　球墨铸铁的牌号、力学性能及用途(摘自 GB/T 1348—1988)**

| 牌号 | 基体组织 | 力学性能 | | | | 用　途 |
|---|---|---|---|---|---|---|
| | | 抗拉强度<br>不低于<br>/(N/mm²) | 条件屈服强度<br>不低于<br>/(N/mm²) | A/% | 硬度<br>/HBW | |
| QT400-18 | F | 400 | 250 | 18 | 130~180 | 用于承受冲击、振动的零件，如汽车、拖拉机的轮毂、驱动桥壳、差速器壳、拔叉，农机具零件，中低压阀门，上下水及输气管道，压缩机上高低压汽缸，电机机壳、齿轮箱、飞轮壳等 |
| QT400-15 | | 400 | 250 | 15 | 130~180 | |
| QT450-10 | | 450 | 310 | 10 | 160~210 | |
| QT500-7 | F+P | 500 | 320 | 7 | 170~230 | 机器座架、传动轴、飞轮、电动机架、内燃机的机油泵齿轮、铁路机车车辆轴瓦等 |
| QT600-3 | | 600 | 370 | 3 | 190~270 | 用于载荷大、受力复杂的零件，如汽车、拖拉机曲轴、连杆、凸轮轴、汽缸套，部分磨床、铣床、车床的主轴，机床蜗杆、蜗轮，轧钢机的机辊、大齿轮，小型水轮机主轴、汽缸体、桥式起重机大小滚轮等 |
| QT700-2 | P | 700 | 420 | 2 | 225~305 | |
| QT800-2 | P 或回火<br>组织 | 800 | 480 | 2 | 245~335 | |
| QT900-2 | B 回火 M | 900 | 600 | 2 | 280~360 | 用于要求高强度的齿轮零件，如汽车后桥螺旋锥齿轮、大型减速器齿轮、内燃机曲轴、凸轮轴等 |

**4. 球墨铸铁热处理**

1) 退火

(1) 去应力退火。球墨铸铁的铸造内应力比灰铸铁大两倍左右。对于不再进行其他热处理的球墨铸铁铸件，都要进行去应力退火。

(2) 石墨化退火。石墨化退火的目的是为了使铸态组织中的自由渗碳体和珠光体中的共析渗碳体分解，获得高塑性的铁素体基体的球墨铸铁，同时消除铸造应力，改善其加工性。

2) 正火

正火的目的是为了得到以珠光体为主的基体组织，细化晶粒，提高球墨铸铁的强度、硬度和耐磨性。正火可分为高温和低温正火两种。

球墨铸铁的导热性较差，正火后铸件内应力较大，因此，正火后应进行一次消除应力退火。即加热到 550℃～600℃，保温 3～4 h 后出炉空冷。

3) 等温淬火

当铸件形状复杂，又需要高的强度和较好的塑性、韧性时，需采用等温淬火。

等温淬火是将铸件加热至 860℃～920℃(奥氏体区)，适当保温(热透)，迅速放入 250℃～350℃的盐浴炉中进行 0.5～1.5 h 的等温处理，然后取出空冷，使过冷奥氏体转变为下贝氏体。

等温淬火可有效防止变形和开裂，提高铸件的综合力学性能。适用于制造形状复杂易变形，截面尺寸不大，但受力复杂，要求综合力学性能好的球墨铸铁铸件，如齿轮、曲轴、滚动轴承套圈、凸轮轴等。

4) 调质处理

调质处理是将铸件加热到 860℃～920℃，保温后油冷，然后在 550℃～620℃高温回火 2～6 h，获得回火索氏体和球状石墨组织的热处理方法。调质处理可获得高的强度和韧性，适用于受力复杂、截面尺寸较大、综合力学性能要求高的铸件，如柴油机曲轴、连杆等重要零件。

## 4.2.5 蠕墨铸铁

蠕墨铸铁是在一定成分的铁液中加入适量的蠕化剂和孕育剂所获得的石墨形似蠕虫状的铸铁。生产方法与程序和球墨铸铁基本相同。

### 1. 蠕墨铸铁的牌号、成分及组织

(1) 牌号。蠕墨铸铁的牌号由"RuT + 数字"，组成。其中，"RuT"表示蠕墨铸铁，数字表示最小抗拉强度值(单位为 N/mm$^2$)。

(2) 成分。蠕墨铸铁是在含 $W_C$ = 3.5%～3.9%、$W_{Si}$ = 2.2%～2.8%、$W_{Mn}$ = 0.4%～0.8%、$W_S$ < 0.1%，$W_P$ < 0.1% 的铁液中，加入适量的蠕化剂并经孕育处理后获得的。目前主要采用的蠕化剂有稀土硅铁合金、稀土镁钛合金或稀土硅钙合金等。

(3) 组织。由于蠕墨铸铁中的石墨大部分呈蠕虫状，介于片状和球状之间，间有少量球状，因此其组织和性能介于相同基体组织的球墨铸铁和灰铸铁之间。图 4.2.7 为铁素体基体的蠕墨铸铁。

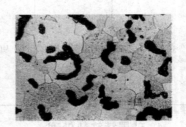

图 4.2.7 铁素体基体的蠕墨铸铁

### 2. 蠕墨铸铁的性能

蠕墨铸铁强度、韧性、疲劳强度、耐磨性及耐热疲劳性比灰铸铁高，断面敏感性也小，但塑性、韧性都比球墨铸铁低。蠕墨铸铁的铸造性、减振性、导热性及切削加工性优于球墨铸铁，抗拉强度接近于球墨铸铁，因此，相对于其他铸铁，蠕墨铸铁具有良好的综合性能。蠕墨铸铁抗拉强度和塑性随基体的不同而不同，一般随基体中珠光体量增加，铁素体量减少，则强度增加而塑性降低。

### 3. 蠕墨铸铁热处理及应用

蠕墨铸铁的热处理主要是为了调整其基体组织，以获得不同的力学性能要求。

(1) 正火。蠕墨铸铁正火的目的是增加珠光体量，提高强度和耐磨性。

(2) 退火。蠕墨铸铁的退火是为了获得 85%以上的铁素体基体或消除薄壁处的自由渗碳体。

由于蠕墨铸铁的综合性能好，组织致密，因此它主要应用在一些经受热循环载荷的铸件(如钢锭模、玻璃模具、柴油机缸盖、排气管、刹车件等)和组织致密零件(如一些液压阀的阀体、各种耐压泵的泵体等)以及一些结构复杂而设计又要求高强度的零件。

蠕墨铸铁的牌号、力学性能及用途如表 4.2.5 所示。

表 4.2.5 蠕墨铸铁的牌号、力学性能及用途(摘自 GB4403—1987)

| 牌号 | 力学性能 | | | | 基体组织 | 用途 |
|---|---|---|---|---|---|---|
| | 抗拉强度不低于 /(N/mm²) | 屈服强度不低于 /(N/mm²) | A/% | 硬度/HBW | | |
| RuT420 | 420 | 335 | 0.75 | 200～280 | P | 活塞环、汽缸套、制动盘、玻璃模具、刹车鼓、钢珠研磨盘、吸泥泵体等 |
| RuT380 | 380 | 300 | 0.75 | 193～274 | P | |
| RuT340 | 340 | 270 | 1.0 | 170～249 | P+F | 重型机床件、大型齿轮箱体、盖、座、飞轮、起重机卷筒等 |
| RuT300 | 300 | 240 | 1.5 | 140～217 | P+F | 排气管、变速箱体、汽缸盖、液压件、纺织机零件、钢锭模等 |
| RuT260 | 260 | 195 | 3 | 121～197 | F | 增压器废气进气壳体、汽车底盘零件等 |

## 4.2.6 合金铸铁

在铸铁熔炼时有意加入一些合金元素，从而改善铸铁的物理、化学和力学性能或获得某些特殊性能的铸铁，如耐热、耐磨、耐蚀铸铁等。

### 1. 耐磨铸铁

耐磨铸铁按其工作条件大致可分为两类：一种是在有润滑条件下工作的减摩铸铁(如机床导轨、气缸套、环和轴承等)；另一种是在无润滑、受磨料磨损条件下工作的抗磨铸铁(如犁铧、轧辊及球磨机零件等)。

### 1) 减摩铸铁

(1) 高磷铸铁。在普通灰铸铁的基础上加入 $P(W_P = 0.4\% \sim 0.7\%)$，即形成高磷铸铁。常用于制造车床、铣床、镗床等的床身及工作台，其耐磨性比孕育铸铁 HT250 提高一倍。

(2) 磷铜钛铸铁。在高磷铸铁的基础上加入 $Cu(W_{Cu} = 0.6\% \sim 0.8\%)$ 和 $Ti(W_{Ti} = 0.1\% \sim 0.15\%)$ 可形成磷铜钛铸铁。磷铜钛铸铁的耐磨性超过高磷铸铁，是用于制造精密机床的一种重要结构材料。

(3) 铬钼铜铸铁。铬钼铜铸铁的组织为细层状珠光体 + 细片状石墨 + 少量磷共晶碳化物，其耐磨性比 HT200 高一倍，主要用于制造汽车、拖拉机的气缸套及活塞环等以及精密机床零件。

### 2) 抗磨铸铁

在无润滑的干摩擦条件下工作的铸件，要求具有均匀高硬度的组织，常用以下的抗磨铸铁：

(1) 冷硬铸铁。通过激冷的方法所得到的表面为一定深度的白口组织，而芯部为灰口组织的铸铁，具有较高的强度和耐磨性，又能承受一定的冲击。

(2) 抗磨白口铸铁。加入适量的 Cr、Mo、Cu、W、Ni、Mn 等合金元素所得到抗磨白口铸铁，具有一定的韧性和更高的硬度和耐磨性。铸态下其硬度在 50HRC 以上，淬火后硬度还可以进一步提高。适用于在磨料磨损条件下工作，广泛用于制造轧辊和车轮等耐磨件。

(3) 中锰球墨铸铁。加入一定量的 Mn 和 Si 形成的中锰球墨铸铁，具有更高的耐磨性和耐冲击性，强度和韧性也得到进一步的改善。广泛用于制造在冲击载荷和磨损条件下工作的零件，如犁铧、球磨机磨球及拖拉机履带板等。

### 2. 耐热铸铁

在铸铁中加入 Si、Al、Cr 等合金元素，可在铸铁表面形成稳定、致密和牢固的氧化膜，使铸铁在高温下具有抗氧化和抗热生长能力；当加入量足够高时，还可以使铸铁在高温下保持为单相的铁素体，提高耐热性；加入 Ni、Mn、Cu 等合金元素，有利于得到单相奥氏体基体，从而使铸件在高温下不发生相变；加入 Cr、V、Mo 等合金元素，能使碳化物在高温下不发生石墨化过程；此外，Cr 和 Ni 合金元素还可以使石墨细化和球化，独立分布，互不相连，不构成氧化性气体渗入铸铁的通道。白口铸铁中无石墨，球墨铸铁中石墨呈球状，因此，它们的耐热性都比灰铸铁好。

### 3. 耐蚀铸铁

耐蚀铸铁不仅具有一定的力学性能，而且还要求在腐蚀性介质中工作时有较高的耐腐蚀能力。在铸铁中加入 Si、Al、Cr、Mo、Ni、Cu 等合金元素后，在铸件表面形成连续的、牢固的、致密的保护膜，并可提高铸铁基体的电极电位，还可使铸铁得到单相铁素体或奥氏体基体，显著提高其耐蚀性。

耐蚀铸铁广泛应用于石油化工、造船等工业中，用来制造经常在大气、海水及酸、碱、盐等介质中工作的管道、阀门、泵类、容器等零件。但各类耐蚀铸铁都有一定的适用范围，必须根据腐蚀介质、工况条件合理选用。

# 4.3 有色金属及其合金

在工业生产中，通常将铁及其合金称为黑色金属，将其他非铁金属及其合金称为有色金属。有色金属及其合金与钢铁材料相比具有许多优良特性，如特殊的电、磁、热性能，耐腐蚀性能，高的比强度等。虽然有色金属的年消耗量仅占金属材料年消耗量的 5%，但任何工业部门都离不开它，尤其在航空航天、电子信息、能源、化工等部门占据重要地位。

本章仅对机械、仪表、飞机等工业中广泛使用的铝、铜、钛及其合金与轴承合金进行简要介绍。

## 4.3.1 铝及铝合金

### 1. 工业纯铝

铝是轻金属，密度为 2.72 g/cm$^3$，纯铝熔点为 660℃，具有良好的导电性和导热性；磁化率极低，为非铁磁性材料；抗大气腐蚀性能好；铝为面心立方结构，无同素异构转变；具有极好的塑性($A=30\%\sim50\%$，$Z=80\%$)易于压力加工成型；并有良好的低温韧性，直到温度为 $-253$℃时其塑性和韧性并不降低。但其强度过低($R_m$ 约为 $70\sim100$ MPa)通过加工硬化可使纯铝的强度提高($R_m$ 可达 $150\sim250$ MPa)，同时塑性下降($Z=50\%\sim60\%$)。

纯铝的主要用途是配制铝合金，在电气工业中用铝代替铜制作导线、电容器等，还可制作质轻、导热、耐大气腐蚀的器具及包覆材料。

### 2. 铝合金

向纯铝中加入适量的合金元素制成铝合金，可改变其组织结构，提高其性能。常加入的合金元素有铜、镁、硅、锌、锰等，有时还辅加微量的钛、锆、铬、硼等元素。这些合金元素通过固溶强化和第二相强化作用，可提高强度并仍保持纯铝的特性。不少铝合金还可以通过冷变形和热处理方法，进一步强化，其抗拉强度可达 $500\sim1000$ MPa，相当于低合金结构钢的强度，因此用铝合金可以制造承受较大载荷的机械零件和构件，成为工业中广泛使用的有色金属材料，由于比强度较一般高强度钢高得多，故成为飞机的主要结构材料。

#### 1) 铝合金的分类

铝合金一般都具有如图 4.3.1 所示的共晶类型相图。根据铝合金的成分和工艺特点可将铝合金分为变形铝合金和铸造铝合金两大类。

图 4.3.1 中成分在 $D'$ 点以左的合金，在加热至固溶度线以上温度时，可得到单相 $\alpha$ 固溶体，塑性好，适于压力加工，称之为变形铝合金。成分在 $D'$ 点以右的合金，由于凝固时发生共晶反应出现共晶体，合金塑性较差，不宜压力加工，但其熔点低，流动性好，适宜铸造，称之为铸造铝合金。

在变形铝合金中，成分在 $F$ 点以左的合金，$\alpha$ 固溶体成分不随温度发生变化，因而不能用热处理方法强化，称之为不能热处理强化的铝合金；成分在 $FD'$ 之间的铝合金，$\alpha$ 固溶体成分随温度而变化，可用热处理方法强化，称之为能热处理强化的铝合金。由于铸造

铝合金中也有 $\alpha$ 固溶体，故也能用热处理方法强化。但随距 $D'$ 越远，合金中 $\alpha$ 相越少，其强化效果越不明显。

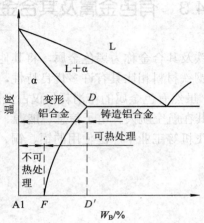

图 4.3.1　铝合金相图的一般形式

2) 铝合金的主要强化途径

提高铝及铝合金强度的主要途径有：冷变形(加工硬化)、变质处理(细晶强化)和热处理(时效强化)。以下介绍后两种强化方法。

(1) 铝合金的时效强化。铝合金的热处理是固溶(淬火)＋时效处理。现以铝铜合金为例说明时效强化的基本规律。将 $W_{Cu}$ 为 4%的铝合金加热到高于固溶度曲线的某一温度(如550℃)并保温一段时间后，得到均匀的单相 $\alpha$ 固溶体，再将其放入水中迅速冷却，使第二相 $\theta(CuAl_2)$ 来不及从 $\alpha$ 固溶体中析出，而获得过饱和的 $\alpha$ 固溶体组织，这种处理称为固溶处理(即淬火)。此时由于 $\alpha$ 相产生固溶强化，使该合金的抗拉强度由退火状态的 200 MPa 略提高到 250 MPa。之后把淬火后的铝合金在室温下放置 4~5 天，其强度、硬度明显提高，$R_m$ 可达 400 MPa。因此将淬火后铝合金在室温或低温加热下保温一段时间，随时间延长其强度、硬度显著升高的现象，称为时效强化(或时效硬化)。在室温下进行的时效称为自然时效；在人工加热条件的时效称为人工时效。图 4.3.2 为该合金的自然时效强化曲线。由图可见，在自然时效的初期几小时内，强度不发生明显变化，这段时间称为孕育期。合金在此期间保持良好塑性，便于进行铆接、弯曲、矫直等操作。其后合金的强度明显提高，在5~15 h 内强化速度最快，经 4~5 天后强度达到最大值。

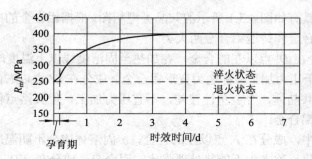

图 4.3.2　含铜量 4%的铝合金自然时效曲线

　　铝合金时效强化效果还与加热温度有关。图 4.3.3 为不同温度下该合金的时效强化曲线。由图可知，提高时效温度，可使孕育期缩短，时效速度加快，但时效温度愈高，强化效果愈低。在室温以下则温度愈低，时效强化效果愈小，当温度低于 −50℃时，强度几乎不增加，即低温可以抑制时效的进行。若时效温度过高或保温时间过长，合金会软化，将此现象称为"过时效"现象。为充分发挥铝合金时效强化效果，应避免产生过时效。

　　铝合金时效强化过程的实质，是过饱和固溶体的脱溶分解过程。当铝合金淬火后得到过饱和固溶体，是处于不稳定状态，有析出第二相的倾向。但在室温或加热较低温度下，由于溶质原子移动缓慢，在固溶体内形成许多区域极小的溶质原子偏聚区(GP［I］区、GP［II］区)造成晶格严重畸变，使位错运动受阻，从而促使合金强度明显提高。若时效温度过高或保温时间过长，溶质原子偏聚区转化为过渡相 θ′，使晶格畸变减弱，则合金开始趋向软化。当最终形成稳定化合物 θ 相，并从固溶体中析出，此时合金强化效果消失，即产生"过时效"现象。

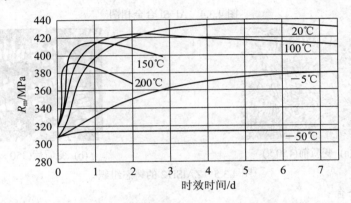

图 4.3.3　含铜量为 4%的铝合在不同温度下的时效曲线

　　上述铝铜合金时效机理和效果，也基本适用于其他铝合金，如 Al–Cu–Mg、Al–Zn–Mg、Al–Si–Mg 等。而且在其他许多合金中也有时效强化现象。

　　(2) 铝及铝合金的变质处理(细晶强化)。变质处理工艺是在浇注前向液态合金中加入变质剂，增加结晶核心、抑制晶粒长大，可有效细化晶粒，从而提高合金强度，故称细晶强化。如纯铝在浇注前加入 Ti 的变质处理；变形铝合金在半连续铸造中加入变质剂 Ti、B、Nb，Zr、Na 等进行变质处理；而变质处理最常应用的是铸造铝合金。

　　典型的铸造铝合金是 Al-Si 合金系，简称硅铝明。由图 4.3.4 所示的 Al-Si 合金相图可知，$W_{Si}=11\%\sim13\%$ 的二元铝硅合金处于共晶成分($W_{Si}=11.7\%$)左右，铸造结晶后的室温组织几乎全部为(α + Si)共晶体，共晶体中的 Si 晶体为硬脆相，且呈粗大针状(如图 4.3.5(a)所示)故该合金的强度低和塑性差(在砂型铸造时，$R_m=140$ MPa，$A=3\%$)，不宜作为工业合金使用。在实际生产中常采用变质处理，以改善其组织和性能。在浇注前向合金溶液中加入2%~3%的变质剂(2 份 NaF 和 1 份 NaCl)，溶入合金熔液中的活性钠能促进硅形核，并阻碍晶粒长大，可将针状 Si 改变为细小颗粒 Si，钠还使相图中共晶点向右下方移动，使变质处理后得到细小均匀的共晶体和初生 α 固溶体的亚共晶组织，即(α + Si) + α(如图 4.3.5(b)所示)。显著提高合金的强度和塑性(在砂型铸造时，$R_m=180$ MPa，$A=8\%$)。

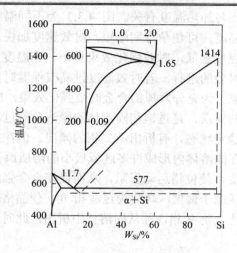

图 4.3.4　Al-Si 合金相图

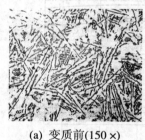

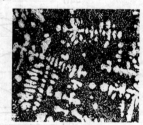

(a) 变质前(150×)　　　　　　　　　(b) 变质后(350×)

图 4.3.5　ZAlSi12 的铸态组织

### 3) 变形铝合金

变形铝合金均是以压力加工(轧、挤、拉等)方法，制成各种型材、棒料、板、管、线、箔料等半成品供应，供应状态有退火态、淬火自然时效态、淬火人工时效态等。变形铝合金的牌号也是用国际四位字符体系来表示。牌号中第一、三、四位为阿拉伯数字，第二位为英文大写字母 A、B 或其他字母(有时也可用数字)。第一位数字为 2～9，分别表示变形铝合金的组别，最后两位数字为合金的编号，没有特殊意义，仅用来区分同一组中的不同合金；如果第二位字母为 A，则表示原始合金，如果是 B 或其他字母，则表示原始合金的改型合金，如果第二位不是英文字母，而是数字时，0 表示原始合金，1～9 表示改型合金。表 4.3.1 为常用变形铝合金的牌号、化学成分、力学性能和用途。

### 4) 铸造铝合金

用于制造铸件的铝合金为铸造铝合金，它的力学性能不如变形铝合金，但其铸造性能好，可进行各种铸造成型，生产形状复杂的零件毛坯。为此，铸造铝合金必须有适量的共晶体，合金元素总含量 $W_{Me}$ 约为 8%～25%。铸造铝合金的种类很多，主要有铝-硅系、铝-铜系、铝-镁系及铝-锌系四种，其中以铝-硅系应用最多。

铸造铝合金牌号用"铸铝"两个字的汉语拼音字首"ZL"及三位数字表示。如 ZL102、ZL203、ZL302、ZL401 等。ZL 后的第一位数字表示合金系列，其中 1 为铝-硅系、2 为铝-铜系、3 为铝-镁系、4 为铝-锌系。后两位数字表示合金顺序号，序号不同者，化学成分也不同。表 4.3.2 为常用铸造铝合金的牌号、化学成分、力学性能和用途。

## 表4.3.1 常用变形铝合金的牌号、化学成分、力学性能及用途(GB/T 3190—1996)

| 组别 | 牌号(老牌号) | 化学成分/% | | | | | | 半成品状态① | | 力学性能②(不小于) | | | 用途 |
|---|---|---|---|---|---|---|---|---|---|---|---|---|---|
| | | Si | Cu | Mn | Mg | Zn | 其他 | 品种 | 状态① | $R_m$/MPa | 屈服强度/MPa | A/% | |
| 铝铜合金 | 2A01 (LY1) | 0.50 | 2.20~3.00 | 0.20 | 0.20~0.50 | 0.10 | Fe, 0.50 Ti, 0.15 | 线材 | CZ | 300 | — | 24 | 工作温度不超过100℃的结构用中等强度铆钉 |
| | 2A11 (LY11) | 0.70 | 3.80~4.80 | 0.40~0.80 | 0.40~0.80 | 0.30 | Fe, 0.70 Ti, 0.15 | 板材 | CZ | 363~373 | 177~193 | 15 | 中等强度的结构零件，如骨架、模锻的固定接头、支柱、螺旋桨叶片、局部镦粗的零件、螺栓和铆钉 |
| | 2A12 (LY12) | 0.50 | 3.80~4.90 | 0.30~0.90 | 1.20~1.80 | 0.30 | Fe, 0.50 Ti, 0.10 | 板材 | CZ | 407~427 | 270~275 | 11~13 | 高强度的结构零件，如骨架、蒙皮、隔框、肋、梁、铆钉等在150℃以下工作的零件 |
| 铝锰合金 | 3A21 (LF21) | 0.60 | 0.20 | 1.00~1.60 | — | 0.10 | Fe, 0.70 | 板材 | M | 95~147 | — | 18~22 | 焊接油箱、油管、焊条、铆钉以及轻载荷零件及制品 |
| 铝镁合金 | 5A05 (LF5) | 05.0 | 0.10 | 0.30~0.60 | 4.80~5.50 | 0.20 | Fe, 0.50 | 板材 | M | 280 | 150 | 15 | 焊接油箱、油管、焊条、铆钉以及中等载荷零件及制品 |
| | 5B05 (LF10) | 0.40 | 0.20 | 0.20~0.60 | 4.70~5.70 | — | Fe, 0.40 Ti, 0.15 | 板材 | M | 280 | 150 | 15 | 焊接油箱、油管、焊条、铆钉以及中等载荷零件及制品 |
| 铝锌合金 | 7A04 (LC04) | 0.50 | 1.40~2.00 | 0.20~0.60 | 1.80~2.80 | 5.00~7.00 | Fe, 0.50 Cr, 0.10~0.25 | 板材 | CS | 481~490 | 402~412 | 7 | 结构中主要受力件，如飞机大梁、桁架、加强框、蒙皮框头及起落架 |
| | 7A09 (LC09) | 0.50 | 1.20~2.00 | 0.15 | 2.00~3.00 | 5.10~6.10 | Fe, 0.50 Cr, 0.16~0.30 Ti, 0.10 | 板材 | CS | 481~490 | 412~490 | 7 | 结构中主要受力件，如飞机大梁、桁架、加强框、蒙皮框头及起落架 |

注：① M—铝板材退火状态；CZ—包铝板材淬火自然时效状态；CS—包铝板材淬火人工时效状态。

② 力学性能主要摘自 GB/T3880—1997。

## 表 4.3.2　常用铸造铝合金的牌号、化学成分、力学性能和用途

| 类别 | 牌号 | 代号 | 化学成分/% | | | | | | 铸造方法 | 热处理 | 力学性能（不低于） | | | 用　途 |
| | | | Si | Cu | Mg | Mn | 其他 | Al | | | $R_m$/MPa | A/% | 硬度/HBW | |
| 铝硅合金 | ZAlSi12 | ZL102 | 10.0~13.0 | — | — | — | — | 余量 | SB | F | 143 | 4 | 50 | 形状复杂的零件，如飞机、仪器零件、抽水机壳体 |
| | | | | | | | | | JB | F | 153 | 2 | 50 | |
| | | | | | | | | | SB | T2 | 133 | 4 | 50 | |
| | | | | | | | | | J | T2 | 143 | 3 | 50 | |
| | ZAlSi9Mg | ZL104 | 8.0~10.5 | — | 0.17~0.30 | 0.2~0.5 | — | 余量 | J | T1 | 192 | 0.5 | 70 | 工作温度为220℃以下的形状复杂的零件，如电动机壳体、气缸体 |
| | | | | | | | | | J | T6 | 231 | 2 | 70 | |
| | ZAlSi5Cu1Mg | ZL105 | 4.5~5.5 | 1.0~1.5 | 0.40~0.60 | — | — | 余量 | J | T5 | 231 | 0.5 | 70 | 工作温度为250℃以下的形状复杂的零件，如风冷发动机的气缸头、机匣、液压泵壳体 |
| | | | | | | | | | J | T7 | 173 | 2 | 65 | |
| | ZAlSi7Cu4 | ZL107 | 6.5~7.5 | 3.5~4.5 | — | — | — | 余量 | SB | T6 | 241 | 2.5 | 90 | 强度和硬度较高的零件 |
| | | | | | | | | | J | T6 | 271 | 3 | 100 | |
| | ZAlSi12Cu1Mg1Ni1 | ZL109 | 11.0~13.0 | 0.5~1.5 | 0.8~1.3 | — | Ni, 0.8~1.5 | 余量 | J | T1 | 192 | 0.5 | 90 | 较高温度下工作的零件，如活塞 |
| | | | | | | | | | J | T6 | 241 | — | 100 | |
| | ZAlSi9Cu2Mg | ZL111 | 8.0~10.0 | 1.3~1.8 | 0.4~0.6 | 0.10~0.35 | Ti, 0.10~0.35 | 余量 | SB | T6 | 251 | 1.5 | 90 | 活塞及高温下工作的其他零件 |
| | | | | | | | | | J | T6 | 310 | 2 | 100 | |
| 铝铜合金 | ZAlCu5Mn | ZL201 | — | 4.5~5.3 | — | 0.6~1.0 | Ti, 0.15~0.35 | 余量 | S | T4 | 290 | 3 | 70 | 砂型铸造工作温度为175℃~300℃的零件，如内燃机的缸头、活塞 |
| | | | | | | | | | S | T5 | 330 | 4 | 90 | |
| | ZAlCu4 | ZL203 | — | 4.0~5.0 | — | — | — | 余量 | S | T4 | 202 | 6 | 60 | 中等载荷、形状比较简单的零件 |
| | | | | | | | | | J | T5 | 222 | 3 | 70 | |
| 铝镁合金 | ZAlMg10 | ZL301 | — | — | 9.5~11.5 | — | — | 余量 | S | T4 | 280 | 9 | 20 | 大气或海水环境中工作的零件，承受冲击载荷，外形不太复杂的零件，如舰船配件、氨用泵体 |
| | ZAlMg5Si | ZL303 | 0.8~1.3 | — | 4.5~5.5 | 0.1~0.4 | — | 余量 | S,J | F | 143 | 1 | 55 | |
| 铝锌合金 | ZAlZn11Si7 | ZL401 | 6.0~8.0 | — | 0.1~0.3 | — | Zn, 9.0~13.0 | 余量 | J | T1 | 241 | 1.5 | 90 | 结构形状复杂的汽车、飞机、仪器零件，也可用于制造日用品 |
| | ZAlZn6Mg | ZL402 | — | — | 0.5~0.65 | — | Cr, 0.4~0.6；Zn, 5.0~6.5；Ti, 0.15~0.25 | 余量 | J | T1 | 231 | 4 | 70 | |

注：J—金属模；S—砂模；B—变质处理；F—铸态；T1—人工时效；T2—退火；T4—固溶处理＋自然时效；T5—固溶处理＋不完全人工时效；T6—固溶处理＋完全人工时效；T7—固溶处理＋稳定化处理。

## 4.3.2 铜及铜合金

### 1. 工业纯铜

纯铜俗称紫铜，属于重金属，密度为 8.91 g/cm$^3$，熔点为 1083℃，无磁性。纯铜具有面心立方结构，无同素异构转变，纯铜的突出优点是具有优良的导电性、导热性，很高的化学稳定性，在大气、淡水和冷凝水中有良好的耐蚀性。纯铜的强度不高($R_m$=200～250 MPa)，硬度低(40～50 HBW)，塑性很好($A$=45%～55%)。经冷变形加工后，纯铜的强度 $R_m$ 提高到400～450 MPa，硬度升高到 100～200 HBW，但断后伸长率 $A$ 下降到 1%～3%。因此，纯铜通常经塑性加工制成板材、带材、线材等。

常用工业纯铜为加工铜，根据其杂质含量又分为纯铜、无氧铜、磷脱氧铜、银铜四组。加工纯铜由于强度、硬度低，不能作为受力的结构材料，主要压力加工成板、带、箔、管、棒、线、型这七种形状，用于制作导电材料、导热及耐蚀器件和仪表零件。无氧铜主要压力加工成板、带、箔、管、棒、线等形状，用于制作电真空器件及高导电性铜线，这种导线能抵抗氢的作用，不发生氢脆现象。磷脱氧铜主要压力加工成板、带、管等形状，用于制作导热、耐蚀器件及仪表零件。银铜主要压力加工成板、管、线等形状，用于制作导电、导热材料和耐蚀器件及仪表零件。

### 2. 铜合金

在纯铜中加入合金元素制成铜合金。常用合金元素为 Zn、Sn、Al、Mg、Mn、Ni、Fe、Be、Ti、Si、As、Cr 等。这些元素通过固溶强化、时效强化及第二相强化等途径，提高合金强度，并仍保持纯铜优良的物理化学性能。因此，在机械工业中广泛使用的是铜合金。

铜合金按生产加工方式可分为压力加工铜合金(简称加工铜合金)和铸造铜合金两大类。

#### 1) 加工铜合金

加工铜合金按化学成分分为加工黄铜、加工青铜和加工白铜三类。表 4.3.3 为常用加工黄铜的牌号、化学成分及用途。

表 4.3.3 常用加工黄铜的牌号、化学成分、产品形状及用途(GB/T55231—2001)

| 组别 | 牌号 | 化学成分/% | | | 产品形状 | 用 途 |
|---|---|---|---|---|---|---|
| | | Cu | Zn | 其他 | | |
| 普通黄铜 | H96 | 95.0～97.0 | 余量 | Ni、0.5，Fe、0.1 | 板、带、管、棒、线 | 冷凝管、散热器管及导电零件 |
| | H90 | 88.0～91.0 | 余量 | Ni、0.5，Fe、0.1 | 板、带、箔、管、棒、线 | 奖章、双色属片、供水和排气管 |
| | H85 | 84.0～86.0 | 余量 | Ni、0.5，Fe、0.1 | 管 | 虹吸管、蛇形管、冷却设备制件及冷凝器管 |
| | H80 | 79.0～81.0 | 余量 | Ni、0.5，Fe、0.1 | 板、带、管、棒、线 | 造纸网、薄壁管 |
| | H70 | 68.5～71.5 | 余量 | Ni、0.5，Fe、0.1 | 板、带、管、棒、线 | 弹壳、造纸用管、机械和电气零件 |
| | H68 | 67.5～70.0 | 余量 | Ni、0.5，Fe、0.1 | 板、带、箔、管、棒、线 | 复杂的冷冲件和深冲件、散热器外壳、导管 |
| | H65 | 63.5～68.0 | 余量 | Ni、0.5，Fe、0.1 | 板、带、箔、管、线 | 小五金、小弹簧及机械零件 |

续表

| 组别 | 代号 | 化学成分/% | | | 产品形状 | 用　途 |
|------|------|------|------|------|---------|--------|
| | | Cu | Zn | 其他 | | |
| 普通黄铜 | H62 | 60.5～63.5 | 余量 | Ni、0.5,Fe、0.15 | 板、带、箔、管、棒、线、型 | 销钉、铆钉、螺母、垫圈、导管、散热器 |
| | H59 | 57.0～60.0 | 余量 | Ni、0.5,Fe、0.3 | 板、带、管、线 | 机械和电器零件、焊接件、热冲压件 |
| 镍黄铜 | HNi65-5 | 64.0～67.0 | 余量 | Ni、5.0～6.5,Fe、0.15 | 板、棒 | 压力计和船舶用冷凝器 |
| 铁黄铜 | HFe59-1-1 | 57.0～60.0 | 余量 | Ni、0.5,Fe、0.6～1.2,Mn、0.5～0.8,Pb、0.2,Sn、0.3～0.7,Al、0.1～0.5 | 板、棒、管 | 在摩擦及海水腐蚀下工作的零件,如垫圈、衬套等 |
| 铅黄铜 | HPb63-3 | 62.0～65.0 | 余量 | Pb、2.4～3.0,Ni、0.5,Fe、0.1 | 板、棒、管、线 | 钟表、汽车、拖拉机及一般机器零件 |
| | HPb63-0.1 | 61.5～63.5 | 余量 | Pb、0.05～0.3,Ni、0.5,Fe、0.15 | 棒、管 | 钟表、汽车、拖拉机及一般机器零件 |
| | HPb62-0.8 | 60.0～63.0 | 余量 | Pb、0.5～1.2,Ni、0.5,Fe、0.2 | 线 | 钟表零件 |
| | HPb61-1 | 58.0～62.0 | 余量 | Pb、0.6～1.2,Fe、0.15 | 板、带、棒、线 | 钟表零件 |
| | HPb59-1 | 57.0～60.0 | 余量 | Pb、08～1.9,Ni、1.0,Fe、0.5 | 板、带、管、棒、线 | 热冲压及切削加工零件,如销子、螺钉、垫圈等 |
| 铝黄铜 | HAl67-2.5 | 66.0～68.0 | 余量 | Al、2.0～3.0,Ni、0.5,Fe、0.6,Pb、0.5 | 板、棒 | 海船冷凝器及其他耐蚀零件 |
| | HAl60-1-1 | 58.0～61.0 | 余量 | Al、0.7～1.5,Ni、0.5,Fe 0.7～1.5,Pb、0.4,Mn 0.1～0.6 | 板、棒 | 齿轮、蜗轮、衬套、轴及其他耐蚀零件 |
| | HAl659-3-2 | 57.0～60.0 | 余量 | Al、2.5～3.5,Pb、0.1,Ni、2.0～3.0,Fe、0.5 | 板、管、棒 | 船舶、电机等常温下工作的高强度耐蚀零件 |
| 锰黄铜 | HMn58-2 | 57.0～60.0 | 余量 | Mn、1.0～2.0,Ni、0.5,Fe、0.1,Pb、0.1 | 板、带、棒、线 | 船舶和弱电用零件 |
| 锡黄铜 | HSn90-1 | 88.0～91.0 | 余量 | Sn、0.25～0.75,Ni、0.5,Fe、0.1 | 板、带 | 汽车、拖拉机弹性垫片 |
| | HSn62-1 | 61.0～63.0 | 余量 | Sn、0.7～1.1,Ni、0.5,Fe、0.1,Pb、0.1 | 板、带、管、棒、线 | 船舶、热电厂中高温耐蚀冷凝器管 |
| | HSn60-1 | 59.0～61.0 | 余量 | Sn、1.0～1.5,Ni、0.5,Fe、0.1,Pb、0.3 | 线、管 | 与海水和汽油接触的船舶零件 |
| 加砷黄铜 | H85A | 84.0～86.0 | 余量 | As、0.02～0.08,Ni、0.5,Fe、0.1 | 管 | 虹吸管、蛇形管、冷凝器管 |
| | H70A | 68.5～71.0 | 余量 | As、0.02～0.08 | 管 | 弹壳、造纸用管 |
| | H68A | 67.0～70.0 | 余量 | As、0.03～0.06,Ni、0.5,Fe、0.1 | 管 | 散热器导管 |
| 硅黄铜 | HSi80-3 | 79.0～81.0 | 余量 | Si、2.5～4.0,Ni、0.5,Fe、0.6,Pb、0.1 | 管 | 耐磨锡表铜的替代品 |

(1) 加工黄铜。以锌为主要加入元素的加工铜合金称为加工黄铜。按其含合金元素种类又分为普通黄铜和特殊黄铜两类。普通黄铜牌号为"黄铜"两个字前面加数字，该数字是平均铜的质量分数($\times 100$)，如"68黄铜"即表示含$W_{Cu}=68\%$的铜锌合金。为便于使用，常以代号替代牌号，普通黄铜牌号的表示方法为 H("黄"字的汉语拼音字首) + 平均铜的质量分数($\times 100$)。如 H68；特殊黄铜的牌号为 H + 主加元素的化学符号(除锌以外) + 铜及各合金元素含量(质量分数 $\times 100$)。如 HPb69-1 表示含 $W_{Cu}=59\%$，$W_{Pb}=1\%$ 的 59-1 铅黄铜。表 4.3.3 为常用加工黄铜的牌号、化学成分、产品形状及用途。

① 普通黄铜。Cu-Zn 二元合金为普通黄铜，其相图如图 4.3.6 所示。由图可见，Zn 溶入 Cu 中形成 α 固溶体，室温下最大溶解度达 39%。超过此含量则有 β′ 相形成，β′ 相是以电子化合物 Cu-Zn 为基的有序固溶体。普通黄铜按其平衡组织有两种类型：当 $W_{Zn}<39\%$ 时，室温下平衡组织为单相 α 固溶体，称为 α 黄铜(又称为单相黄铜)；当 $W_{Zn}=39\%\sim45\%$ 时，室温下平衡组织为 α + β′，称 α + β′ 黄铜(又称为两相黄铜)。

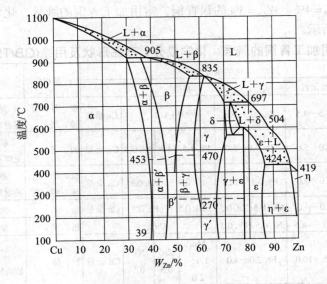

图 4.3.6 Cu-Zn 合金相图

单相黄铜塑性好、强度较低，退火后通过冷塑性加工制成冷轧板材、冷拔线材、管材及深冲压零件。常用牌号有 H80、H70、H68，尤其是 H68、H70 大量用于制造枪、炮弹壳，故有"弹壳黄铜"之称，在精密仪器上也有广泛应用。

两相黄铜由于组织中有硬脆 β′ 相，只能承受微量冷变形。而在高于 453℃～470℃时，发生 β′→β 的转变，β 相为以 Cu-Zn 化合物为基的无序固溶体，热塑性好适宜热加工。所以这类黄铜一般经热轧制成棒材、板材。常用牌号有 H62、H59，主要用于制造水管、油管、散热器等。

普通黄铜的耐蚀性好，与纯铜相近似。但 $W_{Zn}>7\%$(尤其是大于 20% 后)，经冷加工后的黄铜，由于存在残余应力，并在海水、湿气、氨的作用下，容易产生应力腐蚀开裂现象(又称为季裂)。为防止季裂，冷加工后的黄铜零件(如弹壳)，必须进行去应力退火(250℃～300℃，保温 1 h)。

② 特殊黄铜。在普通黄铜的基础上，加入 Al、Fe、Si、Mn、Pb、Sn、As、Ni 等元素

形成特殊黄铜。根据所加入元素种类，相应地称为锡黄铜、铅黄铜、铝黄铜、硅黄铜等。合金元素的加入都可相应地提高强度；加入 Al、Mn、Si、Ni、Sn 可提高黄铜的耐蚀性；加入 As 可以减少或防止黄铜脱锌；而加入铅则可改善切削加工性。

工业上常用特殊黄铜牌号有 HPb63-3、HAl60-1-1、HSn62-1、HFe59-1-1，主要用于制造船舶上零件，如冷凝管、蜗杆、齿轮、钟表零件等。

黄铜的热处理除去应力退火之外，还有再结晶退火(加热温度 500℃～700℃)，目的是消除黄铜的加工硬化，恢复塑性。

(2) 加工青铜。除黄铜、白铜之外的其他铜合金统称为青铜。根据主要加入元素如 Sn、Al、Si、Be、Mn、Zr、Cr、Cd 等，分别称为锡青铜、铝青铜、硅青铜、铍青铜、锰青铜、锆青铜、铬青铜、镉青铜等。

加工青铜的代号用 Q("青"字的汉语拼音字首) + 主加元素符号及平均含量(质量分数 × 100) + 其他元素的平均含量(质量分数 × 100)，例如，QAl15 表示含 $W_{Al}=5\%$ 的铝青铜；QSn4-3 表示含 $W_{Sn}=4\%$、$W_{Zn}=3\%$ 的锡青铜。常用加工青铜的牌号、化学成分、产品形状及用途如表 4.3.4 所示。

**表 4.3.4　常用加工青铜的牌号、化学成分、产品形状及用途(GB/T5231—2001)**

| 组别 | 牌号 | 化学成分/% | | | | | 产品形状 | 用　途 |
|---|---|---|---|---|---|---|---|---|
| | | 主加元素 | 其他 | | | | | |
| 锡青铜 | QSn4-3 | Sn, 3.5～4.5 | Zn, 2.7～3.3 | | Ni, 0.2 | Cu 余量 | 板、带、箔、棒、线 | 弹性元件，化工机械耐磨零件和抗磁零件 |
| | QSn4-4-2.5 | Sn, 3.0～5.0 | Zn, 3.0～5.0 | Pb, 1.5～3.5 | Ni, 0.2 | Cu 余量 | 板、带 | 航空、汽车、拖拉机用承受摩擦的零件，如轴套等 |
| | QSn6.5-0.1 | Sn, 6.0～7.0 | Pb, 0.1～0.25 | Ni, 0.2 | Zn, 0.3 | Cu 余量 | 板、带、箔、棒、线、管 | 弹簧接触片，精密仪器中的耐磨零件和抗磁元件 |
| 铝青铜 | QAl5 | Al, 4.0～6.0 | Mn, 0.5　Zn, 0.5 | Ni, 0.5 | Fe, 0.5 | Cu 余量 | 板、带 | 弹簧 |
| | QAl7 | Al, 6.0～8.5 | Ni, 0.5　Fe, 0.5 | Cu 余量 | | | 板、带 | 弹簧 |
| | QAl10-3-1.5 | Al, 8.5～10.0 | Fe, 2.0～4.0 | Mn, 1.0～2.0 | Zn, 0.5　Ni, 0.5 | Cu 余量 | 管、棒 | 船舶用高强度抗蚀零件，如齿轮、轴承等 |
| | QAl11-6-6 | Al, 10.0～11.5 | Fe, 3.5～6.5 | Ni, 5.0～6.5 | Mn, 0.5　Zn, 0.6 | Cu 余量 | 管 | 高强度耐磨零件和 500℃ 以下工作的零件 |
| 硅青铜 | QSi3-1 | Si, 2.70～3.5 | Mn, 1.0～1.5 | Zn, 0.5 | | Cu 余量 | 板、带、箔、棒、线、管 | 弹簧、耐蚀零件以及蜗轮、蜗杆、齿轮、制动杆等 |
| | QSi1-3 | Si, 0.6～1.1 | Ni, 2.4～3.4 | Mn, 0.1～0.4 | | Cu 余量 | 棒 | 发动机和机械制造中结构零件，300℃ 以下的摩擦零件 |
| 铍青铜 | QBe2 | Be, 1.80～2.10 | Ni, 0.2～0.5 | Cu 余量 | | | 板、带、棒 | 重要的弹簧和弹性元件，耐磨零件和高压、高速、高温轴承 |
| | QBe1.9 | Be, 1.85～2.10 | Ni, 0.2～0.4 | Ti, 0.1～0.25 | | Cu 余量 | 板、带 | 各种重要的弹簧和弹性元件，可替代 QBe2.5 |
| | QBe1.7 | Be, 1.60～1.85 | Ni, 0.2～0.4 | Ti, 0.1～0.25 | | Cu 余量 | 板、带 | 各种重要的弹簧和弹性元件，可替代 QBe2.5 |

(3) 加工白铜。白铜是以 Ni 为主要加入元素的铜合金。Ni 与 Cu 在固态下无限互溶，所以各类铜镍合金均为单相 α 固溶体。具有很好的冷、热加工性能和耐蚀性。可通过固溶强化和加工硬化提高强度。实验表明，随含 Ni 量增加，白铜的强度、硬度、电阻率、热电势、耐蚀性显著提高，而电阻温度系数明显降低。

工业上应用的白铜分普通白铜和特殊白铜两类。普通白铜是 Cu-Ni 二元合金。常用代号有 B5、B9("B"为"白"字汉语拼音字首，数字为镍的质量分数×100 等）；特殊白铜是在 Cu-Ni 合金基础上，加入 Zn、Mn、Al 等元素，以提高强度、耐蚀性和电阻率。它们又分别称为锌白铜、锰白铜、铝白铜等。常用牌号有 BZn15-20($W_{Ni} = 15\%$、$W_{Zn} = 20\%$）、BMn40-1.5($W_{Ni} = 40\%$、$W_{Mn} = 1.5\%$）。

按应用特点白铜又分为结构(耐蚀)用白铜和电工用白铜。结构用白铜包括普通白铜和铁白铜、锌白铜和铝白铜。其广泛用于制造精密机械、仪表中零件和冷凝器、蒸馏器及热交换器等。其中锌白铜 BZn15-20 应用最广。电工用白铜是含 Mn 量不同的锰白铜(又名康铜)。它们一般具有高的电阻率、热电势和低的电阻温度系数，有足够的耐热性和耐蚀性，用以制造热电偶(低于 500℃～600℃)补偿导线和工作温度低于 500℃ 的变阻器和加热器。常用代号为 BMn40-1.5、BMn43-0.5 等。

2) 铸造铜合金

用于制造铸件的铜合金为铸造铜合金。铸造铜合金包括铸造黄铜和铸造青铜，其牌号表示方法是：Z("铸"字的汉语拼音字首) + 铜元素化学符号 + 主加元素的化学符号及平均含量(质量分数 × 100) + 其他合金元素化学符号及平均含量(质量分数 × 100)。例如，ZCuZn38 表示含 $W_{Zn}$=38%、余量为铜的铸造黄铜，即 38 黄铜。常用铸造铜合金的牌号、化学成分、力学性能及用途如表 4.3.5 所示。

**表 4.3.5　常用铸造铜合金的牌号、化学成分、力学性能及用途(GB/T1176—1987)**

| 牌号<br>(名称) | 化学成分/% | | 铸造<br>方法 | 力学性能(不低于) | | | 用　　途 |
|---|---|---|---|---|---|---|---|
| | 主加元素 | 其他 | | $R_m$/MPa | $A$/% | 硬度<br>/HBW[2] | |
| ZCuSn3Zn8Pb6Ni1<br>(3-8-6-1 锡青铜) | Sn,<br>2.0～4.0 | Zn, 6.0～9.0,<br>Pb, 4.0～7.0<br>Ni, 0.5～1.5,<br>Cu 余量 | S<br>J | 175<br>215 | 8<br>10 | 590<br>685 | 在各种液体燃料、海水、淡水和蒸汽<br>(不大于 225℃)中工作的零件，压力小于<br>2.5 MPa 的阀门和管配件 |
| ZCuSn10Zn2<br>(10-2 锡青铜) | Sn,<br>9.0～11.0 | Zn, 1.0～3.0,<br>Cu 余量 | S<br>J | 240<br>245 | 12<br>6 | 685[1]<br>785[1] | 在中高负荷和小滑动速度下工作的<br>重要配件，和阀、旋塞、泵体、齿轮、<br>叶轮和蜗轮等 |
| ZCuPb10Sn10<br>(10-10 铅青铜) | Pb,<br>8.0～11.0 | Sn, 9.0～11.0,<br>Cu 余量 | S<br>J | 180<br>220 | 7<br>5 | 635[1]<br>685[1] | 表面压力高，又存在侧压的滑动轴<br>承，如轧辊、车辆用轴承、负荷峰值<br>60 MPa 的受冲击零件及内燃机双金属轴<br>瓦等 |
| ZCuPb15Sn8<br>(15-8 铅青铜) | Pb,<br>13.0～<br>17.0 | Sn, 7.0～9.0,<br>Cu 余量 | S<br>J | 170<br>200 | 5<br>6 | 590[1]<br>635[1] | 表面压力高，又有侧压的轴承，冷轧<br>机的铜冷却管、耐冲击负荷达 65 MPa 的<br>零件及内燃机双金属轴瓦、活塞销套等 |

| 牌号<br>(名称) | 化学成分/% | | 铸造<br>方法 | 力学性能(不低于) | | | 用　途 |
| | 主加元素 | 其他 | | $R_m$/MPa | $A$/% | 硬度<br>/HBW[②] | |
|---|---|---|---|---|---|---|---|
| ZCuAl8Mn13Fe3Ni2<br>(8-13-3-2 铝青铜) | Al,<br>7.0～8.5 | Fe, 2.5～4.0,<br>Ni, 1.8～2.5<br>Mn, 11.5～14.0,<br>Cu 余量 | S<br>J | 645<br>670 | 20<br>18 | 1570<br>1665 | 强度高、耐蚀的重要铸件,如船舶螺旋桨、高压阀体和耐压、耐磨零件,如蜗轮、齿轮等 |
| ZCuAl9Mn2<br>(9-2 铝青铜) | Al,<br>8.0～10.0 | Mn, 1.5～2.5,<br>Cu 余量 | S<br>J | 390<br>440 | 20<br>20 | 835<br>930 | 管路配件和要求不高的耐磨件 |
| ZCuZn31Al2<br>(31-2 铝黄铜) | Cu,<br>66.0～<br>68.0 | Al, 2.0～3.0,<br>Zn 余量 | S<br>J | 295<br>390 | 12<br>15 | 785<br>885 | 用于压力铸造,如电机、仪表等压铸件及造船和机械制造业的耐蚀零件 |
| ZCuZn40Mn2<br>(40-2 锰黄铜) | Cu,<br>57.0～<br>60.0 | Mn, 1.0～2.0,<br>Zn 余量 | S<br>J | 345<br>390 | 20<br>25 | 785<br>885 | 在空气、淡水、海水、蒸汽(小于 300℃)和各种液体燃料中工作的零件以及阀体、阀杆、泵、管接头等 |
| ZCuZn40Mn3Fe1<br>(40-3-1 锰黄铜) | Cu,<br>53.0～<br>58.0 | Mn, 3.0～4.0,<br>Fe, 0.5～1.5,<br>Zn 余量 | S<br>J | 440<br>490 | 18<br>15 | 980<br>1080 | 耐海水腐蚀的零件以及 300℃ 以下工作的管配件,制造船舶螺旋桨等大型铸件 |
| ZCuZn33Pb2<br>(33-2 铅黄铜) | Cu,<br>3.0～67.0 | Pb, 1.0～3.0,<br>Zn 余量 | S | 180 | 12 | 490[①] | 煤气和给水设备的壳体,机械制造业、电子技术、精密仪器和光学仪器的部分构件和配件 |
| ZCuZn16Si4<br>(16-4 硅黄铜) | Cu,<br>9.0～81.0 | Si, 2.5～4.5,<br>Zn 余量 | S<br>J | 345<br>390 | 15<br>20 | 885<br>980 | 接触海水工作的管配件,以及水泵、叶轮、旋塞和在空气、淡水中工作的零部件 |

注: ① 铸造方法:S—砂模,J—金属模; ② 该数据为参考值,布氏硬度试验力的单位为牛顿。

## 4.3.3　轴承合金

在许多机器设备中广泛使用滑动轴承,用以支撑轴做旋转运动。与滚动轴承相比较,滑动轴承具有承压面积大,工作平稳,无噪声及拆装方便等优点。滑动轴承是由轴承体和轴瓦组成。制造轴瓦及其内衬的耐磨合金,称为轴承合金。

### 1. 滑动轴承合金性能

滑动轴承支承轴进行高速旋转工作时,轴承承受轴颈传来的交变载荷和冲击力,轴颈与轴瓦或内衬发生强烈的摩擦,造成轴颈和轴瓦的磨损。为减少轴颈的磨损,并保证轴承的良好的工作状态,要求轴承合金必须具备以下一些性能:

(1) 工作温度下具有足够的力学性能,特别是抗压强度、疲劳强度和冲击韧度。

(2) 要求摩擦系数小,减摩性好,良好的磨合性和抗咬合能力,蓄油性好,以减少轴颈磨损并防止咬合。

(3) 具有小的膨胀系数和良好的导热性和耐蚀性。以保证轴承不因环境温度升高而软化或熔化,耐润滑油的腐蚀。

轴瓦及内衬要满足上述性能要求,必须配制成软硬不同的多相合金。理想的轴承合金组织有两种类型：一类是在软的基体上均匀分布一定数量和大小的硬质点，如图4.3.7所示；另一类组织是在较硬的基体(硬度低于轴颈)上分布着软质点，同样也能构成较理想的摩擦条件，这类组织能承受较高载荷，但磨合性较差。

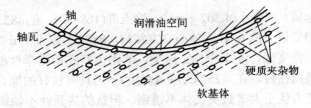

图4.3.7 软基体硬质点轴瓦与轴的分界面示意图

### 2. 常用滑动轴承合金

常用的有锡基和铅基轴承合金(巴氏合金)，此外，还有铜基、铝基和铁基等数种轴承合金。铸造轴承合金的牌号表示方法是：Z("铸"字的汉语拼音字首) + 基体元素化学符号(如 Sn、PB、Cu、Al 等) + 主加元素的化学符号及平均含量(质量分数 × 100) + 其他合金元素的化学符号及平均含量(质量分数 × 100)。例如，ZSnSb12Pb10Cu4 表示含 $W_{Sb}$ = 12%、$W_{Pb}$ = 10%、$W_{Cu}$ = 4%、余量为 Sn 的铸造锡基轴承合金。表4.3.6为铸造轴承合金的牌号、成分、硬度及用途。

**表4.3.6 铸造轴承合金的牌号、化学成分、硬度及用途(GB/T1174—1992)**

| 种类 | 牌号 | 化学成分/% | | | | | | | | 杂质总量(不大于) | 硬度/HBW(不小于) | 用 途 |
|---|---|---|---|---|---|---|---|---|---|---|---|---|
| | | Sn | Pb | Cu | Zn | Al | Sb | As | 其他 | | | |
| 锡基 | ZSnSb12Pb10Cu4 | 其余 | 9.0～11.0 | 2.5～5.0 | | | 11.0～13.0 | 0.1 | Fe, 0.1 | 0.55 | 29 | 性硬、耐压，适用于一般发动机的主轴承，但不适用高温部件 |
| | ZSnSb4Cu4 | 其余 | 0.35 | 4.0～5.0 | — | | 4.0～5.0 | 0.1 | — | 0.50 | 20 | 耐蚀、耐热、耐磨，适用于涡轮机及内燃机高速轴承及轴衬 |
| 铅基 | ZPbSb16Sn16Cu2 | 15.0～17.0 | 其余 | 1.5～2.0 | 0.15 | | 15.0～17.0 | 0.30 | Bi, 0.1 Fe, 0.1 | 0.60 | 30 | 轻负荷高速轴衬，如汽车、轮船、发动机等 |
| | ZPbSb15Sn10 | 9.0～11.0 | 其余 | 0.7 | | | 14.0～16.0 | 0.6 | Bi, 0.1 Fe, 0.1 | 0.45 | 24 | 中负荷中速机械轴衬 |
| | ZPbSb10Sn6 | 5.0～7.0 | 其余 | 0.7 | — | | 9.0～11.0 | 0.25 | Bi, 0.1 Fe, 0.1 | 0.70 | 18 | 重负荷高速机械轴衬 |
| 铜基 | ZCuSn5Pb5Zn5 | 4.0～6.0 | 4.0～6.0 | 其余 | 4.0～6.0 | — | 0.25 | | Ni, 2.5 Fe, 0.3 | 0.70 | 60 | 高强度，适用于中速及受较大固定载荷的轴承，如电动机、泵、机床用轴瓦 |
| | ZCuSn10P1 | 9.0～11.0 | 0.25 | 其余 | — | — | | | Pb, 0.5～1.0 | 0.70 | 90 | |
| 铝基 | ZAlSn6Cu1Ni1 | 5.5～7.0 | — | 0.7～1.3 | — | 其余 | — | | Fe,0.7 Si,0.7 Ni, 0.7～1.3 | 1.5 | 40 | 耐磨、耐热、耐蚀，适用于高速、重载发动机轴承 |

### 4.3.4　钛及钛合金

**1. 工业纯钛**

纯钛是灰白色金属，密度小(4.507 g/cm³)，熔点高(1688℃)，在 882.5℃发生同素异构转变 α-Ti→β-Ti，882.5℃以上的 β-Ti 为体心立方结构，882.5℃以下的 α-Ti 为密排六方结构。

纯钛的塑性好。强度低，易于冷加工成型，其退火状态的力学性能与纯铁相接近。但钛的比强度高，低温韧性好，在 −253℃(液氮温度)下仍具有较好的综合力学性能。钛的耐蚀性好，其抗氧化能力优于大多数奥氏体不锈钢。但钛的热强性不如铁基合金。

工业纯钛常用于制造在 350℃以下工作、强度要求不高的零件及冲压件，如石油化工用热交换器、海水净化装置及船舰零部件。

**2. 常用钛合金**

纯钛的强度很低，为提高其强度，常在钛中加入合金元素制成钛合金。不同合金元素对钛的强化作用、同素异构转变温度及相稳定性的影响都不同。有些元素在 α-Ti 中固溶度较大，形成 α 固溶体，并使钛的同素异构转变温度升高，这类元素称为 α 稳定元素，如 Al、C、N、O、B 等；有些元素在 β-Ti 中固溶度较大，形成 β 固溶体，并使钛的同素异构转变温度降低，这类元素称为 β 稳定元素，如 Fe、Mo、Mg、Cr、Mn、V 等；还有一些元素在 α-Ti 和 β-Ti 中固溶度都很大，对钛的同素异构转变温度影响不大，这类元素称为中性元素，如 Sn、Zr 等。所有钛合金中均含有铝，就像钢中必须含碳一样。Al 增加合金强度，由于 Al 比 Ti 还轻，加入 Al 后提高钛合金的比强度。Al 还能显著提高钛合金的再结晶温度，加入 $W_{Al}=5\%$ 的钛合金，其再结晶温度由 600℃升至 800℃，提高了合金的热稳定性。但当含 Al 量 $> W_{Al}=8\%$ 时，组织中出现硬脆化合物 $Ti_3Al$，使合金变脆。当前钛的合金化是朝着多元化方向发展。

根据退火或淬火状态的组织，将钛合金分为 α 型钛合金(用 TA 表示)、β 型钛合金(用 TB 表示)和(α + β)型钛合金(用 TC 表示)三类，其合金牌号是在 TA、TB、TC 后附加顺序号，如 TA4、TB2、TC3 等。常用钛合金的牌号及力学性能如表 4.3.7 所示。

**表 4.3.7　常用钛合金的牌号及力学性能(GB/T3620.1—1994)**

| 牌号 | 化学成分/% | 材料状态 (尺寸/mm) | 室温力学性能(不小于) | | | 高温力学性能(不小于) | | |
|---|---|---|---|---|---|---|---|---|
| | | | $R_m$/MPa | 屈服强度 /MPa | A/% | 试验温度 /℃ | $R_m$/MPa | 屈服强度 /MPa |
| TA1 | 工业纯钛(0.20O, 0.03N, 0.10C, 0.25Fe) | 板材, 退火 (0.3~2.0) | 370~530 | 250 | 40 | — | — | — |
| TA2 | 工业纯钛(0.25O, 0.05N, 0.10C, 0.30Fe) | 板材, 退火 (0.3~2.0) | 440~620 | 320 | 30~35 | — | — | — |
| TA3 | 工业纯钛(0.30O, 0.05N, 0.10C, 0.40Fe) | 板材, 退火 (0.3~2.0) | 540~720 | 410 | 25~30 | — | — | — |
| TA4 | Ti-3Al | 棒材, 退火 | 685 | 585 | 15 | — | — | — |
| TA5 | Ti-4Al-0.005B | 棒材, 退火 | 685 | 585 | 15 | — | — | — |

续表

| 牌号 | 化学成分/% | 材料状态<br>(尺寸/mm) | 室温力学性能(不小于) | | | 高温力学性能(不小于) | | |
|---|---|---|---|---|---|---|---|---|
| | | | $R_m$/MPa | 屈服强度<br>/MPa | $A$/% | 试验温度<br>/℃ | $R_m$/MPa | 屈服强度<br>/MPa |
| TA6 | Ti-5Al | 棒材，退火 | 685 | 585 | 10 | 350 | 420 | 390 |
| TA7 | Ti-5Al-2.5Sn | 棒材，退火 | 785 | 680 | 10 | 350 | 490 | 440 |
| TB2 | Ti-5Mo-5V-8Cr-3Al | 板材(1.0～3.5)<br>固溶 + 时效 | 1320 | | 8 | | | |
| TB3 | Ti-3.5Al-10Mo-8V-1Fe | — | — | — | — | — | — | — |
| TB4 | Ti-4Al-7Mo-10V-2Fe-1Zr | — | — | — | — | — | — | — |
| TC1 | Ti-2Al-1.5Mn | 棒材，退火 | 585 | 460 | 15 | 350 | 345 | 325 |
| TC4 | Ti-6Al-4V | 棒材，退火 | 895 | 825 | 10 | 400 | 620 | 570 |
| TC6 | Ti-6Al-1.5Cr-2.5Mo | 棒材，退火 | 980 | 840 | 10 | 400 | 735 | 665 |
| TC9 | Ti-6.5Al-3.5Mo-2.5Sn-0.3Si | 棒材，固溶 + 时效 | 1060 | 910 | 9 | 500 | 785 | 590 |

注：力学性能摘自 GB/T3621—1994 和 GB/T2965—1996。

(1) α 型钛合金。钛中加入 Al、B 等 α 稳定元素及中性元素 Sn、Zr 等，在室温或使用温度下均处于单相 α 状态，故称为 α 型钛合金。工业纯钛可以看成 α 型钛合金。α 型钛合金的室温强度低于 β 型钛合金和(α + β)型钛合金，但高温(500℃～600℃)强度比后两种钛合金高，并且组织稳定，抗氧化、抗蠕变性能好，焊接性能也很好。这类合金不能进行淬火强化，主要是合金元素的固溶强化，通常在退火状态下使用。

α 型钛合金的牌号有：TA4、TA5、TA6、TA7 等。其中 TA7 是常用的 α 型钛合金，表示成分常写为 Ti-5Al-2.5Sn，即 $W_{Al}$＝5%、$W_{Sn}$＝2.5%，其余为 Ti。该合金具有较高的室温强度、高温强度及优越的抗氧化和耐蚀性，还具有优良的低温性能，在 −253℃ 下其力学性能为 $R_m$＝1575 MPa、$R_{eH}$＝1505 MPa、$A$＝12%，主要用于制造使用温度不超过 500℃ 的零件，如航空发动机压气机叶片和管道，导弹的燃料缸，超音速飞机的涡轮机匣及火箭、飞船的高压低温容器等。而 TA4、TA5、TA6 主要用作钛合金的焊丝材料。

(2) β 型钛合金。钛中加 Mo、Cr、V 等 β 稳定元素及少量 Al 等 α 稳定元素，经淬火后得到介稳定的单相 β 组织，故称为 β 型钛合金。其典型代表是 Ti-5Mo-5V-8Cr-3Al 合金(TB2)淬火后合金的强度不高($R_m$＝850～950 MPa)，塑性好($A$＝18%～20%)，具有良好的成型性。通过时效处理，从 β 相中析出细小的 α 相粒子，提高合金的强度(480℃时效后，$R_m$＝1300 MPa，$A$＝5%)。

β 型钛合金有 TBZ、TB3、TB4 三个牌号，主要用于制造使用温度在 350℃ 以下的结构零件和紧固件，如压气机叶片、轴、轮盘、飞机、宇航工业的结构材料。

(3) (α + β)型钛合金。在钛合金中同时加入 α 稳定元素和 β 稳定元素，如 Al、V、Mn 等，其室温组织为 α+β，它兼有 α 型钛合金和 β 型钛合金的优点，强度高、塑性好、耐热强度高，耐蚀性和耐低温性能好，具有良好的压力加工性能，并可通过淬火和时效强化，使合金的强度大幅度提高。但热稳定性较差，焊接性能不如 α 型钛合金。

(α + β)型钛合金的牌号有 TC1、TC2、TC3、……、TC10 等，其中以 TC4 用途最广、使

用量最大(约占钛总用量的 50%以上)。其成分表示为 Ti-6Al-4V(意义同前)，V 固溶强化 β 相，Al 固溶强化 α 相。因此，TC4 在退火状态就具有较高的强度和良好的塑性($R_m = 950$ MPa，$A = 10\%$)，经淬火(930℃加热)和时效处理(540℃，2 h)后，其 $R_m$ 可达 1274 MPa，$R_{eH}$ 为 1176 MPa，$A > 13\%$。并有较高的蠕变抗力、低温韧性和耐蚀性良好。TC4 合金适于制造 400℃ 以下和低温下工作的零件，如火箭发动机外壳、火箭和导弹的液氢燃料箱部件等。钛合金 是低温和超低温的重要结构材料。

# 本 章 小 结

　　本章主要介绍了钢铁材料及有色金属合金的各种金属材料。各类钢材按用途主要有结构钢、工模具钢和特殊用途钢。

　　结构钢的主要矛盾是强度和塑韧性之间的配合。在结构钢中，碳是强韧化的主要因素，随着碳含量的增加，强度不断地提高，而塑性和韧性不断下降。钢的合金化和热处理工艺是影响强韧化的另一主要因素。最佳的热处理工艺是在合金化基础上合理安排合金元素的位置，充分发挥合金元素的作用。性能的变化是组织因素共同作用的结果，而组织变化又取决于工艺。不同的结构零件有不同的力学性能要求，就要求有不同的组织状态。

　　工模具用钢的合金化目的是改变碳化物类型、提高淬透性、提高回火稳定性等，热处理工艺应注意尽可能降低淬火应力、减少变形开裂倾向和稳定组织。工模具钢使用状态组织中碳化物的形状、大小、数量和均匀性对工具的性能有很大影响，工模具用钢的锻造和预处理工艺非常重要，它确定了碳化物的形态和分布，工模具钢的最终热处理工艺比结构钢要更"精确"，温度和时间控制比较严格。

　　特殊性能钢是指不锈钢、耐热钢、耐磨钢等一些具有特殊的物理和化学性能的钢。不锈钢的主要矛盾是耐蚀性和强度及塑韧性的合理兼顾。不锈钢合金化主要成分是铬元素，其耐蚀能力遵循"$n/8$"规律。不锈钢中用量最大的是奥氏体不锈钢，它是不锈钢中抗蚀性最好的钢，并具有良好的韧性、塑性及焊接性。这类钢用来制作耐酸设备，如耐蚀容器及设备衬里、输送管道、耐硝酸的设备零件等。

　　耐热钢是抗氧化钢和热强钢的总称。主要用在高压锅炉、汽轮机、内燃机、热处理炉等设备上。在高温下有较好的抗氧化性又有一定强度的钢称为抗氧化钢，抗氧化性主要由材料中加入一定量的 Cr、Al、Si 等元素形成致密的、连续的氧化膜，可提高钢的抗氧化能力。从合金化方面考虑，提高钢高温强度及其稳定性的主要措施有增强固溶体原子间结合力、强化晶界、稳定第二相的弥散强化。钢中加入 Cr、Mo、W、Ni 等元素可溶入基体强化固溶体，使再结晶温度提高，从而增强钢在高温下的强度。

　　耐磨钢通常指的是在冲击载荷下发生冲击硬化的高锰钢，主要成分是含 1.0%～1.4%的 C、11%～14%的 Mn 及低含量的 Si(不大于 0.05%)和 P(不大于 0.10%)，钢号为 ZGMn13。这种钢机械加工较困难，基本上铸造成型。生产上常采用"水韧处理"的方法，保持均匀的奥氏体状态，当奥氏体受到强烈磨损和冲击时，由于塑性变化，引起了加工硬化，促使表面奥氏体转变成马氏体，使钢具有高硬度和高耐磨性。

　　铸铁中石墨的形状、大小、数量、分布影响了铸铁基体性能的发挥程度，也决定了铸铁宏观力学性能。不同类型的铸铁有不同用途，根据零部件的工作条件和技术要求，可合理选择铸铁类型及处理工艺。

有色金属及其合金是钢铁材料以外金属材料，又称为非铁材料。工业上应用较多的有色金属材料主要有铝、铜、钛、轴承合金等。

纯铝中加入 Si、Cu、Mg、Mn 等合金元素，形成铝合金。这些铝合金一般仍具有密度小、耐蚀、导热等特殊性能。由于合金元素的加入，组织与性能均发生了改变，经过热处理后铝合金的力学性能可以和钢相媲美。铝合金的热处理强化虽然工艺操作与钢的淬火工艺操作基本相似，但强化激励与钢有本质的不同。铝合金主要靠固溶度的提高获得铝基固溶体(α固溶体)，铝合金时效的基本过程是强化相的细化过程，时效过程进行的阶段不同，析出相的形态、大小也不同，强化效果也不同。

纯铜的强度不高，不宜直接作为结构材料。虽然采用通过加工硬化可提高强度，但可导致塑性急剧下降，所以纯铜主要通过合金化实现强化。铜合金中固溶强化的合金元素主要是 Zn、Al、Sn、Mn、Ni 等，Be、Ti、Zr、Cr 等合金元素在固态铜中的溶解度随温度的降低而急剧减小，因而它们具有时效强化效果。

钛及其合金是 20 世纪 50 年代出现的一种新型结构材料，它密度小、比强度高、耐高温和耐腐蚀，已成为航天、化工等部门广泛应用的材料。根据退火或淬火状态的组织，将钛合金分为 α 型钛合金(用 TA 表示)、β 型钛合金(用 TB 表示)和(α + β)型钛合金三类。

# 本章主要名词

工程构件用钢(engineering component steel)

特殊钢(special steel)

低合金高强钢(low-alloy high-strength steel)

不锈钢(stainless steel)

弹簧钢(spring steel)

晶间腐蚀(grain boundary attack)

渗碳钢(carburizing steel)

热强钢(refractory steel)

调质钢(quenched and tempered steel)

耐磨钢(wear-resistant steel)

轴承钢(bear steel)

水韧处理(water toughening)

低合金工具钢(low alloy tool steel)

灰口铸铁(gray cast iron)

刃具钢(cutting tool steel)

白口铸铁(white cast iron)

高速工具钢(high speed tool steel)

可锻铸铁(malleable cast iron)

热作模具钢(hot-working die steel)

球墨铸铁(nodular graphite cast iron)

冷作模具钢(cold-working die steel)

蠕墨铸铁(compact graphite cast iron)

热硬性(hot hardness)

耐磨铸铁(wear-resistant cast iron)

量具钢(measuring tool steel)

固溶处理(solution treatment)

时效强化(age hardening)

变形铝合金(wrought aluminium alloy)

铸造铝合金(cast aluminium alloy)

黄铜(brass)

青铜(bronze)

钛合金(zinc alloy)

# 习题与思考题

1. 叙述构件用钢一般服役条件、加工特点和性能要求。

2. 合金元素在低合金高强度钢中的作用是什么？

3. 下列构件要求材料具有哪些主要性能？应选用何种材料？

(1) 大桥；(2) 化工容器；(3) 大型船舶；(4) 输油管道。

4. 在低合金高强度工程结构钢中大多采用微合金元素(如 Nb、V、Ti 等)，它们的主要作用是什么？

5. 用 20CrMnTi 钢制造的汽车变速齿轮，拟改用 40 钢或 40Cr 钢经高频淬火，行不行？为什么？

6. 下列零件与工具，由于管理不善，造成错用钢材，问使用过程中会出现哪些问题？

(1) 把 20 钢作为 60 钢制造弹簧；

(2) 把 Q235B 钢作为 45 钢制造变速齿轮；

(3) 把 30 钢作为 T7 钢制成大锤。

7. 弹簧为什么要求较高的冶金质量和表面质量？弹簧钢的强度极限高，是否就意味着弹簧的疲劳极限高？为什么？

8. 滚动轴承钢常含哪些合金元素？各起什么作用？为什么含 Cr 量限制在一定范围？

9. 某精密镗床主轴用 38CrMoAl 钢制造，某重型齿轮铣床主轴选择了用 20CrMnTi 钢制造，某普通车床主轴材料为 40Cr 钢。试分析说明它们各自应采用什么样的热处理工艺及最终的组织和性能特点(不必写出热处理工艺具体参数)。

10. 下列零件要求材料具有哪些主要性能？应选用何种材料？应选择何种热处理工艺？并制订各零件和构件的工艺路线。

(1) 汽车齿轮；(2) 镗床镗杆；(3) 汽车弹簧；(4) 汽车、拖拉机连杆螺栓。

11. 判断下列钢号的类别、化学成分、常用的热处理工艺及使用状态下的显微组织和用途：

40Cr、35CrMo、20CrMnTi、GCr15、60Si2Mn、T12A、1Cr13、Cr12MoV、CrWMn、5CrNiMo、3Cr2W8V、ZGMn13、12Cr1MoV

12. 某柴油机凸轮轴，要求凸轮表面有高的硬度($HRC > 50$)，而心部具有良好的韧性($A_k > 40J$)。原来用 $W_C = 0.45\%$ 的碳钢调质，再在凸轮表面进行高频淬火，最后低温回火。现因库存钢材用完，拟用 $W_C = 0.15\%$ 的碳钢代替。试说明：

(1) 原 $W_C = 0.45\%$ 钢的各热处理工序的作用。

(2) 改用 $W_C = 0.15\%$ 钢后，仍按原热处理工序进行，能否满足性能要求？为什么？

(3) 改用 $W_C = 0.15\%$ 钢后，采用何种热处理工艺能达到所要求的性能？

13. 某厂要生产一批锉刀，选 T13A 钢。经金相检验发现材料有较多网状 $Fe_3C$，试问应采用哪种热处理消除？(正火)应进行何种中间(调质)及最终热处理？(淬火加低温回火)碳素工具钢的碳的质量分数不同，对其力学性能及应用有何影响？

14. 画出 W18Cr4V 高速工具钢的热处理工艺曲线，并说明其中合金元素的主要作用，为什么淬火后要进行三次回火？

15. 不锈钢和耐热钢有何性能特点？请举例说明其用途。

16. 将下表中所列的钢归类，并举例写出其用途。

| 钢　号 | 类　　　　　　　　　别 | | | | | | | | | | 适用零件举例 |
| | 质　　量 | | | 含　碳　量 | | | 成　　　分 | | 用　　途 | | |
| | 普通 | 优质 | 高级优质 | 低碳 | 中碳 | 高碳 | 碳素钢 | 合金钢 | 结构钢 | 工具钢 | |
| Q195 | √ | | | √ | | | √ | | √ | | |
| 45 | | √ | | | √ | | √ | | √ | | |
| 60Si2Mn | | √ | | | √ | | | √ | √ | | |
| T8 | | √ | | | | √ | √ | | | √ | |
| T13A | | | √ | | | √ | √ | | | √ | |
| W18Cr4V | | √ | | | | √ | | √ | | √ | |

17. 耐磨钢常用的钢号有哪些？它们为什么具有良好的耐磨和良好的韧性？请举例说明其用途。

18. 比较冷作模具钢与热作模具钢碳的质量分数、性能要求、热处理工艺有何不同？试述石墨形态对铸铁性能的影响。

19. 不锈钢的成分有何特点？Cr12MoV 钢是否为不锈钢？

20. 试述石墨形态对铸铁性能的影响？

21. 球墨铸铁是如何获得的？它与相同基本的灰铸铁相比，其突出性能特点是什么？

22. 下列牌号各表示什么铸铁？牌号中的数字表示什么意义？

(1) HT250；(2) QT700-2；(3) KTH330-08；(4) KTZ450-06；(5) RUT420。

23. 钢的强化方法与有色金属的强化方法有何不同？

24. 对滑动轴承有什么性能要求？常用滑动轴承合金有哪些？

25. 指出下列牌号的具体名称、字母、数字的含义。主要用途各举 1～2 例。

5A05(LF5)、3Al1(LY11)、H62、ZCuPb10Sn10、ZAlMg10、QSn6.5-0.1、TB3、TC4。

# 第5章 高分子材料

随着现代科学技术的发展，单纯采用金属材料已不能满足各方面的需要，非金属材料由于具有丰富的资源和优良的力学、物理、化学综合性能，在应用方面得到迅速发展，其中合成高分子材料和陶瓷材料尤为迅速。高分子材料是由相对分子质量较高的化合物构成的材料，包括塑料、橡胶、纤维、涂料、胶黏剂和高分子基复合材料等。工程上常用的是塑料和橡胶。

## 5.1 工 程 塑 料

### 1. 塑料的组成

塑料的成分相当复杂，几乎所有的塑料都以合成树脂为基础，再加入用来改善性能的各种添加剂(也称为塑料助剂)所组成的。

1) 合成树脂

合成树脂即人工合成的线型高聚物，是塑料的主要组分(约占 40%~100%)，在塑料中起黏合各组分的作用，也称为黏料。它决定了塑料的类型和基本性能，因此塑料的名称也多用其原料树脂的名称来命名。如聚氯乙烯塑料、酚醛塑料等。合成树脂受热时呈软化或熔融状态，因而塑料具有良好的成型能力。

2) 添加剂

添加剂是为了改善塑料的使用性能或成型工艺性能而加入的辅助组分。添加剂的种类很多，常用的有以下几种：

(1) 填料(填充剂)。主要起增强作用，还可使塑料具有所要求的性能。如加入铝粉可提高对光的反射能力和防老化；加入云母粉可提高电绝缘性；加入石棉粉可提高耐热性等。另外，有一些填料比树脂便宜，加入后可降低塑料成本。

(2) 增塑剂。为提高塑料的柔软性和可成型性而加入的物质，主要是一些低熔点的低分子有机化合物。合成树脂中加入增塑剂后，大分子链间距离增大，降低了分子链间的作用力，增加了大分子链的柔顺性，因而使塑料的弹性、韧性和塑性提高，强度、刚度、硬度和耐热性降低。

(3) 固化剂。又称为交联剂、硬化剂。加入到某些树脂中可使线型分子链间产生交联，从而由线性结构转变为体型结构，固化成刚硬的塑料。

(4) 稳定剂(防老化剂)。其作用是提高树脂在受热、光、氧等作用时的稳定性。

此外，还有为防止塑料在成型过程中粘结在模具或其他设备上，并使塑料表面光亮美观而加入的润滑剂；为使塑料具有美丽的色彩而加入的有机染料或无机颜料等着色剂；加入抗氧剂、发泡剂、阻燃剂等。总之，根据不同的塑料品种和性能要求，可加入不同的添加剂。

### 2. 塑料的分类

(1) 塑料按树脂的热性能分为热塑性塑料与热固性塑料两类。

① 热塑性塑料。这类塑料为线型结构分子链，加热时会软化、熔融，冷却时会凝固、变硬，此过程可以反复进行。热塑性塑料的机械强度较高，成型工艺性能良好，可反复成型与再生使用。但其耐热性与刚性较差。典型的热塑性塑料有聚乙烯、聚氯乙烯、聚丙烯、聚苯乙烯、聚酰胺(尼龙)、ABS、聚甲醛、聚碳酸酯、聚砜、聚四氟乙烯、有机玻璃(聚甲基丙烯酸甲酯)等。

② 热固性塑料。这类塑料为密网型结构分子链，其形成是固化反应的结果。热固性塑料是具有线型结构的合成树脂，初加热时会软化、熔融，进一步加热、加压或加入固化剂，通过共价交联而固化。其固化后再加热，则不再软化、熔融。典型的热固性塑料有酚醛塑料，氨基塑料及由环氧树脂、不饱和聚酯树脂、有机硅树脂等构成的塑料。这类塑料具有较高的耐热性与刚性，但脆性大，不能反复成型与再生使用。

(2) 塑料按应用范围分为通用塑料、工程塑料和特种塑料三类。

① 通用塑料：主要指产量大、用途广、价格低廉的聚乙烯、聚氯乙烯、聚苯乙烯、聚丙烯、酚醛塑料等几大品种，它们约占塑料总产量的75%以上，广泛用于工业、农业和日常生活等各个方面，但力学性能一般。

② 工程塑料：主要指用于制造结构、机器零件、工业容器和设备的塑料。品种有聚甲醛、聚酰胺(尼龙)、聚碳酸酯、ABS、聚氯醚、聚苯醚等。这类塑料弹性模量、韧性、耐磨性、耐蚀和耐热性较好，低温性能好，自润滑性和尺寸稳定性良好，有较高的强度和刚度。

③ 特种塑料(功能塑料)：主要指具有特殊性能和特殊用途的塑料。这种塑料产量少、价格较高。如某些导电塑料、导磁塑料、导热塑料、感光性塑料、医用高分子、离子交换树脂等。

### 3. 塑料的性能

1) 塑料的优点

(1) 相对密度小、质轻。质轻是塑料最大特性之一，塑料密度为 $0.9 \sim 2.3$ g/cm$^3$，只有钢铁的 $1/8 \sim 1/4$，铝的 $1/2$，虽然强度比金属低，但由于其密度小而具有很高的比强度。

(2) 良好的减摩、耐磨和自润滑性能。虽然塑料的硬度比金属低，塑料的摩擦系数较小，同时许多塑料如聚四氟乙烯、尼龙等具有良好的自润滑性能。

(3) 电绝缘性能好。多数塑料具有很好的电绝缘性，可与陶瓷、橡胶等绝缘材料相媲美。

(4) 化学稳定性能好。一般塑料对酸、碱、大气腐蚀等化学介质具有良好的抵抗能力。如聚氯乙烯能耐"王水"腐蚀。

(5) 消音吸振性好。用它制造传动零件，可减少噪音，改善环境。

(6) 成型加工性能好。大多数塑料可直接注射、压制、挤出、吹塑和浇注成型，并且对塑料制品可以进行机械加工、接合和表面处理。

2) 塑料的缺点

(1) 耐热性差。塑料一般具有受热变形的问题，甚至产生分解，一般的热塑性塑料的热变形温度仅为 80℃～120℃，热固性塑料一般也不超过150℃。

(2) 易燃。塑料材料是由氢氧元素组成的有机高分子物质，当其遇火时，极易起火燃烧。

(3) 易老化。塑料制品在阳光、空气、热及环境介质中的酸、碱、盐等作用下，其力学性能将发生劣化现象。

(4) 刚度小。塑料是一种黏弹性材料，弹性模量低，只有钢材的 1/10～1/20，且在载荷的长期作用下易产生蠕变现象。

**4. 常用塑料**

塑料的品种很多，常用的热塑性塑料和热固性塑料的特点和典型应用分别如表 5.1.1 和表 5.1.2 所示。

**表 5.1.1　常用热塑性塑料的性能特点和应用举例**

| 名称(代号) | 性 能 特 点 | 应 用 举 例 |
|---|---|---|
| 聚氯乙烯 (PVC) | 硬质聚氯乙烯强度较高，电绝缘性、耐蚀性强，化学稳定性好，有良好的热成型性能，密度小；软质聚氯乙烯强度不如硬质聚氯乙烯，但延伸率大，电绝缘性能较好，耐蚀性差；泡沫聚氯乙烯质轻、隔热、隔音、防震 | 硬质聚氯乙烯用于制造化工耐蚀结构件，如输油管、容器、离心泵、阀门管件等；软质聚氯乙烯用于制造电线、电缆的绝缘包皮，农用薄膜，工业包装，因有毒，不能包装食品；泡沫聚氯乙烯用于制造衬垫、包装材料 |
| 聚乙烯 (PE) | 低压聚乙烯质地坚硬，有良好的耐磨性、耐蚀性和电绝缘性，而耐热性差，在沸水中变软；高压聚乙烯化学稳定性高，有良好的高频绝缘性、柔软性、耐冲击性和透明性；超高分子量聚乙烯冲击强度高，耐疲劳，耐磨，需冷压浇注成型 | 低压聚乙烯用于制造塑料板、塑料绳、承载不高的齿轮、轴承等；高压聚乙烯最适宜吹成软管、薄膜、塑料瓶等用于食品和药品包装的制品；超高分子量聚乙烯可制造减摩、耐磨件及传动件，还可制造电线、电缆包皮等 |
| 聚丙烯 (PP) | 密度小，强度、硬度、刚性和耐热性均优于低压聚乙烯，可在 100℃～120℃长期使用；几乎不吸水，并有较好的化学稳定性，优良的高频绝缘性；低温脆性大，不耐磨，易老化 | 用于制造一般机械零件，如齿轮、管道、接头等耐蚀件，如泵叶轮、化工管道、容器、绝缘件，用于制造电视机、电扇、电机罩等 |
| 聚苯乙烯 (PS) | 密度小，常温下透明度好，着色性好，具有良好的耐蚀性和绝缘性。耐热性差，易燃，易脆裂 | 可用于制造眼镜等光学零件，车辆、仪表等的外罩、外壳，玩具，日用器皿，装饰品，食品盒等 |
| 聚酰胺 (通称尼龙) (PA) | 具有较高的强度和韧性，很好的耐磨性和自润滑性及良好的成型工艺性，耐蚀性较好，抗霉、抗菌、无毒，但蠕变值较大，吸水性大，导热性较差，成型收缩率较大 | 常用有尼龙 6、尼龙 66、尼龙 610 等。用于制造耐磨、耐蚀的各种轴承、齿轮、凸轮轴、轴套、泵叶轮、风扇叶片、储油容器、传动带、密封圈、涡轮、铰链、电缆、电器线圈等 |

续表

| 名称(代号) | 性 能 特 点 | 应 用 举 例 |
|---|---|---|
| 聚甲基丙烯酸甲酯 (PMMA) | 俗称有机玻璃,具有优良的透光性、着色性、耐电弧性好,强度高,可耐稀酸、碱,不易老化,易于成型,但表面硬度低,易擦伤,较脆 | 用于制造飞机、汽车、仪器仪表和无线电工业中的透明件。如挡风玻璃、光学镜片、电视机屏幕、透明模型、广告牌等 |
| 苯乙烯－丁二烯－丙烯腈共聚体 (ABS) | 具有高的冲击韧性和较高的强度,优良的耐油、耐水性和化学稳定性,好的电绝缘性,高的尺寸稳定性和一定的耐磨性。表面可镀饰金属,易于加工成型 | 用于制造电话机、扩音机、电视机、仪表的壳体,齿轮,泵叶轮,轴承,把手,管道,轿车车身,汽车扶手等 |
| 聚甲醛 (POM) | 具有优良的综合力学性能,尺寸稳定性高,良好的耐磨性和自润滑性,耐老化性也好,吸水性好,但热稳定性差,成型收缩率较大,可在 $-40℃\sim100℃$ 下长期使用 | 用于制造减摩、耐磨及传动件,如齿轮、轴承、凸轮轴、制动闸瓦、阀门、仪表、外壳、汽化器、叶片、运输带、线圈骨架等 |
| 聚碳酸酯 (PC) | 冲击韧度好,透明,绝缘性好,热稳定性好,耐磨性和耐疲劳性不如尼龙和聚甲醛,可在 $-60℃\sim120℃$ 长期使用 | 用于制造齿轮、凸轮、涡轮、电器仪表零件、大型灯罩、防护玻璃、飞机挡风罩、高级绝缘材料等 |
| 聚四氯乙烯 (F-4) | 俗称"塑料王",耐高低温,耐蚀性、电绝缘性优异,摩擦系数极小,可在 $-195℃\sim250℃$ 长期使用,但力学性能和加工性能较差 | 用于制造耐蚀件、减摩件、密封件,如高频电缆、电容线圈架、化工反应器、管道、热交换器等 |
| 聚砜 (PSF) | 双酚 A 型:具有优良的耐热、耐寒、耐候性,抗蠕变及尺寸稳定性,强度高,优良的电绝缘性,化学稳定性高,可在 $-100℃\sim150℃$ 长期工作,但耐紫外线较差,成型温度高;非双酚 A 型:耐热、耐寒,在 $-240℃\sim260℃$ 长期工作,硬度高、能自熄、耐老化、力学性能及电绝缘性好,但不耐极性溶剂 | 用于制造高强度、耐热、抗蠕变的结构件、耐蚀件和电器绝缘件,如精密齿轮,凸轮,真空泵叶片,仪器仪表零件,耐热或绝缘的仪表零件,洗车护板,仪表盘,衬垫和垫圈,计算机零件,电器线路板,线圈骨架等 |
| 氯化聚醚 (聚氯醚) | 极高的耐化学腐蚀性,易于加工,可在 120℃ 下长期使用,良好的力学性能和电绝缘性,吸水性很低,尺寸稳定性好,但耐低温性较差 | 用于制造在腐蚀介质中的减摩、耐磨传动件,精密机械零件,化工设备的衬里和涂层等 |

**表 5.1.2　常用热固性塑料的性能特点和应用举例**

| 名称(代号) | 性 能 特 点 | 用 途 举 例 |
|---|---|---|
| 酚醛塑料<br>(俗称电木)<br>(PF) | 具有高的强度、硬度及耐热性,工作温度一般在 100℃ 以上、优异的电绝缘性,耐蚀性好,化学稳定性、尺寸稳定性和蠕变性良好,但质较脆,耐光性差,色泽深暗,加工性差 | 用于制造一般机械零件、水润滑轴承、电绝缘件,耐化学腐蚀的结构材料和衬里材料等,如电器绝缘板、电器插头、开关、灯口等,还可用于制造受力较高的刹车片、曲轴皮带轮 |
| 环氧塑料<br>(EP) | 俗称"万能胶",强度高、韧性好、良好的化学稳定性、耐热、耐寒性,长期使用温度为 −80℃～155℃,电绝缘性好,易成型,对许多材料的黏接能力强,成型工艺简便,但有毒 | 用于制造塑料模具、精密量具、电器绝缘件及印刷线路板,灌封电子元件 |
| 氨基塑料<br>(UF) | 俗称"电玉",颜色鲜艳,半透明如玉,绝缘性好。但耐水性差,可在小于 80℃环境长期使用 | 用于制造装饰件和绝缘件,如开关、插头、旋钮、把手、灯座、钟表、电话机外壳等 |
| 聚氨酯塑料<br>(PUR) | 耐磨性优越,韧性好,承载能力强,低温时硬而不脆裂,耐氧、耐候、耐油,抗辐射,易燃;软质泡沫塑料吸音和减震优良,吸水性大;硬质泡沫塑料高低温隔热性能优良 | 用于制造密封件,传动带,隔热、隔音及防震材料,齿轮,电气绝缘件,实心轮胎,电线电缆护套,汽车零件等 |

# 5.2　橡　　胶

玻璃化转变温度低于室温,在环境温度下能显示高弹性的高分子物质称为橡胶。

**1. 橡胶的特性和应用**

橡胶最大的特性是高弹性,其弹性模量很低,只有 1～10 MPa;其弹性变形量很大,可达 100%～1000%;具有优良的伸缩性和储存能量的能力;此外,还具有良好的耐磨性、隔音性、阻尼性和绝缘性。

橡胶在工业上应用相当广泛,可用于制造轮胎、动静态密封件、减震、防震件、传动件、运输胶带和管道、电线、电缆和电工绝缘材料、制动件等。

**2. 橡胶的组成**

橡胶制品是以生胶为基础,并加入适量的配合剂和增强材料而组成的。

1) 生胶

未加配合剂的天然或合成的橡胶统称为生胶。生胶基本上是线型非晶态高分子聚合物,其结构特点是由许多能自由旋转的链段构成柔顺性很大的大分子长链,通常呈卷曲线团状。当受外力时,分子便沿外力方向被拉直,产生变形,外力去除后又恢复到卷曲状态,变形消失。

生胶具有很高的弹性。但生胶分子链间相互作用力很弱,强度低,易产生永久变形。

此外，生胶的稳定性差，如会发黏、变硬、溶于某些溶剂等。为此，工业橡胶中还必须加入各种配合剂。

2) 配合剂

为了提高和改善橡胶制品的各种性能而加入的物质称为配合剂。配合剂的种类很多，一般有硫化剂、硫化促进剂、增塑剂、填充剂、防老化剂等。

(1) 硫化剂：主要作用是使生胶分子在硫化处理中产生适度交联而形成网状结构，从而大大提高橡胶的强度、耐磨性和刚性，并使其性能在很宽的湿度范围内具有较高的稳定性。目前生产中多以硫磺作为硫化剂。

(2) 硫化促进剂：主要作用是促进硫化、缩短硫化时间及降低硫化温度。常用硫化促进剂有 MgO、ZnO、CaO 等。

(3) 增塑剂：主要作用是提高橡胶的塑性，使之易于加工和与各种配料混合，并降低橡胶的硬度、提高耐寒性等，常用增塑剂主要有硬酯酸、精制蜡、凡士林等。其中主要有硫化剂，其作用类似于热固性塑料中的固化剂，它使橡胶分子链间形成横链，适当交联，成为网状结构，从而提高橡胶的力学性能和物理性能。常用的硫化剂是硫磺和硫化物。

(4) 防老化剂：可防止橡胶制品在受光、热、介质的作用时出现变硬、变脆、提高使用寿命，主要加入石蜡、密蜡或其他比橡胶更易氧化的物质，在橡胶表面形成稳定的氧化膜，抵抗氧的侵蚀。

(5) 填充剂：主要作用是提高橡胶的强度和降低成本。常用的有炭黑、MgO、ZnO、CaO 等。

3) 增强材料

为提高橡胶的力学性能，如强度、硬度、耐磨性和刚性等，还需加入增强材料。常用的增强材料是炭黑以及作为骨架材料的织品、纤维、甚至金属丝或金属纺织物。填料的加入还可减少生胶用量，降低成本。

**3. 橡胶的分类**

(1) 橡胶按原料分为天然橡胶和合成橡胶：① 天然橡胶主要来源于三叶橡胶树，当这种橡胶树的表皮被割开时，就会流出乳白色的汁液，称为胶乳，胶乳经凝聚、洗涤、成型、干燥即得天然橡胶。② 合成橡胶是由人工合成方法而制得的高分子弹性材料。

(2) 橡胶按形态分为块状生胶、乳胶、液体橡胶和粉末橡胶：① 乳胶为橡胶的胶体状水分散体；② 液体橡胶为橡胶的低分子聚合物，未硫化前一般为黏稠的液体；③ 粉末橡胶是将乳胶加工成粉末状，以利配料和加工制作。

(3) 橡胶按使用情况分为通用橡胶和特种橡胶：① 通用橡胶是指部分或全部代替天然橡胶使用的胶种，如丁苯橡胶、顺丁橡胶、异戊橡胶等，主要用于制造轮胎和一般工业橡胶制品。通用橡胶的需求量大，是合成橡胶的主要品种；② 特种橡胶是指具有某些特殊性能的橡胶，主要有氯丁橡胶、丁腈橡胶、硅橡胶、氟橡胶、聚硫橡胶、聚氨酯橡胶、氯醇橡胶、丙烯酸酯橡胶等，主要用于要求耐热、耐寒、耐蚀的特殊环境。

**4. 常用橡胶**

常用橡胶的种类、性能和用途如表 5.2.1 所示。

**表 5.2.1　常用橡胶的种类、性能和用途**

| 类别 | 名称（代号） | 抗拉强度/MPa | 伸长率/% | 使用温度 T/℃ | 性能特点 | 应用举例 |
|---|---|---|---|---|---|---|
| 通用橡胶 | 天然橡胶（NR） | 25～35 | 650～900 | −50～120 | 综合性能好，耐磨性、抗撕裂性和加工性良好，电绝缘性好。但耐油和耐溶剂性差，耐臭氧老化性差 | 用于制造轮胎、胶带、胶管、胶鞋及通用橡胶制品 |
| | 丁苯橡胶（SBR） | 15～20 | 500～800 | −50～140 | 优良的耐磨、耐热和耐老化性，比天然橡胶质地均匀。但加工成型困难，硫化速度慢，弹性稍差 | 用于制造轮胎、胶带、胶管及通用橡胶制品。其中丁苯-10 用于耐寒橡胶制品，丁苯-50 多用于生产硬质橡胶 |
| | 氯丁橡胶（CR） | 25～27 | 800～1000 | −35～130 | 力学性能好，耐氧、耐臭氧的老化性能好、耐油、耐溶剂性能好。但密度大、成本高、电绝缘性差、较难加工 | 用于制造胶管、胶带、电缆黏胶剂、油罐衬里、模压制品及汽车门窗嵌条等 |
| | 顺丁橡胶（BR） | 17～21 | 650～800 | −120～170 | 性能与天然橡胶相似，尤以弹性好，耐磨和耐寒著称，易于与金属黏合 | 用于制造轮胎、耐寒运输带、三角带、橡胶弹簧等 |
| | 乙丙橡胶（EPM） | 10～25 | 400～800 | −65～170 | 耐热性、耐老化性、耐水性、耐化学腐蚀性能好，良好的弹性和低温性能，但耐油性、气密性较差 | 用于制造轮胎、蒸汽胶管、耐热运输带、密封圈等 |
| 特种橡胶 | 丁腈橡胶（NBR） | 15～30 | 300～800 | −35～175 | 具有良好的耐油性及对有机溶液的耐蚀性，较好的耐热、耐磨和耐老化性等，但耐寒性和电绝缘性较差，加工性能也不好 | 用于制造耐油制品，如输油管、耐油耐热密封圈、储油箱等 |
| | 聚氨酯橡胶（PUR） | 25～35 | 300～800 | ≤80 | 耐磨性、耐油性优良，强度较高。但耐水、酸、碱的性能较差 | 用于制造胶辊、实心轮胎及耐磨制品 |
| | 氟橡胶（FPM） | 20～22 | 100～500 | −50～300 | 耐高温、耐油、耐高真空性好，耐蚀性高于其他橡胶，抗辐射性能优良，但加工性能差、价格贵 | 用于制造耐蚀制品，如化工衬里、垫圈、高级密封件、高真空橡胶件等 |
| | 硅橡胶 | 4～10 | 50～500 | −90～300 | 优良的耐高温和低温性能，电绝缘性好，较高的耐臭氧老化性。但强度低、价格高，耐油性不好 | 用于制造耐高温、耐寒制品，耐高温电绝缘制品以及密封、胶黏、保护材料等 |

# 5.3 胶 黏 剂

能将同种或两种或两种以上同质或异质的制件(或材料)连接在一起，固化后具有足够强度的有机或无机的、天然或合成的一类物质，统称为胶黏剂或黏接剂、黏合剂、习惯上简称为胶。

**1. 胶黏剂的组成**

胶黏剂一般由主剂和助剂组成，主剂又称为主料、基料或黏料；助剂有固化剂、稀释剂、增塑剂、填料、偶联剂、引发剂、增稠剂、防老剂、阻聚剂、稳定剂、络合剂、乳化剂等，根据要求与用途还可以包括阻燃剂、发泡剂、消泡剂、着色剂和防霉剂等成分。

1) 主剂

主剂是胶黏剂的主要成分，主导胶黏剂的黏接性能，同时也是区别胶黏剂类别的重要标志。主剂一般由一种或两种，甚至三种高聚物构成，要求具有良好的黏附性和润湿性等。可作为黏料的物质有：

(1) 天然高分子。如淀粉、纤维素、单宁、阿拉伯树胶及海藻酸钠等植物类黏料以及骨胶、鱼胶、血蛋白胶、酪蛋白和紫胶等动物类黏料。

(2) 合成树脂。合成树脂分为热固性树脂和热塑性树脂两大类：热固性树脂，如环氧、酚醛、不饱和聚酯、聚氨酯、有机硅、聚酰亚胺、双马来酰亚胺、烯丙基树脂、呋喃树脂、氨基树脂、醇酸树脂等；热塑性树脂，如聚乙烯、聚丙烯、聚氯乙烯、聚苯乙烯、丙烯酸树脂、尼龙、聚碳酸酯、聚甲醛、热塑性聚酯、聚苯醚、氟树脂、聚苯硫醚、聚砜、聚酮类、聚苯酯、液晶聚合物等以及其改性树脂或聚合物合金等。合成树脂是目前用量最大的一类黏料。

(3) 橡胶与弹性体。橡胶主要有氯丁橡胶、丁基腈乙丙橡胶、氟橡胶、聚异丁烯、聚硫橡胶、天然橡胶、氯磺化聚乙烯橡胶等；弹性体主要是热塑件弹性体和聚氨酯弹性体等。

此外，还有无机黏料，如硅酸盐、磷酸盐和磷酸-氧化铜等。

2) 助剂

为了满足特定的物理化学特性，加入的各种辅助组分称为助剂。

(1) 固化剂：是调节或促进固化反应的单一物质或混合物，能使黏合剂与黏接材料发生交联，使线型分子转变为体型分子，形成不溶和不熔性网状结构的高聚物，常用的有酸酐类、胺类等，起加速硬化过程、增加内聚强度的作用。

(2) 稀释剂：能降低胶黏剂黏度的易流动的液体，加入它可以使胶黏剂有好的渗透力，改善胶黏剂的工艺性能。

(3) 增塑剂：具有在胶黏剂中能提高胶黏剂弹性和改进耐寒性的功能。增塑剂通常为沸点高的、较难挥发的液体和低熔点固体。按化学结构分多为邻苯二甲酸酯类、脂肪族二元酸酯类、磷酸酯类、聚酯类和偏苯三酸酯类。

(4) 填料：是不参与反应的惰性物质，可提高胶接强度、耐热性、尺寸稳定性并可降低成本。其品种有很多，如石棉粉、铝粉、云母、石英粉、碳酸钙、钛白粉、滑石粉等。

(5) 增韧剂：能提高胶黏剂的柔韧性，降低脆性，改善抗冲击性等。通常增韧剂是一种单官能团或多官能团的物质，能与胶料起反应，成为固化体系的一部分结构。

(6) 偶联剂：具有能分别和被黏物及黏合剂反应成键的两种基团，提高胶接强度。多为硅氧烷或聚对苯二甲酸酯化合物、钛酸酯偶联剂。

(7) 其他助剂：引发剂、促进剂、增黏剂、阻聚剂、稳定剂、防老剂、络合剂、乳化剂等。

### 2. 胶黏剂的分类

(1) 按基料的化学成分将胶黏剂分为天然材料、合成高分子材料两类。

① 天然材料：如动物胶、植物胶、矿物胶等。

② 合成高分子材料包括合成树脂型、合成橡胶型和复合型三大类。

合成树脂型又分热塑型和热固型：热塑型有烯类聚合物、聚氯酯、聚醚、聚酰胺、聚丙烯酸酯等；热固型有环氧树脂、酚醛树脂、三聚氰胺-甲醛树脂等。

合成橡胶型主要有氯丁橡胶、丁苯橡胶、丁腈橡胶等。

复合型主要有酚醛-丁腈胶、酚醛-氯丁胶、酚醛-聚氨酯胶、环氧-丁腈胶等。

(2) 按形态、固化反应类型分为溶剂型、反应型、热熔型、压敏型等。

① 溶剂(分散剂)挥发型：包括溶液型和水分散型。

溶液型包括有机溶剂型，如氯丁橡胶、聚乙酸乙烯酯；水溶剂型，如淀粉、聚乙烯醇；水分散型，如聚乙酸乙烯酯乳液。

② 反应型包括一液型和二液型：一液型有热固型(环氧树脂、酚醛树脂)、湿气固化型(氰基丙烯酸酯、烷氧基硅烷、尿烷)、厌氧固化型(丙烯酸类)和紫外线固化型(丙烯酸类、环氧树脂)；二液型有缩聚反应型(尿素、酚)、加成反应型(环氧树脂、尿烷)和自由基聚合型(丙烯酸类)。

③ 热熔型：是一种以热塑性塑料为基体的多组分混合物，如聚烯类、聚酰胺、聚酯。室温下为固状或膜状，加热到一定温度后熔融成为液态，涂布、润湿被黏物后，经压合、冷却，在几秒钟甚至更短时间内即可形成较强的黏接力。

④ 压敏型：有可再剥离型(橡胶、丙烯酸类、硅酮)和永久黏合型之分。在室温条件下有黏性，只加轻微的压力便能黏附。

(3) 按应用性能分为以下几类：

① 结构胶：胶接强度高，抗剪强度大于 15 MPa，能用于受力较大的结构件的胶接。

② 非结构胶：胶接强度较低，但能用于非主要受力部位或构件的胶接。

③ 密封胶：涂胶面能承受一定压力而不泄露，起密封作用。

④ 浸渗胶：渗透性好，能浸透铸件等，堵塞微孔砂眼。

⑤ 功能胶：具有特殊功能性，如导电、导磁、导热、耐超低温等；具有特殊固化反应，如厌氧性、热熔性、光敏性、压敏性等。

### 3. 常用胶黏剂

#### 1) 结构胶黏剂

常用的结构胶黏剂主要有三大类：改性环氧胶黏剂、改性酚醛树脂胶黏剂和无机胶黏剂，目前应用的结构胶黏剂大都为混合型。酚醛树脂胶黏剂是发展最早、价格最廉的合成胶黏剂, 主要用于胶接木材来生产胶合板。后来加入橡胶或热塑性树脂进行改性, 制成韧性好、耐热、耐油水、耐老化、强度大的结构胶黏剂, 广泛用于飞机制造、尖端技术和各个生产领域。其中以酚醛-缩醛胶和酚醛-丁腈胶最为重要。

2) 非结构胶黏剂

非结构胶黏剂包括聚氨酯胶黏剂、丙烯酸酯胶黏剂、不饱和聚酯胶黏剂、$\alpha$-氰基丙烯酸酯胶、有机硅胶黏剂、橡胶胶黏剂、热熔胶黏剂、厌氧胶黏剂等。丙烯酸酯胶黏剂的特点是不需要称量和混合, 使用方便, 固化迅速, 强度较高, 适用于胶接多种材料。其品种很多, 性能各异, 主要有工业上常用的 502 胶、501 胶等。

3) 密封胶黏剂

密封胶黏剂(简称密封胶)以合成树脂或橡胶为基料, 制成黏稠液态或固态物质, 涂于各种机械接合部位, 防止渗漏、机械松动或冲击损伤等, 起密封作用。密封胶可分为非黏结型与黏结型两类, 可用于制造汽车、机床及各类机械设备的零部件, 如法兰、轴承、管道、油泵等的密封, 螺纹铆接、镶嵌、接插处缝隙的密封以及电子元件的灌封、绝缘密封等。

表 5.3.1 介绍了部分常用胶黏剂的特点和用途。

**表 5.3.1 部分常用胶黏剂的特点和用途**

| 品 种 | 主要成分 | 特 点 | 固化条件 | 用途举例 |
|---|---|---|---|---|
| 环氧-尼龙胶 | 环氧或改性环氧、尼龙、固化剂 | 强度高, 但耐潮湿和耐老化性较差, 双组分 | 高温 | 一般金属结构件的胶接 |
| 环氧-聚砜胶 | 环氧、聚砜、固化剂 | 强度高、耐温热老化, 耐碱性好, 单组分或双组分 | 高温或中温 | 金属结构件的胶接, 高载荷接头、耐碱零件的胶接 |
| 环氧-酚醛胶 | 环氧、酚醛 | 耐热性好, 可达 200℃, 单组分、双组分或胶膜 | 高温 | 在 150℃~200℃ 范围下的金属工件的胶接 |
| 环氧-聚氨酯胶 | 环氧、聚酯、异氰酸酯、固化剂 | 韧性好, 耐超低温好, 可在 -196℃ 下使用, 双组分 | 室温或中温 | 金属工件的胶接, 超低温工件的胶接, 低温密封 |
| 环氧-聚硫胶 | 环氧、聚硫橡胶、固化剂 | 韧性好, 双组分 | 室温或中温 | 金属、塑料、陶瓷、玻璃钢的胶接 |
| 环氧-丁腈胶 | 改性环氧、丁腈橡胶、增塑剂、填料 | 200℃~250℃、5 min 内即可固化, 耐冲击, 单组分 | 中温或高温 | 金属、非金属结构件的胶接, 玻璃布与铁丝的胶接 |
| 酚醛-缩醛胶 | 酚醛、聚乙烯醇缩醛 | 强度高、耐老化, 能在 150℃ 下长期使用 | 高温 | 金属、陶瓷、塑料、玻璃钢等的胶接 |
| 酚醛-丁腈胶 | 酚醛、丁腈橡胶 | 韧性好, 耐热、耐老化性好 | 高温 | 在 250℃ 以下的金属工件的胶接 |

续表

| 品种 | 主要成分 | 特点 | 固化条件 | 用途举例 |
|---|---|---|---|---|
| 氧化铜磷酸盐无机胶 | 氧化铜磷酸、氢氧化铝 | 耐热在 600℃ 以上，配胶、施工较易，适用于槽接、套接 | 室温或中温 | 金属、陶瓷、刀具、工模具等的胶接和修补 |
| 硅酸盐无机胶 | 硅酸铝、磷酸铝或少量氧化锆、氧化硅、硅酸钠 | 耐热性高，可达1000℃～1300℃，质较脆，固化工艺不便，适用于槽接、套接 | 室温到高温 | 金属、陶瓷高温零部件的胶接 |
| 反应型(第二代)丙烯酸酯胶 | 甲基丙烯酸甲酯、甲基丙烯酸、弹性体、促进剂、引发剂 | 双组分，不需要称量和混合，固化快，润湿性强，对金属、塑料的胶接强度好，耐油性好，耐老化 | 室温 | 金属、ABS、有机玻璃、塑料的胶接，商标纸的压敏胶接 |
| α-氰基丙烯酸酯胶 | α-氰基丙烯酸甲酯或乙酯、丁酯单体、增塑剂 | 瞬间快速固化、使用方便，质脆、耐水、耐湿性较差，单组分 | 室温，几分钟固化 | 金属、陶瓷、玻璃、橡胶、塑料的胶接，与小面积仪表零件的胶接和固定 |
| 树脂改性氯丁胶 | 氯丁橡胶、酚醛、硫化体系 | 韧性好，初黏力高，可在 −60℃～100℃下使用 | 室温 | 橡胶、皮革、塑料、木材、金属的胶接 |
| 聚氨酯厌氧胶 | 聚氨酯丙烯酸双酯、促进剂、催化剂、填料 | 韧性好，胶接强度较高，适用范围较广 | 隔氧，室温，10 min 固化 | 螺栓、柱锁固定，防水、防油、防漏，金属、塑料的胶接和临时固定、密封 |

# 本 章 小 结

　　高分子材料主要分塑料、橡胶和胶黏剂三类，塑料主要由合成树脂与添加剂组成。热塑性塑料具有线型结构，因而具有较好的弹性和塑性、易于加工成型和可反复加热成型等特性；热固性塑料在成型时由于线型分子链间产生交联而形成网状结构，因而具有较高的硬度和弹性模量，但其弹性低、脆性大，不能进行塑性加工和反复使用。橡胶由于在线型分子链间形成少量交联，因而具有高的弹性。胶黏剂由黏料和助剂组成，可将分开的物体粘结在一起。

# 本章主要名词

塑料(plastic)

合成树脂(synthetic resin)

添加剂(additive)

热塑性塑料(thermoplastic plastics)

热固性塑料(thermosetting plastics)

工程塑料(engineering plastics)

橡胶(rubber)

硫化(sulfide)

配合剂(complexing agent)

胶黏剂(adhesive)

# 习题与思考题

1. 按应用范围的不同，高分子材料分为几大类？分别具有何特点？
2. 高分子链的形态结构类型和特点？
3. 高分子材料的力学性能特点？
4. 请比较热塑性塑料和热固性塑料的结构和性能特点。
5. 塑料包含哪些组成成分？
6. 常用的工程塑料有哪些？分别具有什么特点？
7. 塑料、橡胶和胶黏剂的主要组成物各是什么？
8. 在使用和保存橡胶制品时，应注意哪些问题？

# 第6章 陶瓷材料

陶瓷材料是用天然或合成的粉状化合物，经成型和高温烧结制成的多晶固体无机非金属材料。它具有高熔点、高硬度、高耐磨性、耐氧化等特点，与金属材料、高分子材料一起被称为三大固体工程材料。

## 6.1 概　述

### 1. 陶瓷材料的分类与生产

按原料来源不同，陶瓷分为普通陶瓷和特种陶瓷；按用途不同，陶瓷分为工业陶瓷和日用陶瓷。

(1) 普通陶瓷又称为传统陶瓷。它以天然硅酸盐矿物为主要原料，如黏土、石英、长石等烧结而成，主要组成元素是硅、铝、氧。这三种元素占地壳元素总量的90%，因此普通陶瓷来源丰富、成本低、工艺成熟。这类陶瓷按性能特征和用途又可分为日用陶瓷、建筑陶瓷、电绝缘陶瓷、化工陶瓷、多孔陶瓷等。

(2) 特种陶瓷又称为近代陶瓷。它是以高纯度人工合成的化合物为原料，利用精密控制工艺成型烧结制成的。这类陶瓷一般具有一些独特的性能，可满足工程结构的特殊需要。根据其主要成分分为氧化物陶瓷、氮化物陶瓷、碳化物陶瓷、金属陶瓷等。特种陶瓷具有特殊的力、光、声、电、磁、热等性能。

(3) 陶瓷制品的生产都要经过三个阶段：坯料制备、成型和烧结。

① 坯料制备。通过机械或物理或化学方法制备粉料，在制备坯料时，要控制坯料粉的粒度、形状、纯度、脱水脱气、配料比例和混料均匀度等质量要求。按不同的成型工艺要求，坯料可以是粉料、浆料或可塑泥团。

② 成型。将坯料用一定工具或模具制成一定形状、尺寸、密度和强度的制品坯型(亦称为生坯)。

③ 烧结。生坯经初步干燥后，进行涂釉烧结或直接烧结。在高温烧结时，陶瓷内部会发生一系列物理化学变化及相变，如体积减小，密度增加，强度、硬度提高，晶粒发生相变等，使陶瓷制品达到所要求的物理性能和力学性能。

### 2. 性能特点

#### 1) 力学性能

陶瓷材料是工程材料中刚度最好、硬度最高的材料，其硬度大多在1500 HV以上。因表面及内部的气孔、微裂纹等缺陷，所以抗拉强度较低。但其抗压强度高，当受压时，裂纹不易扩展，为抗拉强度的 10～40 倍。

陶瓷是典型的脆性材料，在室温下受负载时，几乎不发生塑性变形就在较低应力下断裂，因此陶瓷的韧性极低或脆性极高。冲击韧度常常在 $10\ kJ/m^2$ 以下，断裂韧度值也很低，比金属的低一个数量级。

脆性是陶瓷材料的最大缺点，也是影响其作为结构材料广泛使用的主要因素。

2) 热性能

陶瓷材料一般具有高的熔点(大多在 2000℃ 以上)，且在高温下具有极好的化学稳定性；陶瓷的导热性低于金属材料，它还是良好的隔热材料。同时陶瓷的线膨胀系数比金属低，当温度发生变化时，陶瓷具有良好的尺寸稳定性。

3) 电性能

大多数陶瓷具有良好的电绝缘性，因此大量用于制造各种电压(1～110 kV)的绝缘器件。铁电陶瓷(如钛酸钡($BaTiO_3$))具有较高的介电常数，可用于制造电容器，铁电陶瓷在外电场的作用下，还能改变形状，将电能转换为机械能(具有压电材料的特性)，可用于制造扩音机、电唱机、超声波仪、声呐、医疗用声谱仪等。少数陶瓷还具有半导体的特性，可用于制造整流器。

4) 化学性能

陶瓷材料在高温下不易氧化，并对酸、碱、盐具有良好的抗腐蚀能力。

5) 光学性能

陶瓷材料还有独特的光学性能，可用于制造固体激光器、光导纤维、光储存器等。透明陶瓷可用于制造高压钠灯管等。磁性陶瓷(铁氧体，如 $MgFe_2O_4$、$CuFe_2O_4$、$Fe_3O_4$)在录音磁带、唱片、变压器铁芯、大型计算机记忆元件方面的应用有着广泛的前途。

# 6.2 常用工程陶瓷材料

根据原料来源不同，陶瓷材料可分为普通陶瓷和特种陶瓷。特种陶瓷根据用途不同，可分为结构陶瓷、工具陶瓷、功能陶瓷。

## 1. 普通陶瓷

普通陶瓷是以天然硅酸盐矿物，如黏土、长石、石英等为主要原料配制、烧结而成的。其组织中主晶相为莫来石晶体($3Al_2O_3 \cdot 2SiO_2$)，占 25%～30%，次晶相为 $SiO_2$；玻璃相约为 35%～60%；气相为 1%～3%。

(1) 性能特点：普通陶瓷质地坚硬，不氧化，不导电，耐腐蚀，加工成型性好，成本低。但普通陶瓷强度低，耐高温性能低于其他陶瓷，使用温度为 1200℃。

(2) 应用：生活中常用的各类陶瓷制品；电瓷绝缘子，耐酸、碱的容器和反应塔管道，纺织机械中的导纱零件等，还可用于受力不大、工作温度在 200℃ 以下的结构零件。

## 2. 结构陶瓷

结构陶瓷是作为结构部件的特种陶瓷。它由单一或复合的氧化物或非氧化物组成，如单由 $Al_2O_3$、$ZrO_2$、$SiC$、$Si_3N_4$，或其相互复合，亦或与碳纤维结合而成。主要用于制造陶瓷发动机和耐磨、耐高温的特殊构件。

### 1) 氧化铝陶瓷

氧化铝陶瓷的主要组成物为 $Al_2O_3$，一般含量大于 45%。根据 $Al_2O_3$ 含量不同分为 75 瓷(含 75%的 $Al_2O_3$，又称为刚玉-莫来石瓷)、95 瓷和 99 瓷，后两者又称为刚玉瓷。

氧化铝陶瓷耐高温性能好，熔点在 2000℃以上，一般可在 1600℃的温度长期使用；具有很高的硬度，仅次于碳化硅、立方氮化硼、金刚石等，并有较高的强度、高温强度和耐磨性。它还具有良好的绝缘性和化学稳定性，能耐各种酸碱的腐蚀，但氧化铝陶瓷的缺点是热稳定性低，脆性大，不能接受突然的环境温度变化。

氧化铝陶瓷广泛用于制造高速切削工具、量规、拉丝模、高温炉零件、空压机泵零件、内燃机火花塞等。此外，还可用于制作真空材料、绝热材料和坩埚材料。

### 2) 氮化硅陶瓷

氮化硅陶瓷的主要组成物是 $Si_3N_4$，这是一种耐高温、高硬度、耐磨、耐腐蚀并能自润滑的高温陶瓷，线膨胀系数在各种陶瓷中最小，使用温度高达 1400℃，具有极好的耐腐蚀性，除氢氟酸外，能耐其他各种酸的腐蚀，能耐碱、各种金属的腐蚀，并具有优良的电绝缘性和耐辐射性。可用于制造高温轴承、在腐蚀介质中使用的密封环、热电偶套管，也可用于制造金属切削刀具。

### 3) 碳化硅陶瓷

碳化硅陶瓷的主要组成物是 SiC，这是一种高强度、高硬度的耐高温陶瓷，在 1200℃～1400℃使用仍能保持高的抗弯强度，是目前在高温下强度最高的陶瓷，碳化硅陶瓷还具有良好的导热性、抗氧化性、导电性和高的冲击韧度。它是良好的高温结构材料，可用于制造火箭尾喷管喷嘴、热电偶套管、炉管等高温下工作的部件；利用它的导热性可制作高温下的热交换器材料；利用它的高硬度和耐磨性可制作砂轮、磨料等。

### 4) 六方氮化硼陶瓷

六方氮化硼陶瓷的主要成分为 BN，晶体结构为六方晶系，其结构和性能与石墨相似，故有"白石墨"之称，硬度较低，可以进行切削加工，具有自润滑性，可用于制造自润滑高温轴承、玻璃成型模具等。

### 3. 工具陶瓷

### 1) 硬质合金

硬质合金的主要成分为碳化物和黏结剂，碳化物主要有 WC、TiC、TaC、NbC、VC 等，黏结剂主要为钴(Co)。硬质合金与工具钢相比，硬度高(高达 87～91 HRA)，热硬性好(1000℃左右耐磨性优良)，当用于制造刀具时，切削速度比高速钢提高 4～7 倍，寿命提高 5～8 倍；其缺点是硬度太高、性脆，很难被机械加工，因此常被制成刀片并镶焊在刀杆上使用。硬质合金主要用于制造机械加工刀具，各种模具，包括拉伸模、拉拔模、冷镦模，矿山工具、地质和石油开采用的各种钻头等。

### 2) 金刚石

天然金刚石(钻石)作为名贵的装饰品，而合成金刚石在工业上广泛应用。金刚石是自然界最硬的材料，还具备极高的弹性模量。金刚石的导热率是已知材料中最高的，它的绝缘性能很好。金刚石可用于制造钻头、刀具、磨具、拉丝模、修整工具。金刚石工具进行超精密加工,可达到镜面光洁度。但金刚石刀具的热稳定性差,与铁族元素的亲和力大,故不能用于加工铁、镍基合金,而主要用于加工非铁金属和非金属,广泛用于陶瓷、玻璃、石料、混凝土、宝石、玛瑙等的加工。

3) 立方氮化硼(CBN)

立方氮化硼具有立方晶体结构,其硬度高,仅次于金刚石,热稳定性和化学稳定性比金刚石好,可用于淬火钢、耐磨铸铁、热喷涂和镍等难以加工的材料的切削加工,可制成刀具、磨具、拉丝模等。

其他工具陶瓷还有氧化铝、氧化锆、氮化硅等,但其综合性能及工程应用均不及上述三种工具陶瓷。

**4. 功能陶瓷**

功能陶瓷通常具有特殊的物理性能,涉及的领域比较多,常用功能陶瓷的特性及应用如表 6.1.1 所示。

**表 6.1.1　常用功能陶瓷的组成、特性及应用**

| 种　类 | 性能特征 | 主要组成 | 用　途 |
|---|---|---|---|
| 介电陶瓷 | 绝缘性 | $Al_2O_3$、$Mg_2SiO_4$ | 集成电路基板 |
| | 热电性 | $PbTiO_3$、$BaTiO_3$ | 热敏电阻 |
| | 压电性 | $PbTiO_3$、$LiNbO_3$ | 振荡器 |
| | 强介电性 | $BaTiO_3$ | 电容器 |
| 光学陶瓷 | 荧光、发光性 | $Al_2O_3CrNd$ 玻璃 | 激光 |
| | 红外透过性 | $CaAs$、$CdTe$ | 红外线窗口 |
| | 高透明度 | $SiO_2$ | 光导纤维 |
| | 电发色效应 | $WO_3$ | 显示器 |
| 磁性陶瓷 | 软磁性 | $ZnFe_2O$、$\gamma-Fe_2O_3$ | 磁带、各种高频磁芯 |
| | 硬磁性 | $SrO_6$、$Fe_2O_3$ | 电声器件、仪表及控制器件的磁芯 |
| 半导体陶瓷 | 光电效应 | $CdS$、$Ca_2S_x$ | 太阳电池 |
| | 阻抗温度变化效应 | $VO_2$、$NiO$ | 温度传感器 |
| | 热电子放射效应 | $LaB_6$、$BaO$ | 热阴极 |

# 6.3　金属陶瓷

金属陶瓷是由陶瓷硬质相与金属或合金粘结相组成的结构材料。金属陶瓷既保持了陶瓷的高强度、高硬度、耐磨损、耐高温、抗氧化和化学稳定性等特性,又具有较好的金属韧性和可塑性。

## 1. 金属陶瓷的组成

为了使陶瓷既可以耐高温又不容易破碎，人们在制作陶瓷的黏土里加了些金属粉，因此制成了金属陶瓷。金属陶瓷中的陶瓷相是具有高熔点、高硬度的氧化物或难熔化合物，金属相主要是过渡元素(如铁、钴、镍、铬、钨、钼等)及其合金。

## 2. 金属陶瓷的分类

根据各组成相所占百分比不同，金属陶瓷分为以陶瓷为基质和以金属为基质两类。

### 1) 陶瓷基金属陶瓷

陶瓷基金属陶瓷主要有氧化物基金属陶瓷、碳化物基金属陶瓷、氮化物基金属陶瓷、硼化物基金属陶瓷、硅化物基金属陶瓷等。

(1) 氧化物基金属陶瓷：以氧化铝、氧化锆、氧化镁、氧化铍等为基体，与金属钨、铬或钴复合而成，具有耐高温、抗化学腐蚀、导热性好、机械强度高等特点，可用于制造导弹喷管衬套、熔炼金属的坩埚和金属切削刀具。

(2) 碳化物基金属陶瓷：以碳化钛、碳化硅、碳化钨等为基体，与金属钴、镍、铬、钨、钼等金属复合而成，具有高硬度、高耐磨性、耐高温等特点，用于制造切削刀具、高温轴承、密封环、拉丝模套及透平叶片。

(3) 氮化物基金属陶瓷：以氮化钛、氮化硼、氮化硅和氮化钽为基体，具有超硬性、抗热振性和良好的高温蠕变性，应用较少。

(4) 硼化物基金属陶瓷：以硼化钛、硼化钽、硼化钒、硼化铬、硼化锆、硼化钨、硼化钼、硼化铌、硼化铪等为基体，与部分金属材料复合而成。

(5) 硅化物基金属陶瓷：以硅化锰、硅化铁、硅化钴、硅化镍、硅化钛、硅化锆、硅化铌、硅化钒、硅化钽、硅化钼、硅化钨、硅化钡等为基体，与部分或微量金属材料复合而成。其中硅化钼金属陶瓷在工业中有广泛的应用。

### 2) 金属基金属陶瓷

金属基金属陶瓷是在金属基体中加入氧化物细粉制得的，又称为弥散增强材料，主要有烧结铝(铝-氧化铝)、烧结铍(铍-氧化铍)、TD 镍(镍-氧化钍)等。烧结铝中的氧化铝含量约为 5%～15%，与合金铝相比，其高温强度高、密度小、易加工、耐腐蚀、导热性好，常用于制造飞机和导弹的结构件、发动机活塞、化工机械零件等。

金属陶瓷兼有金属和陶瓷的优点，它密度小、硬度高、耐磨、导热性好，不会因为骤冷或骤热而脆裂。另外，在金属表面涂一层气密性好、熔点高、传热性能很差的陶瓷涂层，也能防止金属或合金在高温下氧化或腐蚀。金属陶瓷既具有金属的韧性、高导热性和良好的热稳定性，又具有陶瓷的耐高温、耐腐蚀和耐磨损等特性。

金属陶瓷广泛地用于制造火箭、导弹、超音速飞机的外壳、燃烧室的火焰喷口等部件。

## 3. 常用的金属陶瓷材料

(1) 银-氧化镉材料。这种材料具有良好的耐电磨损、抗熔焊和接触电阻低且稳定的特点。它被广泛应用于中等功率的电器。这种材料具有这些优良性能的原因有以下几个方面：

① 在电弧作用下氧化镉分解，从固态升华成气态(分解温度约为 900℃)，产生剧烈蒸发，起吹弧作用，并清洁触头表面。

② 氧化镉分解时吸收大量的热，有利于电弧的冷却与熄灭。

③ 弥散的氧化镉微粒能增加熔融材料的黏度，减少金属的飞溅损耗。

④ 镉蒸气一部分重新与氧结合形成固态氧化镉，沉积在触头表面，阻止触头的焊接。氧化镉含量在 12%～15%时可以得到最佳性能。如果在银–氧化镉中添加一些微量元素(例如硅、铝、钙等)能进一步细化晶粒，提高耐电磨损性能。

(2) 银–钨材料。这种材料具有银、钨各自的优点。随着钨含量的增加，耐电弧磨损和抗熔焊性能提高，但导电性下降。低压开关常用含钨 30%～40%的材料，高压开关常用含钨 60%～80%的材料。

银–钨材料的缺点是接触电阻随触头开闭次数的增加而增大，严重者可达到初始值的 10 倍以上。因为在分断过程中，触头表面会产生三氧化钨($WO_3$)或钨酸银($Ag_2WO_4$)膜，所以这种膜不导电，接触电阻会剧增。

(3) 铜–钨材料。这种材料性能与银–钨相似，但比银–钨更容易氧化，形成钨酸铜($CuWO_4$)膜，使接触电阻剧增。它不宜作为空气开关触头，但可以作为油开关触头。

(4) 银–石墨材料。它的导电性好，接触电阻小，抗熔焊性能很好，缺点是电磨损大。一般石墨含量不超过 5%。

(5) 银–铁材料。它有好的导电、导热、耐电磨损等性能，用于中、小电流接触器，它比纯银触头的电寿命成倍提高。其主要缺点是在大气中易生锈斑。

# 本 章 小 结

陶瓷是用天然或合成化合物经过成型和高温烧结制成的一类无机非金属材料。它具有高熔点、高硬度、高耐磨性、耐氧化等优点。可作为结构材料、刀具材料，由于陶瓷还具有某些特殊的性能，又可作为功能材料。

# 本章主要名词

陶瓷(ceramic)　　　　　　　　　　坯料(blank)

成型(forming)　　　　　　　　　　烧结(sinter)

特种陶瓷(special ceramics)　　　　金属陶瓷(metal ceramic)

# 习题与思考题

1. 简述陶瓷材料的种类及作用。
2. 陶瓷材料的特点有哪些？
3. 影响陶瓷材料抗拉强度的主要因素有哪些？
4. 简述金属陶瓷的主要性能及应用。

# 第7章 复 合 材 料

随着科学技术和工农业的快速发展，对材料的性能提出了越来越高的要求，单一的材料已不能满足某些使用要求。因此，复合材料得到了人们的重视。组成复合材料的各种材料在性能上取长补短，产生协同效应，使复合材料的综合性能优于原组成材料而满足各种不同的要求。目前，研究复合材料已成为挖掘材料潜能、研制、开发新材料的有效途径。

## 7.1 概 述

复合材料是由两种或两种以上物理、化学性质不同的物质组合而成的一种多相固体材料，并具有复合效应。它可以发挥各种材料的优点，克服单一材料的缺陷，扩大材料的应用范围。

### 1. 复合材料的组成及分类

1) 复合材料的组成

复合材料由基体和增强材料两个组分构成。

(1) 基体。它是构成复合材料的连续相，基体的作用是将增强材料黏结成整体并使复合材料具有一定的形状，传递外界作用力、保护增强材料免受外界的各种侵蚀破坏作用。基体可由金属、树脂、陶瓷等构成。

(2) 增强材料。它是以独立的形态分布在整个连续相中的分散相，与连续相相比，这种分散相的性能优越，会使材料的性能显著增强，故常称为增强材料(也称为增强体、增强相等)。起着承受载荷、提高强度、韧性的作用。增强相的形态有纤维状、颗粒状或弥散状。

2) 复合材料的分类

复合材料的种类较多，目前较常见的是以高分子材料、陶瓷材料、金属材料为基体，以粒子、纤维和片状增强相组成的各种复合材料。

(1) 按基体材料分类：可分为非金属基复合材料和金属基复合材料两类。常用的有纤维增强金属管、纤维增强塑料、钢筋混凝土等。

(2) 按增强相种类和形状分类：可分为纤维增强复合材料、颗粒增强复合材料和层合复合材料。常用的有金属陶瓷、热双金属片簧、玻璃纤维复合材料(玻璃钢)等。

(3) 按复合材料性能分类：可分为结构复合材料和功能复合材料两类。

### 2. 复合材料的性能特点

复合材料与传统材料相比，复合材料的各个组成材料在性能上起协同作用，具有单一材料无法比拟的优越综合性能。金属基、非金属基复合材料都可达到或优于传统金属材料的强度与模量等力学指标。各类材料的强度性能的比较如表 7.1.1 所示。

表 7.1.1 各类材料强度性能的比较

| 材 料 | 密度 $\rho$ /(g·cm$^{-3}$) | 抗拉强度 $R_m$ /MPa | 弹性模量 $E$ /GPa | 比强度 $(R_m/\rho)$ /(Mpa/g·cm$^{-3}$) | 比模量 $(E/\rho)$ /(GPa/g·cm$^{-3}$) |
|---|---|---|---|---|---|
| 钢 | 7.8 | 1010 | 206 | 129 | 26 |
| 铝 | 2.3 | 461 | 74 | 165 | 26 |
| 钛 | 4.5 | 942 | 112 | 209 | 25 |
| 玻璃钢 | 2.0 | 1040 | 39 | 520 | 20 |
| 碳纤维 I /环氧树脂 | 1.6 | 1050 | 235 | 656 | 147 |
| 碳纤维 II /环氧树脂 | 1.45 | 1472 | 137 | 1015 | 95 |
| 有机纤维 PRD/环氧树脂 | 1.4 | 1373 | 78 | 981 | 56 |
| 硼纤维/环氧树脂 | 2.1 | 1344 | 206 | 640 | 98 |
| 硼纤维/铝 | 2.65 | 981 | 196 | 370 | 74 |

(1) 性能的可设计性。复合材料可以根据不同的用途要求，灵活地进行产品设计，具有很好的可设计性。

(2) 比强度和比模量高。比强度、比模量是指材料的强度或模量与密度之比，其实质是单位质量所提供的变形抗力和承载能力。材料的比强度越高，制作同一零件则自重越小；材料比模量越高，零件的刚性越大。复合材料的增强物一般都采用了高强度、低密度的材料，其中纤维增强复合材料的最高，比模量约为钢的 4 倍，比强度约为钢的 8 倍。

(3) 抗疲劳性能好。复合材料的基体中密布着大量的增强纤维等，而基体的塑性一般较好。碳纤维增强复合材料的疲劳极限相当于其抗拉强度的 70%～80%，而多数金属材料疲劳强度只有抗拉强度的 40%～50%。这是因为在纤维增强复合材料中，纤维与基体间的界面能够阻止疲劳裂纹的扩展。当裂纹从基体的薄弱环节处产生并扩展到结合面时，受到一定程度的阻碍，因而使裂纹向载荷方向的扩展停止。

(4) 减振性好。纤维增强材料比模量高，自振频率也高，在一般情况下，不会发生因共振而脆断现象。此外，纤维与基体的接口具有吸振能力，因此具有很高的阻尼作用。

(5) 高温性能好。增强纤维的熔点或软化温度一般都较高，除玻璃纤维的软化点仅为 700℃～900℃外，其他如 $Al_2O_3$、C、BN、SiC、B 等纤维的软化点都在 2000℃以上，因此复合材料一般都具有较高的高温强度。

例如，一般铝合金在 400℃以上时强度仅为室温时的 1/10，弹性模量接近于零，而用碳纤维或硼纤维强化的铝材，在 400℃时强度和弹性模量几乎和室温中的情况一样。

(6) 断裂安全性好。复合材料的每平方厘米截面上独立的纤维有几千甚至几万根，当构件过载并有少量纤维断裂后，会迅速进行应力重新分配，由未断裂的纤维来承载，使构件在短时间内不会失去承载能力，提高使用的安全性。

除了上述几种特性外，复合材料还具有良好的化学稳定性、自润滑和耐磨性等。但复合材料伸长率小，抗冲击性差，横向强度较低，成本较高。

# 7.2　复合材料的增强机制

**1. 复合材料的增强机理**

复合材料所用的增强机理主要有纤维增强、弥散增强和颗粒增强三种。

1) 纤维增强

通常根据纤维形态可以分为连续纤维、非连续纤维(短纤维)或晶须(长度约为 100～1000 μm、直径约为 1～10 μm 的单晶体)两类。其增强机理是：

(1) 高强度、高模量的纤维承受载荷，基体只是作为传递和分散载荷的媒介。

(2) 脆性纤维直径细小，而使产生裂纹的几率降低，有利于纤维脆性的改善和强度的提高。

(3) 纤维处于基体之中，彼此隔离，纤维表面受到基体的保护作用，不易遭受损伤，不易在承载过程中产生裂纹，使承载能力增强。

(4) 当复合材料受到较大应力时，一些有裂纹的纤维可能断裂，但塑性和韧性好的基体能阻止裂纹扩张。

(5) 当复合材料的纤维断裂时，断口不可能在一个平面上，若要使整体断裂，必然有许多根纤维从基体中被拨出，必须克服基体对纤维的黏结力以及基体与纤维之间的摩擦力，从而使材料的抗拉强度、断裂韧度大大提高。

因此，纤维与基体黏结复合时，材料可获得很好的强化。

2) 弥散增强

粒子直径为 10～100 nm，体积分数约为 1%～15%。基体是承受载荷的主体，增强材料主要是金属氧化物、碳化物和硼化物，如 $Al_2O_3$、TiC、SiC 等。在承受载荷时，弥散均匀分布的增强粒子将阻碍导致基体塑性变形的位错运动(金属基)或分子链运动(高聚物基)。

弥散粒子尺寸越小，体积分数越高，强化效果越好。

3) 颗粒增强

颗粒的尺寸较大(大于 1 μm)，基体承担主要的载荷，颗粒阻止位错的运动，并约束基体的变形来达到强化基体的目的。复合材料所受载荷并非完全由基体承担，增强颗粒也承受部分载荷。颗粒与基体间的结合力越大，增强的效果越明显。

颗粒的尺寸越小，体积分数越大，强化效果越好。一般在颗粒增强复合材料中，颗粒直径为 1～50 μm，颗粒间距为 1～25 μm，颗粒的体积分数为 0.05～0.5。

用金属或高分子聚合物将有耐热性、硬度高但不耐冲击的金属氧化物、氮化物、碳化物等复合在一起，由于强化相颗粒较大，故强化效果并不显著，但这种复合材料主要不是提高强度，而是为了改善耐磨性或提高综合力学性能。

**2. 复合材料的复合原则**

1) 纤维增强遵循的原则

(1) 增强纤维要选用强度和弹性模量均高于基体的纤维。因为增强纤维的弹性模量 $E$ 越高，在同样应变量 $\varepsilon$ 的条件下，按照虎克定律($\sigma = E\varepsilon$)，所受应力越大，这样材料充分发挥纤维的增强作用，保证复合材料中承受载荷的材料是增强纤维。

(2) 纤维和基体之间要有一定的黏结作用和适当的结合强度，以保证基体所受的应力能通过界面传递给纤维。结合强度小，界面很难传递载荷，纤维无法发挥主要承受载荷的作用。结合强度过大使纤维拔出消耗能量过程消失，降低强度并导致危险的脆性断裂。

(3) 纤维应有合理的含量、尺寸和排列。复合材料中纤维含量越高，抗拉强度、弹性模量越大。纤维直径对其强度有较大影响，纤维越细，则材料缺陷越小，强度越高；同时细纤维的比表面积大，有利于增强与基体的结合力。纤维越长，对增强效果越有利。连续纤维比短切纤维的增强效果好得多。

纤维的排列方向应符合构件的受力要求。由于纤维的纵向比横向的抗拉强度高几十倍，因此应尽量使纤维的排列方向平行于应力作用方向。当受力比较复杂时，纤维可以采用不同方向交叉层叠排列，以使之沿几个不同方向产生增强效果。

(4) 纤维与基体的热膨胀系数应匹配，不能相差过大，否则会在热胀冷缩过程中引起纤维和基体结合强度降低。对于韧性较低的基体，纤维的线膨胀系数大于基体的线膨胀系数；对于韧性较高的基体，纤维的线膨胀系数小于基体的线膨胀系数。

(5) 纤维与基体之间要有良好的相容性。在高温作用下纤维与基体之间不发生化学反应，基体对纤维不产生腐蚀和损伤作用。

2) 颗粒增强遵循的原则

(1) 颗粒应高度均匀弥散分布在基体中。

(2) 颗粒大小应适当。一般几微米到几十微米，过大易裂，过小起不到强化作用。

(3) 颗粒的体积含量应在 20% 以上，否则达不到强化效果。

(4) 颗粒与基体之间有一定的结合强度。

## 7.3　常用复合材料

### 1. 纤维增强复合材料

1) 玻璃纤维复合材料

玻璃纤维是一种性能优异的无机非金属材料，它是以玻璃球或废旧玻璃为原料经高温熔制、拉丝、络纱、织布等工艺制造成的，其单丝的直径为几个微米到二十几个微米，相当于一根头发丝的 1/20～1/5，每束纤维原丝都由数百根甚至上千根单丝组成。

玻璃纤维比有机纤维耐温高、不燃、抗腐、隔热、隔音性好、抗拉强度高、电绝缘性好。但性脆，耐磨性较差。并且随着含碱量的增加，玻璃纤维的强度、绝缘性、耐蚀性降低。

由玻璃纤维与热固性树脂或热塑性树脂复合而成的材料称为玻璃纤维增强塑料，俗称玻璃钢。玻璃钢分为热固性玻璃钢和热塑性玻璃钢两种。

(1) 热固性玻璃钢。它是由 60%～70% 玻璃纤维(包括长纤维、布、带、毡等)和 30%～40% 热固性树脂(包括环氧树脂、酚醛树脂、不饱和聚酯树脂等)作为基体的纤维增强塑料。

热固性玻璃钢的突出特点是密度小、比强度高。密度为 $1.6$～$2.0 \ \text{g/cm}^3$，比最轻的金属铝还要轻，而比强度比高级合金钢还高。"玻璃钢"这个名称便由此而来。热固性玻璃钢还具有良好的耐腐蚀性，在酸、碱、有机溶剂、海水等介质中均很稳定；良好的电绝缘性；不受电磁作用的影响，不反射无线电波；具有保温、隔热、隔声、减振等性能。

热固性玻璃钢最大的缺点是刚性差，它的弯曲弹性模量比钢材小 10 倍。其次是玻璃钢的耐热性较低，一般连续使用温度在 350℃ 以下。表 7.3.1 列出了常用热固性玻璃钢的性质与应用范围。

**表 7.3.1　常用热固性玻璃钢的性质与应用范围**

| 基体树脂 | 聚酯树脂 | 环氧树脂 | 酚醛树脂 | 双马来酰亚胺 | 聚酰亚胺 |
|---|---|---|---|---|---|
| 工艺性 | 好 | 好 | 比较好 | 好 | 比较好~差 |
| 力学性能 | 比较好 | 优秀 | 比较好 | 好 | 好 |
| 耐热性 | 80℃ | 120℃~180℃ | 180℃ | 230℃ | 240℃~310℃ |
| 价格 | 低 | 中 | 低 | 中 | 高 |
| 韧性 | 差 | 比较好 | 差 | 比较好 | 比较好 |
| 成型收缩率 | 中 | 小 | 大 | — | — |
| 应用范围 | 用于制造绝大部分玻璃纤维增强制品的一般要求的结构，如汽车、船舶、化工、电器、电子设备等 | 适用范围广，性能最好，用于制造主承力结构或耐腐蚀性制品等，如飞机、宇航等 | 发烟率低，用于制作烧蚀材料、飞机内部装饰、电工材料等 | 具有良好的性能、中等使用温度、部分代替环氧，用于制作飞机结构材料 | 具有最好的耐热性，用于制造耐高温结构，如卫星等空间飞行器的构件 |

(2) 热塑性玻璃钢。它是由 20%~40% 的玻璃纤维和 60%~80% 的热塑性树脂(如尼龙、聚烯烃、聚苯乙烯、聚酯、聚碳酸酯等)作为基体的纤维增强塑料。具有高的强度，高的冲击韧性，耐热性好，化学稳定性好，良好的低温性能及低热膨胀系数。表 7.3.2 列出了常用热塑性玻璃钢的性能和用途。

**表 7.3.2　常用热塑性玻璃钢的性能和用途**

| 材　　料 | 密度 /$10^3 \cdot m^{-3}$ | 拉伸强度 /MPa | 弯曲模量 /MPa | 特性及用途 |
|---|---|---|---|---|
| 尼龙 66 玻璃钢 | 1.37 | 182 | 91 | 刚度、强度、减磨性好。用于制造轴承、轴承架、齿轮等精密件、电工件、汽车仪表、前后灯等 |
| ABS 玻璃钢 | 1.28 | 101 | 77 | 化工装置、管道、容器等 |
| 聚苯乙烯玻璃钢 | 1.28 | 95 | 91 | 汽车内装、收音机机壳、空调叶片等 |
| 聚碳酸酯玻璃钢 | 1.43 | 130 | 84 | 耐磨、绝缘仪表等 |

2) 碳纤维增强复合材料

碳纤维主要是由碳元素组成的一种特种纤维，是以人造纤维(粘胶纤维、聚丙烯腈纤维等)或天然纤维为原料，先在 200℃~300℃ 空气中加热并施加一定张力进行预氧化处理，然后在氮气的保护下于 1000℃~1500℃ 的高温中进行碳化处理而制得的。其碳含量为 85%~95%。由于其具有高强度，因而称高强度碳纤维，也称为 Ⅱ 型碳纤维。

若在 2500℃~3000℃ 高温的氩气中进行石墨化处理，就可获得含碳量 98% 以上的碳纤维，又称为石墨纤维或高模量碳纤维，也称为 Ⅰ 型碳纤维。

与玻璃纤维相比，碳纤维的密度小($1.33\sim2.0$ g/cm$^3$)、弹性模量高($2.8\times10^5$ MPa$\sim$ $4\times10^5$ MPa)、高温及低温性能优异、导电性好、化学稳定性高、摩擦因数小、自润湿性好等，但其脆性大、易氧化。碳纤维是理想的增强材料，可用来增强塑料、碳、金属和陶瓷等基体材料。

(1) 碳纤维树脂复合材料。它是碳纤维与热固性树脂(如环氧树脂、酚醛树脂和聚四氟乙烯等)结合而成的材料。具有高强度、高弹性模量、高比强度和高比模量，还具有优良的抗疲劳性能、耐冲击性能、自润滑性、减摩耐磨性、耐蚀性及耐热性等，但纤维与基体结合力较低。主要用于制造宇宙飞行器的外层壳体，人造卫星和火箭的机架、壳体、天线及各种机器的齿轮、轴承等。

(2) 碳-碳复合材料。它是由碳纤维及其制品(碳毡或碳布)作为增强材料，碳或石墨作为基体的新型特种工程材料。

碳-碳复合材料具有低密度、高强度、高比模量、高导热性、低膨胀系数及抗热冲击性能好、尺寸稳定性高等特点，能承受极高的温度和加热速度，常用于制作烧蚀防热材料，在航空、航天中用来制造导弹鼻锥、飞船的前缘、超音速飞机的制动装置等。

(3) 碳纤维金属复合材料。它是由高强度、高模量的碳纤维与具有较高韧性及低屈服强度的金属(铝及其合金、钛及其合金、铜及其合金、镍合金、镁合金、银铅等)复合而成的。具有高的横向力学性能、高的层间剪切强度、冲击韧度好、高温强度高、耐热性好、耐磨性好、导电性好、导热性好、不吸湿、尺寸稳定性好、不老化等特点。主要用于制造航天飞机的外壳、飞机蒙皮及飞机机身结构件、汽车发动机的活塞、连杆等。

3) 硼纤维增强复合材料

硼纤维又称为硼丝，它是一种耐高温的无机纤维。通常用氢和三氯化硼在炽热的钨丝上反应，置换出无定形的硼沉积于钨丝表面获得。属于脆性材料，具有高强度($2450\sim2750$ MPa)、高弹性模量($3.8\times10^5\sim4.9\times10^5$ MPa)，密度只有钢材的1/4，抗压缩性能好；在惰性气体中，高温性能良好；当空气中温度超过500℃时，强度明显降低。硼纤维是良好的增强材料，可与金属、塑料或陶瓷复合，制成高温结构用复合材料。

(1) 硼纤维树脂复合材料。主要指硼纤维增强环氧树脂和聚酰亚胺树脂。该种材料突出的优点是刚度好，是高强度高模量纤维增强塑料中性能最好的。

(2) 硼纤维金属复合材料。以轻质高强的硼纤维增强金属(如铝或铝合金、钛或钛合金等)为基体的复合材料。其特点是比强度高，比模量高，压缩性能好。在飞行器和航空发动机上应用可以获得明显的减重效果。

4) 凯芙拉(Kevlar)纤维树脂复合材料

凯芙拉是美国杜邦公司用于其芳香族聚酰胺纤维(简称芳纶)产品上的注册商标，它是以芳纶为原材料，经过特殊的编织工艺而绞结和拧股而成的。具有比强度高、比模量高、拉伸性能好、抗切割、热稳定性好等特点。由于芳纶纤维的独特性能，使它在工业及军事上的应用十分广泛。

凯芙拉纤维树脂复合材料的基体材料主要是环氧树脂，其次是热塑性塑料的聚乙烯、聚碳酸酯、聚酯等。它突出的特点是有压延性，耐冲击强度超过了碳纤维增强塑料，自由振动的衰减性为钢筋的 8 倍、GFRP 的 $4\sim5$ 倍，耐疲劳性比 GFRP 和金属铝还好。可用于制造轮胎帘子线、高强度索具、耐压容器、防弹衣、头盔、装甲板、胶管等。

## 2. 颗粒增强复合材料

颗粒增强复合材料是由一种或多种材料的颗粒均匀分散在基体内所组成的材料。颗粒起增强作用，一般颗粒直径在 0.01～0.1 μm 范围内，颗粒直径偏离这一范围，则不易获得最佳的增强效果。常用的颗粒复合材料有两类：一类是颗粒与树脂复合，如塑料中加颗粒状填料，橡胶用炭黑增强等；另一类是陶瓷颗粒与金属或合金粘结组成的结构材料，称为金属陶瓷。根据各组成项所占百分比不同，金属陶瓷分为以陶瓷为基质和以金属为基质两类。

## 3. 层合复合材料

层合复合材料是由两层或两层以上不同材料结合而成的。使用层合法增强的复合材料可使强度、刚度、耐蚀、绝热、隔热、隔声等若干性能得到改善。常见的层合复合材料有以下几种。

### 1) 双金属复合材料

双金属复合材料是用压力加工、铸造、热压、焊接、喷涂等方法将两种不同金属复合在一起，如化工设备上用的包钛钢代替全钛材料制造容器、不锈钢-普通钢复合钢板等。

### 2) 塑料覆层复合材料

塑料覆层复合材料一般以金属板材(如锌板或带钢等)为基底，表面涂覆聚氯乙烯、聚四氟乙烯、环氧树脂等配制成的有机涂料而制得的，如彩色涂层钢板等。

### 3) 夹层玻璃

夹层玻璃是由两层或几层玻璃片之间夹嵌透明的聚乙烯醇缩丁醛为主要成分的塑料薄片，经热压黏合而成的一种安全玻璃。此种玻璃经较大的冲击和较剧烈的震动，仅现裂纹，不致粉碎。

### 4) SF 型三层复合材料

SF 型三层复合材料是以钢板为基体，烧结铜网或多孔青铜为中间层，塑料为表面层的一种自润滑材料。常作为聚四氟乙烯(如 SF-1 型)和聚甲醛(SF-2 型)。目前，已用于汽车、矿山机械、化工机械等方面。

### 5) 金属塑料复合材料

金属塑料复合材料以层状的金属与塑料相复合，具有金属的力学、物理性能和塑料的表面耐摩擦、磨损性能。如塑料-青铜-钢形成的复合材料，在钢与塑料之间以青铜网为媒介，可以使这三者获得更可靠的结合力。

## 4. 复合材料的发展趋势

纤维作为增强材料制成的复合材料是 20 世纪 40 年代发展起来的一种新材料，经过多年的发展，复合材料从开发、制造到应用已经发展成一个较为完整的体系。复合材料的制备与成型技术近年来进展迅速，特别是智能化生产技术、新技术的开发和应用以及功能性复合材料的生产等。

### 1) 功能性复合材料

功能性复合材料是指具有导电、超导、微波、摩擦、吸声、阻尼、烧蚀等功能的复合材料。功能复合材料具有非常广的应用领域，这些应用领域对功能复合材料不断有新的性能要求，而且许多功能复合材料的性能是其他材料难以达到的，如透波材料、烧蚀材料等。功能性复合材料是复合材料的一个重要发展方向。

2) 智能复合材料

智能复合材料是指具有感知、识别及处理能力的复合材料。在技术上是通过传感器、驱动器、控制器来实现复合材料的这些能力的，传感器感受复合材料结构的变化信息，例如，材料受损伤的信息，并将这些信息传递给控制器，控制器根据所获得的信息产生决策，然后发出控制驱动器动作的信号。

3) 仿生复合材料

仿生复合材料是指参考生命系统的结构规律而设计制造的复合材料。由于复合材料结构的多样性和复杂性，因此复合材料的结构设计在实践上十分困难。然而自然界的生物材料经过亿万年的自然选择与进化，形成了大量天然合理的复合结构，这些复合结构都可作为仿生设计的参考。

4) 环保型复合材料

从环境保护的角度考虑，要求废弃的复合材料可以回收利用，以节约资源和减少污染，但是目前的复合材料大多注重材料性能和加工工艺性能，而在回收利用上存在与环境不相协调的问题。因此，开发、使用与环境相协调的复合材料，是复合材料今后的发展方向之一。

# 本 章 小 结

复合材料由两种或两种以上物理、化学性质不同的物质，经人工合成的材料。复合材料由基体材料和增强材料组成，具有高比强度和比模量，很好的抗疲劳和抗断裂性能，有优越的耐高温、减小摩擦和耐磨性能。复合材料的增强机理有纤维增强、弥散增强和颗粒增强三种。

# 本章主要名词

复合材料(compound material)　　　　　增强机理(enhancement mechanism)

复合原则(composite principle)　　　　　纤维增强(fiber reinforced)

颗粒增强(particulate reinforced)　　　　层合增强(laminated enhancement)

# 习题与思考题

1. 复合材料的分类方法有哪些？
2. 复合材料相对于各单一材料具有哪些特点？
3. 主要的增强材料有哪些？在复合材料中具有什么作用？
4. 常用的纤维增强复合材料有哪些？
5. 常用的颗粒增强复合材料有哪些？
6. 常用的层合复合材料有哪些？

# 第 8 章 其他工程材料

## 8.1 功 能 材 料

功能材料是指以特殊的电、磁、声、光、热、力、化学及生物学等性能作为主要性能指标的一类材料，如磁性材料、光学材料等，它们具有优良的物理、化学和生物功能，在物件中起着"功能"的作用。

按材料的来源，功能材料可分为功能金属材料、功能陶瓷材料及功能高分子材料等。

### 8.1.1 功能金属材料

功能金属材料主要包括电性材料、磁性材料、超导材料、膨胀材料和弹性材料等。

#### 1. 电性材料

电性材料包括导电材料、电阻材料(精密电阻材料、电阻敏感材料)、电热材料和热电材料等。

导电材料是利用金属及合金优良的导电性能来传输电流及输送电能。导电材料要求具有高的电导率，高的力学性能，良好的抗腐蚀性能，良好的工艺性能(热冷加工、焊接)等。

电阻材料包括精密电阻材料和电阻敏感材料。精密电阻材料一般具有较恒定的高电阻率，电阻率随温度的变化小，即电阻温度系数小，且电阻随时间的变化小。它常用于制造标准电阻器，在仪器仪表及控制系统中有广泛应用。电阻敏感材料是指通过电阻的变化来获取系统中所需信息的元器件的材料，如应变电阻、热敏电阻、光敏电阻、气敏电阻等材料。

电流通过导体将放出焦耳热，利用电流热效应的材料就是电热材料，广泛用于制造电热器。对电热材料的性能要求是：有高的电阻率和低的电阻温度系数，在高温时具有良好的抗氧化性，并有长期的稳定性，有足够的高温强度，易于拉丝。

热电材料是指利用其热电性的材料。金属热电材料主要是利用塞贝克效应制作热电偶，它是重要的测温材料之一。较常用的非贵金属热电偶材料有镍铬-镍铝，镍铬-镍硅，铁-康铜，铜-康铜等。贵金属热电偶材料最常使用的有铂-铂铑及铱-铱铑等。低于室温的低温热电偶材料常用铜-康铜、铁-镍铬、铁-康铜、金铁-镍铬等。

#### 2. 磁功能金属材料

具有强磁性的材料称为磁性材料。磁性材料具有能量转换、存储或改变能量状态的功能，是重要的功能材料。按矫顽力的大小可将磁性材料分为永磁材料、软磁材料两种。磁性材料广泛地应用于计算机、通信、自动化、音像、电机、仪器仪表、航空航天、农业、生物等技术领域。

(1) 软磁材料。软磁材料在较低的磁场中被磁化而呈强磁性，在磁场去除后磁性基本消失，且磁滞损失小。这类材料常用于制造电力、配电和通信变压器和继电器、电磁铁、电感器铁芯、发电机与发电机转子和定子以及磁路中的磁轭材料等。典型的软磁材料有纯铁、铁硅合金(硅钢)、Ni-Fe 合金等。

(2) 永磁材料。磁性材料在磁场中被充磁，当磁场去除后，材料的磁性仍长时保留的材料即是永磁材料。利用这一磁场可以进行能量转化等，因此永磁体广泛用于制造精密仪器仪表、永磁电机、磁选机、电声器件等。

普遍应用的永磁材料按成分可分为五种：Al-Ni-Co 系永磁材料、永磁铁氧体、稀土永磁材料、Fe-Cr-Co 系永磁材料和复合永磁材料。

(3) 信息磁材料。信息磁材料是指用于光电通信、计算机、磁记录和其他信息处理技术中的存取信息类磁功能材料。主要包括磁记录材料、磁泡材料、磁光材料等。利用磁记录材料可以制造磁记录介质和磁头，它们对声音、图像和文字等信息进行写入、记录、存储并在需要时可输出。

其他一些特殊功能磁性材料还包括广泛用于雷达、卫星通信、电子对抗、高能加速器等高新技术中的微波设备的微波磁材料。在磁场和电场作用下可产生磁化强度和电极化强度的磁电材料。超导-铁磁材料等也是目前发展很快的特殊功能磁材料。

### 3. 超导材料

具有在一定的低温条件下呈现出电阻等于零以及排斥磁力线的性质的材料称为超导材料，现已发现有 28 种元素和几千种合金和化合物可以成为超导体。

超导材料和常规导电材料的性能有很大的不同。主要有以下性能：

(1) 零电阻性。超导材料处于超导态时电阻为零，能够无损耗地传输电能。如果用磁场在超导环中引发感生电流，这一电流可以毫不衰减地维持下去。

(2) 完全抗磁性。超导材料处于超导态时，只要外加磁场不超过一定值，磁力线不能透入，超导材料内的磁场恒为零。

(3) 约瑟夫森效应。两种超导材料之间有一薄绝缘层(厚度约为 1 nm)而形成低电阻连接时，会有电子对穿过绝缘层形成电流，而绝缘层两侧没有电压，即绝缘层也成了超导体。

超导材料按临界转变温度(Tc)可分为低温超导材料和高温超导材料。绝大多数的超导材料须用极低温的液氦冷却，是低温超导材料；而用极其廉价的液氮(77K)作为冷却剂的超导材料一般称为高温超导材料。

超导磁体已广泛应用于制造加速器、医学诊断设备、热核反应堆等。随着人们对超导材料及超导技术的深入研究，超导材料和超导技术在能源、交通、电子等高科技领域必将发挥越来越重要的作用。

### 4. 膨胀材料

热膨胀是指材料的长度或体积在不加外力时随温度的升高而变大的现象。在仪器、仪表和电真空技术中使用着一类具有特殊膨胀系数的合金，称为膨胀合金。按膨胀系数大小又将其分为低膨胀材料、定膨胀材料和高膨胀材料三种。

(1) 低膨胀材料是热膨胀系数较小的材料，也称为因瓦(Invar)合金。主要用于制造精密仪器仪表器件、大地测量基线尺、微波通信波导管等以保证仪器精度的稳定及设备的可靠性。

(2) 定膨胀材料是指在某一温度范围内具有一定膨胀系数的材料，也称为可伐(Kovar)合金。主要用于制作电子管、晶体管和集成电路中的引线材料或结构材料，小型电子装置和器械的微型电池壳以及半导体元器件支持电极等。

(3) 高膨胀材料主要用于制作热双金属片主动层材料，用于制造室温调节装置、自断路器、各种条件下的自动控制装置等。

### 5. 形状记忆合金

合金的形状被改变之后，一旦加热到一定的跃变温度时，它又可以恢复到原来的形状，这种现象称为形状记忆效应。形状记忆效应源于热弹性马氏体相变，这种马氏体一旦形成，就会随着温度下降而继续生长，如果温度上升它又会减少，以完全相反的过程消失。

具有形状记忆效应的材料，通常是两种以上的金属元素构成的，因此也称为形状记忆合金。常用形状记忆合金有：

(1) 镍-钛系。目前用量最大，抗拉强度高、疲劳强度高、耐蚀性好、密度小、与人体有生物相容性，但成本高、加工困难。

(2) 铜系。成本低、加工容易，但功能不如镍-钛系。

(3) 铁系。具有价格竞争优势，但功能不如铜系。

形状记忆合金是一种新型功能材料，在电子仪器仪表、航空航天、机械工业、交通运输及能源开发等许多领域得到了应用。如温度自动调节器，火灾报警器，温控开关，人造卫星天线，航天飞机自动启闭窗门，机械人手，各种接头、固定销，汽车发动机散热风扇离合器，喷气发动机内窥镜，太阳能电池板等。形状记忆合金在医学上也有应用。

## 8.1.2　功能陶瓷材料

功能陶瓷材料大体上分为电功能陶瓷材料、磁功能陶瓷材料、光功能陶瓷材料和生物及化学功能陶瓷材料四大类。

### 1. 电功能陶瓷材料

电功能陶瓷材料是指具有电学性能的陶瓷材料，包括有绝缘陶瓷材料、介质陶瓷材料、压电陶瓷材料等。

绝缘陶瓷材料是指在电气、电子技术、微电子技术和光电子技术中起绝缘、散热、机械支撑和环境保护作用的陶瓷装置零件、陶瓷基片及陶瓷封装材料。要求其具有良好的电学性能及导热能力；高的机械强度及比较小的热膨胀系数。常用的绝缘陶瓷有致密的单相氧化物、多相氧化物、非氧化物、玻璃陶瓷、堇青石瓷、滑石瓷等。

介质陶瓷材料是指主要用来制造电容器的陶瓷材料。它可分为铁电介质陶瓷、高频介质陶瓷、半导体介质陶瓷、反铁电介质陶瓷、微波介质陶瓷和独石结构介质陶瓷。

压电陶瓷材料是指某些陶瓷不具有对称中心的陶瓷材料。当对这些陶瓷施加压力(拉力)时，压电陶瓷收缩(伸长)变形，瓷体两端产生电荷，这种现象称为压电效应。反之当对陶瓷施加与极化方向相同(相反)的电场时，某些方向出现应变，且应变与电场强度成正比，这种现象为逆压电效应。如 PZT、PT、LNM、$NaNb_5O_{15}$ 等用于制造超声换能器、谐振器、压电点火、压电电动机、微位移器等。

### 2. 磁功能陶瓷材料

磁功能陶瓷材料是铁和其他一种或多种金属元素的复合氧化物，通常称为铁氧体，其导电性与半导体材料相似，在现代无线电电子学、自动控制、微波技术、电子计算机、信息储存、激光调制等方面有广泛的用途。根据其磁性和应用情况，把磁性陶瓷材料分为软磁、硬磁、旋磁、矩磁和压磁等五类。

### 3. 光功能陶瓷材料

光功能陶瓷材料是指在外电场(如力、热、声、电、磁等)作用下，材料光学性质发生改变，用于制成探测、功能转换等方面的材料。光功能陶瓷材料的种类很多，按其功能分为激光陶瓷、发光陶瓷、光纤陶瓷和光存储陶瓷等。

激光陶瓷材料具有良好的物理化学性能，如热膨胀系数小、弹性模量大、热导率高，光照稳定性好和化学稳定性好。激光陶瓷材料分为晶体和玻璃两种。如红宝石激光晶体可用于激光雷达、测距技术等方面；用于制造透明氧化钇-氧化钕陶瓷激光元件等。

发光陶瓷材料是指吸收光照，然后转化为光的陶瓷。硫化物的发光效率较高，$ZnS$、$CdS$ 为通用性强的发光材料。用于制造透视屏、增感屏及像加强器等。

光纤陶瓷材料是指用高透明电介质材料制成的非常细(外径为 $125 \sim 200~\mu m$)的低损耗导光纤维，它具有束缚和传输从红外到可见光区域内光的功能，也具有传感功能。陶瓷光纤材料主要有石英玻璃光纤、多组分玻璃光纤、晶体光纤及红外光纤。可用于胃镜或管道内表面衬检查仪器的照明光及图像传递等。

### 4. 敏感陶瓷材料

敏感陶瓷材料是指当作用于这些陶瓷材料制造的元件上的某一外界条件(如温度、压力、湿度、气氛、电场、光及射线等)改变时，能引起材料某种物理学性能的变化，从而准确迅速地获得某种有用的信号。敏感陶瓷材料大多是半导体陶瓷，如 $ZnO$、$SiC$、$SnO_2$、$TiO_2$、$Fe_2O_3$、$BaTiO_3$ 和 $SrTiO_3$ 等。

热敏陶瓷材料是对温度变化敏感的陶瓷材料。包括有热敏电阻、热敏电容、热电和热释电陶瓷材料。

气敏陶瓷材料对某些气体有很强的敏感性，因而用于这些气体的分析、检测及报警系统。如加入不同添加剂的 $SnO_2$ 陶瓷用于探测 $CO$、$CH_4$、乙醇、苯、煤气及还原性气体；$ZrO_2$ 用于探测大气污染排出气体、氧气等。

湿敏陶瓷材料是指对空气或其他气体、液体和固体物质中的水分含量敏感的陶瓷材料。它可分为三种类型：适用于相对湿度大于 70% 的高湿型；适用于相对湿度小于 40% 的低湿型；适用于测量相对湿度为 0%～100% 的全湿型。湿敏陶瓷的可靠性高，使用寿命长，如 $MgCr_2O_4$-$TiO_2$ 能经受 250 000 次以上的热清洗，使用寿命大于 10 年等。

### 5. 超导陶瓷材料

超导陶瓷材料是指在一定温度(Tc)以下，电阻变为零，内部失去磁通成为完全抗磁性的陶瓷材料。超导陶瓷材料的使用温度较高，使用条件要求较低。主要类型有镧锶铜氧化物(La-Sr-Cu-O)超导体、钇钡铜氧化物($YBa_2Cu_3O_7$)超导体、铊钡钙铜氧化物(Tl-Ba-Ca-Cu-O)

超导体、汞钡钙铜氧化物(Hg-Ba-Ca-Cu-O)超导体等。

　　氧化物高温超导陶瓷材料已成功研制并应用于磁屏蔽、磁通变换器、超高频电线及超导磁强计和各种电磁测量仪器等。它可用于磁场的测量，分辨率达 $10\,T\sim15\,T$。采用(Bi-Sr-Ca-Cu-O)超导材料制成小型环状天线及匹配网络，在 77K、560 MHz 最佳频率下，其相对增益比同形状的铜天线提高 5 dB。

　　功能陶瓷材料除上述以外，还有催化用陶瓷：沸石、过渡金属氧化物等，用于接触分解反应催化、排气净化催化等；载体用陶瓷：堇青石瓷、$Al_2O_3$ 瓷、$SiO_2$-$Al_2O_3$ 瓷等，用于汽车尾气催化载体、化学工业用催化载体等。

## 8.1.3　功能高分子材料

### 1. 导电高分子材料

　　导电高分子材料也称为导电高聚物，它具有明显的高聚物结构特征，当在材料两端加一定电压时，材料中会有电流通过，具有导体性质。导电高聚物与普通金属导体不同，它属于分子导电物质，因此其结构和导电方式也不同。按其结构特征和导电机理分成以下三类：电子导电高聚物、离子导电高聚物和氧化还原型导电高聚物。

　　电子导电高聚物是三种导电高聚物中种类最多，被研究最早的一类导电材料。其分子结构特征是具有能使价电子相对移动的线性电子共轭结构。常见的是吡咯和噻吩的氧化聚合，生成的高聚物导电性能好，稳定性高，比聚乙炔更有应用前景。

　　电子导电高聚物优良的物理化学性质是：高电导率、可逆氧化还原性、不同氧化态下的光吸收特性、电荷储存性、导电与非导电状态的可转换性等。电子导电高聚物可作为有机可充电式电池的电极材料、光电显示材料、信息记忆材料、屏蔽和抗静电材料以及分子型电子器件等。

　　离子导电高聚物的结构能保证体积相对较大的离子能在其内部相对迁移，构成离子导电。主要类型有聚醚、聚酯和聚酰胺类。离子导电高聚物主要是在各种电化学器件中替代液体电解质使用。固态电解质制成的电池特别适用于像植入式心脏起搏器，计算机存储器支持电源，自供电大规模集成电路等应用场合。

　　氧化还原型导电高聚物常称为电活性高分子材料，它是利用高聚物中的某些基团在氧化还原反应中得到或失去电子，造成电子转移，产生电流。主要用于制作各种用途的电极材料，特别是作为一些有特殊用途的电极修饰材料。

### 2. 光敏高分子材料

　　光敏高分子材料是指在光的作用下能够表现出特殊性能的高聚物，是功能高分子材料中重要的一类，包括范围很广，主要有以下四种材料。

　　(1) 光能转换材料。它是用于光能与化学能或电能转换的能量转换聚合材料，光照可以使某些小分子发生化学变化，生成化学能态较高的分子，在特定高分子催化剂存在下，该分子可以可逆地转回到原来状态，并放出能量。还有一种情况是在特定高分子催化剂作用下，光照可以将溶液中的氢原子转化成可作为燃料的氢气。

　　(2) 光敏树脂。光敏树脂在光照下可以发生交联反应，生成在特定溶液中不溶解的高聚物；或者发生光解反应，生成在特定溶液中溶解的高聚物。在光刻工艺中用于保护或脱保护经光照的硅表面，被称为光刻胶高聚物，是集成电路生产中光刻工艺中的重要材料。

(3) 光致变色聚合材料。这种高分子材料在光照条件下高聚物内部结构发生变化，因此高聚物对光的最大吸收波长发生变化，产生颜色改变。可用于制造变色太阳镜等需要在光照下改变颜色的器件。

(4) 光稳定剂。这种聚合材料可以大量吸收紫外线和可见光，并将光能以无害方式耗散，防止老化，用以保护涂层下面的材料。

### 3. 高分子功能膜材料

高分子功能膜材料是一种新兴功能材料，它以天然的或合成的高分子化合物为基材，用特殊工艺和技术制备成膜状材料，由于该材料的物理化学性质和膜的微观结构特性，因此使其具有对某些小分子物质有选择性透过性能，其中包括对不同气体分子、离子和其他微粒性物质的透过选择性。高分子功能膜材料的这一独特性质，已经在气体分离、海水和咸水淡化、污水净化、食品保鲜、混合物分离等方面有广泛的应用。

### 4. 离子交换树脂材料

离子交换树脂材料是一种离子型高分子材料，它与通常的分子型高分子材料不同。离子交换树脂是离子化基团通过共价键键合到高分子骨架上而形成的具有离子选择能力的一种高聚物。依据键合到高分子骨架上的离子基团的不同性质，可分为阳离子交换树脂、阴离子交换树脂。它在分析化学、有机合成、水处理等方面有广泛的用途，成为功能高分子材料中应用极广的工业化产品。

## 8.1.4　其他新材料

### 1. 非晶态金属

一般的金属材料都以晶体形态存在，但将某些金属熔体，以极快的速率急剧冷却，例如，每秒钟冷却温度大于 100 万摄氏度，则可得到一种崭新的材料。由于冷却极快，因此高温下液态是原子的无序状态，被迅速"冻结"而形成无定形的固体，称为非晶态金属；因其内部结构与玻璃相似，故又称为金属玻璃。

能形成非晶态的合金有两大类：一类是金属之间的合金；另一类是金属与某些非金属(最有效的是 B、P、Si)组成的合金。后一类合金最容易成为非晶态。

除熔体急冷法外，目前制备非晶态合金的实验技术和工业方法有气相沉积法、激光表层熔化法、离子注入法等，较快速、经济是化学沉积法和电沉积法。化学沉积法是利用还原剂使溶液中金属离子有选择地在活化表面上还原析出。用这种方法得到的第一个非晶态合金，是 Ni-P 合金，这一过程称为化学镀镍，作为金属的耐磨耐蚀镀层，现已被广泛应用。

非晶态金属强度高、韧性好、耐磨性高、耐蚀性优异、磁学性能优良，并有明显的催化性能，它还可作为储氢材料。但是非晶态合金也有其致命弱点，即其在 500℃ 以上时就会发生结晶化过程，因而使材料的使用温度受到限制。制造成本较高也是限制非晶态金属广泛应用的一个重要问题。

### 2. 储氢合金

某些金属具有很强的捕捉氢的能力，在一定的温度和压力条件下，这些金属能够大量

"吸收"氢气，反应生成金属氢化物，同时放出热量。其后，将这些金属氢化物加热，它们又会分解，将储存在其中的氢释放出来。这些会"吸收"氢气的金属，称为储氢合金。

储氢合金的储氢能力很强。单位体积储氢的密度，是相同温度、压力条件下气态氢的1000倍，也即相当于储存了1000个大气压的高压氢气。

储氢合金都是固体，它既不用储存高压氢气所需的大而笨重的钢瓶，又不需存放液态氢那样极低的温度条件，需要储氢时使合金与氢反应生成金属氢化物并放出热量，需要用氢时通过加热或减压使储存于其中的氢释放出来，如同蓄电池的充、放电，因此储氢合金是一种极其简便易行的理想储氢方法。

目前研究发展中的储氢合金，主要有钛系储氢合金、锆系储氢合金、铁系储氢合金及稀土系储氢合金。

储氢合金在吸氢时放热，在放氢时吸热，利用这种放热—吸热循环，可进行热的储存和传输，制造制冷或采暖设备。储氢合金还可以用于提纯和回收氢气，它可将氢气提纯到很高的纯度。例如，采用储氢合金，可以以很低的成本获得纯度高于99.9999%的超纯氢。

储氢合金具有高放电(功率)和优异的放电性能，循环寿命优异，可用于制造大型电池，也可为电动车辆、混合动力车辆提供动力等。

# 8.2　纳　米　材　料

纳米材料是指晶粒尺寸为纳米级($10^{-9}$m)的超细材料。它的微粒尺寸大于原子簇，小于通常的微粒，一般为 1～100 nm。它包括体积分数近似相等的两个部分：一是直径为几个或几十个纳米的粒子；二是粒子间的界面。

纳米材料跟普通的金属、陶瓷和其他固体材料一样都是由原子组成的，只不过这些原子排列成了纳米级的原子团，成为组成这些新材料的结构粒子或结构单元。

**1. 纳米材料的特性**

1) 表面效应

纳米材料的表面效应是指纳米粒子的表面原子数与总原子数之比随粒径的变小而急剧增大后所引起的性质上的变化。

例如，当粒子直径为 10 nm 时，微粒包含 4000 个原子，表面原子占 40%；当粒子直径为 1 纳米时，微粒包含有 30 个原子，表面原子占 99%。由于纳米粒子表面原子数增多、表面原子配位数不足和高的表面能，因此使这些原子易与其他原子相结合而稳定下来，故具有很高的化学活性。

2) 小尺寸效应

当纳米微粒尺寸与光波波长，传导电子的德布罗意波长，超导态的相干长度、透射深度等物理特征尺寸相当或更小时，它的周期性边界被破坏，从而使其声、光、电、磁，热力学等性能呈现出"新奇"的现象。例如，铜颗粒达到纳米尺寸时就变得不能导电；绝缘的二氧化硅颗粒在 20 nm 时却开始导电。利用这些特性，可以高效率地将太阳能转变为热能、电能，此外又可以应用于红外敏感元件、红外隐身技术等。

3) 量子尺寸效应

当纳米粒子的尺寸下降到某一值时，金属粒子费米面附近电子能级由准连续变为离散能级，并且纳米半导体微粒存在不连续的最高被占据的分子轨道能级和最低未被占据的分子轨道能级，出现能隙变宽的现象，被称为纳米材料的量子尺寸效应。

4) 宏观量子隧道效应

微观粒子具有贯穿势垒的能力称为隧道效应。纳米粒子的磁化强度等也有隧道效应，它们可以穿过宏观系统的势垒而产生变化，这种效应被称为纳米粒子的宏观量子隧道效应。

## 2. 纳米材料的分类

纳米材料大致可分为纳米粉末、纳米纤维、纳米膜、纳米块体等四类。其中纳米粉末开发时间最长、技术最为成熟，是生产其他三类产品的基础。

(1) 纳米粉末。纳米粉末又称为超微粉或超细粉，一般指粒度在 100 nm 以下的粉末或颗粒，是一种介于原子、分子与宏观物体之间处于中间物态的固体颗粒材料。可用于制成高密度磁记录材料、吸波隐身材料、磁流体材料等。

(2) 纳米纤维。纳米纤维是指直径为纳米尺度而长度较大的线状材料。可用于制成微导线、微光纤(未来量子计算机与光子计算机的重要元件)材料，新型激光或发光二极管材料等。

(3) 纳米膜。纳米膜分为颗粒膜与致密膜。颗粒膜是纳米颗粒黏在一起，中间有极为细小的间隙的薄膜。致密膜是指膜层致密但晶粒尺寸为纳米级的薄膜。可用于气体催化(如汽车尾气处理)材料、过滤器材料、高密度磁记录材料、光敏材料、平面显示器材料、超导材料等。

(4) 纳米块体。纳米块体是将纳米粉末高压成型或控制金属液体结晶而得到的纳米晶粒材料。主要用于制成超高强度材料、智能金属材料等。

## 3. 纳米材料的应用

(1) 力学性质应用。纳米结构的材料强度与粒径成反比。应用纳米技术制成的超细或纳米晶粒材料，其韧性、强度、硬度大幅提高，使其在难以加工材料、刀具等领域占据了主导地位。使用纳米技术制成的陶瓷、纤维广泛地在航空、航天、航海、石油钻探等恶劣环境下使用。

(2) 磁学性质应用。利用纳米粒子的隧道量子效应和库仑堵塞效应制成的纳米电子器件具有超高速、超容量、超微型和低能耗的特点，有可能在不久的将来全面取代目前的常规半导体器件。

(3) 热学性质应用。纳米材料的比热和热膨胀系数都大于同类粗晶材料和非晶体材料的值，这是由于界面原子排列较为混乱、原子密度低、界面原子耦合作用变弱的结果。因此储热材料、纳米复合材料在机械耦合性能应用方面有其广泛的应用前景。

(4) 光学性质应用。由于量子尺寸效应，纳米半导体微粒的吸收光谱一般存在蓝移现象，其光吸收率很大，因此可应用于红外线感测器材料。

(5) 生物医学上的应用。纳米微粒的尺寸一般比生物体内的细胞、红血球小得多，可利用纳米微粒进行细胞分离、细胞染色及利用纳米微粒磁液制成特殊药物或新型抗体进行局部定向治疗等。

# 本 章 小 结

本章介绍了功能材料与纳米材料的概念、种类及应用。

## 本章主要名词

功能材料(functional materials)　　　　功能金属(the function of metal)

超导材料(superconducting materials)　　储氢合金(hydrogen storage alloy)

形状记忆合金(shape memory alloy)　　　纳米材料(nanometer material)

## 习题与思考题

1. 磁功能金属材料的种类及作用。
2. 什么是形状记忆合金？主要用途有哪些？
3. 功能陶瓷材料的主要类型及用途。
4. 功能高分子材料的主要类型及用途。
5. 储氢合金的种类及用途。
6. 纳米材料的种类及用途。

# 第三篇

# 机械零件的选材及工程材料在典型机械上的应用

# 第 9 章　机械零件的选材

在机械产品的设计、制造过程中，都会遇到材料与工艺的选择问题。在生产实践中，往往由于材料的选择和工艺不当，造成机械零件在使用过程中发生早期失效，给生产带来重大的损失。因此，在机械制造业中，正确地选择机械零件材料和工艺方法，对于保证零件的使用性能要求，降低成本、提高生产率和经济效益，有着重要的意义。

一般情况下，设计人员首先根据产品的使用性能要求，确定出材料的主要性能指标，选择符合性能指标并且成本较低的材料，然后根据材料的力学性能、工艺性能和生产类型、生产条件等确定成型方法，最后制订工艺规程指导生产。

## 9.1　零件失效

失效是指零件在使用过程中，由于尺寸、形状或材料的组织与性能发生变化而失去正常工作所具有的效能。一般零件在以下三种情况下都认为已经失效：① 零件完全不能工作；② 虽能工作，但已不能完成指定的功能；③ 零件有严重损坏而不能继续安全工作。

达到规定使用寿命的正常失效是比较安全的；而过早的失效则会带来经济损失，甚至可能造成意想不到的人身和设备事故。

### 9.1.1　零件的失效形式

根据零件损坏的特点，零件的失效形式可分为三种基本类型，即变形失效、断裂失效和表面损伤失效，如图 9.1.1 所示。

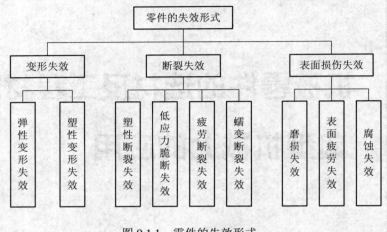

图 9.1.1　零件的失效形式

### 1. 变形失效

变形失效主要包括弹性变形失效和塑性变形失效。

(1) 弹性变形失效。零件由于发生过大的弹性变形而造成失效，称为弹性变形失效。弹性变形失效是零件的工作应力超过了材料的弹性极限所致。例如，车床主轴在工作过程中如发生过量的弹性弯曲变形，不仅产生振动，使零件的粗糙度值增大，而且使被加工零件质量严重下降，还会造成轴与轴承配合不良。

(2) 塑性变形失效。零件由于发生塑性变形而不能继续工作的失效，称为塑性变形失效。塑性变形失效是零件的工作应力超过材料的屈服强度所致。零件的过量塑性变形，轻者造成设备工作情况的恶化，严重时会造成设备的破坏。例如，高压容器的紧固螺栓发生过量塑性变形而伸长，从而导致容器渗漏。

过量变形的原因主要是零件的材料强度($R_{eH}$、$R_{eL}$、$R_m$)较低。造成金属材料强度低的原因很多，可能是选用材料不当、热处理工艺不当或是零件在使用过程中内部组织发生变化等，都会造成零件的变形失效。

### 2. 断裂失效

断裂是机械零件最严重的失效形式。断裂失效是指零件在工作过程中完全断裂而导致整个机械设备无法正常工作的现象。根据零件断裂前变形量大小和断口形状可分为塑性断裂、低应力脆性断裂、疲劳脆性断裂、蠕变脆性断裂等形式。

(1) 塑性断裂。它是指零件承载截面产生明显的塑性变形，最后导致断裂。一般表现为截面减小，断口常呈纤维状特征。如光滑试样拉伸时缩颈发生后的断裂。

(2) 低应力脆性断裂。它是指当工作应力远低于材料屈服强度时，零件发生的断裂。这种断裂常发生在有尖缺口或有裂纹的构件中，特别是当低温或受冲击载荷时，无塑性变形突然脆断，往往会带来灾难性后果，如桥梁断裂、飞机坠毁等。

(3) 疲劳脆性断裂。它是指在交变应力长期作用下，预先存在于零件中的裂纹不断扩展而产生的断裂。疲劳断裂常发生在较低应力下且断裂前也没有明显的塑性变形先兆，其断裂的后果与低应力脆性断裂相似。

(4) 蠕变脆性断裂。它是指材料在固定载荷下，随着时间的延长，变形不断增加，最后由于变形过大或断裂而导致失效。因为蠕变失效均有明显的塑性变形，故比较容易鉴别。

**3．表面损伤失效**

零件在工作过程中，由于机械的和化学的作用，使工件表面及表面附近的材料受到严重损伤以致失效，称为表面损伤失效。表面损伤失效大致可分为三类：磨损失效、表面疲劳失效和腐蚀失效。

(1) 磨损失效。它是指在机械力的作用下，产生相对运动的接触表面的材料，以细屑形式逐渐被磨损掉，使零件的尺寸变小而导致失效。磨损主要有两类：磨粒磨损与粘着磨损。前者是由硬粒对零件表面的切削作用造成的，后者是由相对运动物体表面的微凸体，在摩擦时发生焊合，然后撕开，产生磨屑造成磨损的。轴颈尺寸的减少、刀具的变钝等都是磨损失效。

(2) 表面疲劳失效。它是指相互接触的两个运动表面(特别是滚动接触)，在工作过程中承受交变应力的作用，使表层材料发生疲劳破坏而剥落，造成零件失效。

(3) 腐蚀失效。它是指由于化学或电化学腐蚀作用，使表面损伤而造成零件的失效。大多数腐蚀都发生在零件表面或从零件表面开始，因此被归类于表面损伤失效。通常所说的金属表面生锈，就是腐蚀的一种类型。

## 9.1.2　零件失效的原因

导致机械零件失效的原因很多，一般涉及结构设计、材料选择、加工工艺、安装使用等四方面因素，如图 9.1.2 所示。

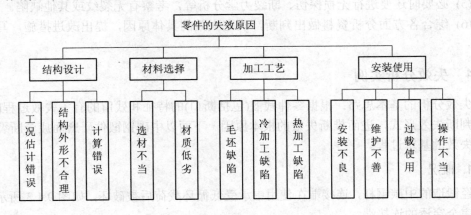

图 9.1.2　零件的失效原因

(1) 设计不合理：零件的结构、形状、尺寸设计不合理，如键槽、孔或截面变化较剧烈的尖角或尖锐缺口处容易产生应力集中，出现裂纹；对零件在工作中的受力情况判断有误，设计时安全系数过小或对环境的变化情况估计不足造成零件实际承载能力降低等。

(2) 选材不合理：在设计中对机械零件可能出现的失效方式判断有误，使所选材料的性能不能满足工作条件的要求；或者所选材料名义性能指标不能反映材料实际失效的性能指标；所选用材料的质量太差，也容易造成机械零件的失效。

(3) 加工工艺不当：机械零件在加工和成型过程中，往往要经过机加工(如车、铣、刨、磨等)、冷热成型(挤、冲、压、弯、卷)、焊接等制造工艺过程。若采用的工艺方法、工艺参数不正确，可能造成各种缺陷。如热成型过程中容易产生带状组织、过热等；机加工中常出现刀痕较深、表面粗糙度值过大、磨削裂纹等；热处理工序中容易产生氧化、脱碳、淬火变形与开裂等，都是导致机械零件早期失效的原因。

(4) 安装使用不正确：设备在安装过程中配合过紧、过松或对中不准，固定不紧，重心不稳，润滑条件不良，密封不好等都会造成失效。机械设备在操作使用中违章操作，超温、超速、超载；缺乏经验、判断错误；对设备检查、维护、保养不善等均会引起机械零件的失效。

## 9.1.3　失效分析的一般过程

机械零件失效的原因是多方面的，一个零件的失效往往不只是单一原因造成的，可能是多种因素共同作用的结果。因此，失效分析是一项系统工程，必须对零件设计、选材、工艺、安装使用到维修等各个方面进行系统分析，才能找出失效原因。失效分析的一般过程如下：

(1) 尽量仔细地收集失效零件的残骸，并拍照记录实况，确定重点分析的对象区域，样品应取自失效的发源部位或能反映失效的性质或特点的地方。

(2) 详细整理失效零件的有关资料，如设计资料、加工工艺文件及使用记录等。

(3) 对所选试样进行宏观和微观的断口分析以及必要的金相剖面分析，确定失效的发源点及失效的方式。

(4) 对失效样品进行性能测试，检验材料的组织及化学成分是否符合要求，检查有无内部或表面缺陷等，全面收集各种必要的数据。

(5) 必要时还要进行无损探伤、断裂力学分析等，考察有无裂纹或其他缺陷。

(6) 综合各方面分析资料做出判断，确定失效的具体原因，提出改进措施，写出分析报告。

## 9.1.4　失效分析实例

失效分析的基本思路：根据零件残骸(包括断口)的特征和残留的有关失效过程的信息，首先判断失效形式，进而推断失效的根本原因。下面以中碳钢锻件研磨面疲劳断裂为例，分析失效的基本过程。

### 1. 概况

经锻造的中碳钢杆，连接端在使用中承受低循环载荷后被破坏，如图 9.1.3 所示。锻件断在完全穿透的连接端。

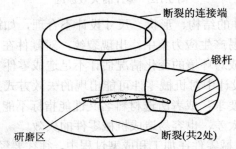

图 9.1.3　断杆的端部位置在分模线的粗研磨面内

**2. 检验**

将断裂的锻件和未用过的同样锻件一起经光谱分析检查，发现材料成分均在规定范围内，肉眼检查未发现明显的缺陷和损伤痕迹。

损坏的锻件断裂发生于沿分模线经过粗研磨除掉飞边的过渡区内，断口有海滩状条纹，表明为疲劳断裂，裂纹起始于粗研磨面上，表面光滑断口的其他区域具有典型脆性特征，相当于裂纹快速扩展区。

检查断裂杆件表面硬度值为 140 HB，低于规定的 160～205 HB。在断裂的锻件和未使用的锻件杆环形连接端切取试样，经浸蚀后发现，两者的显微组织有明显差异。未用过的锻杆，铁素体和珠光体含量大致相等，晶粒细小且均匀，而断裂的锻件有明显带状组织。

**3. 分析讨论**

施加于锻杆环形连接端的载荷是复杂的，包括从锻件传递过来的扭转、弯曲和轴向载荷。这种载荷在连接端内引起循环、拉伸的周向应力和弯曲应力。

根据分析结果得知，以下因素同失效有关：

(1) 正常显微组织的锻杆没有断裂。

(2) 具有带状组织的锻杆发生断裂。

(3) 锻杆的硬度均为 140 HB，明显低于规定的 160～205 HB。

(4) 断裂发生于粗研磨面，而初始裂纹均在因研磨而明显变形的铁素体区域发生。

**4. 结论**

杆端断裂是因杆在工作中连续承受循环载荷发生疲劳引起的。疲劳破坏产生与下列因素有关：

(1) 杆件内部存在着对缺口敏感的带状组织，锻杆的组织是由偏析造成的。

(2) 杆的硬度低于规定值。

(3) 存在着高应力过渡区和清除锻造飞边而产生的应力集中区。

# 9.2　材料选择原则

在材料和成型工艺选择时，一般是在满足零件使用性能要求的前提下，考虑材料的工艺性和经济性，并要保障环境不被污染，符合可持续性发展的要求。材料和成型工艺的选择主要遵循以下原则。

## 9.2.1　使用性原则

材料的使用性能是指机械零件(或构件)在正常工作情况下材料应具备的性能。它包括力学性能和物理、化学性能等。零件的使用性能是保证其工作安全可靠、经久耐用的必要条件。在大多数情况下，这是选材时首先应考虑的。当在设计零件进行选材时，主要根据零件的服役条件，提出合理的性能指标。

### 1. 零件服役条件分析

一个零件的使用性能指标是在充分分析了零件的服役条件和失效形式后提出的。零件的服役条件包括：受力状况——拉伸、压缩、弯曲、扭转；载荷性质——静载、冲击载荷、循环载荷；工作温度——常温、低温、高温；环境介质——有无腐蚀介质或润滑剂的存在；特殊性能要求——导电性、导热性、导磁性、比重、膨胀等。对于机械零件和工程构件最重要的使用性能是力学性能。

**2. 常用力学性能指标在选材中的应用**

常用的力学性能指标是强度、硬度、塑性、冲击韧度等。

选材时经常要问的一个问题是强度能否满足抵抗服役载荷的应力。其主要判据就是屈服强度，屈服强度对于成型工序估计所需的外力或考虑单个过载的影响时，都是重要的指标。

硬度对估计材料的磨损抗力和钢的大致强度都很有用，它最广泛的应用是作为热处理的质量保证。

塑性也是材料选择中的重要因素。通常假设，如某种金属拉伸时具有一定的最小伸长值，则它在服役中将不会发生脆性断裂失效。较高的塑性可对零件起到过载保护作用，使零件成型更为容易。

冲击韧度的实质是表征在冲击载荷和复杂应力状态下材料的塑性，它对材料组织的缺陷和温度更为敏感，是判断材料脆性断裂的一个重要指标。

**3. 选用材料性能数据时应注意的问题**

各种材料的力学性能数据一般都可从设计手册中查到，但在具体选用时必须注意以下几点：

(1) 材料的加工工艺及热处理工艺。同种材料，采用不同的工艺，其性能数据不同。因为加工工艺及热处理工艺不同，材料内部组织是不一样的，因而性能也不会相同。例如，同一材料，采用锻压成型就比采用铸造成型强度高。利用调质比采用正火处理的力学性能沿截面分布更均匀。

(2) 实际性能与实验数据。由手册查得的力学性能数据都是小尺寸的光滑试样或标准试样在规定载荷下测定出来的。实践证明，它们不能直接代表材料制成零件后的性能。这是因为实际零件尺寸往往很大，尺寸增大后，零件中存在缺陷的可能性增大；零件在实际工作中所受载荷往往是复杂的；零件的形状、加工表面粗糙度值也与标准试样有较大的差异。故实际使用的数据往往随尺寸的增大而减小。

(3) 材料的化学成分及热处理工艺参数的波动所引起性能数据的波动。由于种种原因，实际使用零件材料的化学成分与试样的化学成分会有一定偏差，因此应估计到由于化学成分的波动引起性能的变化。另外，热处理工艺参数的波动也会导致性能的波动，对这些都应全面考虑。

(4) 测试条件的差异。由于测试条件不同，测得的性能数据会有一定差异，在确定具体性能数据时应充分注意。

## 9.2.2　工艺性原则

材料工艺性是指材料适应某种加工的能力。在零件功能设计时，必须考虑工艺性。有些材料从零件的使用性能要求来看是完全合适的，但无法加工制造或加工制造很困难，成本很高，实际上就是工艺性不好。因此工艺性的好坏，对零件加工的难易程度、生产效率、生产成本等方面起着十分重要的作用。

材料的工艺性要求与零件的制造加工工艺路线关系密切，具体的工艺性要求是由工艺方法和工艺路线相结合而提出来的。

### 1. 金属材料的加工工艺路线

金属材料的加工比较复杂，常用的加工方法有铸造、压力加工、焊接、切削加工及热处理。其加工工艺路线如图 9.2.1 所示。

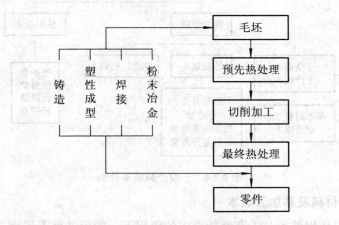

图 9.2.1　金属材料的加工工艺路线

### 2. 高分子材料的加工工艺路线

高分子材料的成型工艺比较简单，切削加工性能较好，不过它的导热性差，在切削过程中不易散热，易使工件温度急剧升高，能使热固性树脂变焦，使热塑性材料变软。其加工工艺路线如图 9.2.2 所示。

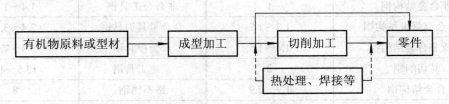

图 9.2.2　高分子材料的加工工艺路线

### 3. 陶瓷材料的加工工艺路线

陶瓷材料成型后，受陶瓷加工性能的局限，除了可以用碳化硅或金刚石砂轮磨削加工外，几乎不能进行任何其他加工。因此陶瓷材料的应用在很大程度上也受其加工性能的限制。其加工工艺路线如图 9.2.3 所示。

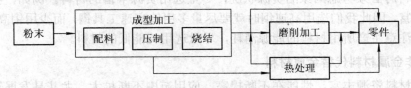

图 9.2.3　陶瓷材料的加工工艺路线

### 9.2.3　经济性原则

经济性原则一般指应使零件的生产和使用的总成本降至最低，经济效益最高。总成本包括材料价格，零件成品率，加工费用，零件加工过程中材料的利用率、回收率，零件寿命及材料的货源、供应、保管等综合因素。一般产品成本分析如图 9.2.4 所示。

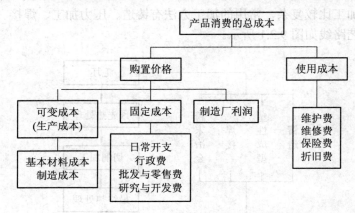

图 9.2.4　一般产品成本分析

#### 1. 尽量降低材料及其加工成本

在满足零件对使用性能与工艺性能要求的前提下，能用铁就不用钢，能用非合金钢就不用合金钢，能用型材就不用锻件，且尽量用加工性能好的材料。需要进行技术协作时，要选择加工技术好，加工费用低的工厂。表 9.2.1 为我国常用金属材料的相对价格表。

表 9.2.1　我国常用金属材料的相对价格表

| 材　料 | 相对价格 | 材　料 | 相对价格 |
|---|---|---|---|
| 非合金结构钢 | 1 | 非合金工具钢 | 1.4～1.5 |
| 低合金高强度结构钢 | 1.2～1.7 | 合金量具刃具钢 | 2.4～3.7 |
| 优质非合金结构钢 | 1.4～1.5 | 合金模具钢 | 5.4～7.2 |
| 易切削钢 | 2 | 高速工具钢 | 13.5～15 |
| 合金结构钢 | 1.7～2.9 | 铬不锈钢 | 8 |
| 镍铬合金结构钢 | 3 | 镍铬不锈钢 | 20 |
| 滚动轴承钢 | 2.1～2.9 | 普通黄铜 | 13 |
| 弹簧钢 | 1.6～1.9 | 球墨铸铁 | 2.4～2.9 |

#### 2. 考虑国家的资源储备

选用材料时必须考虑国家的资源状况，尽量选用资源丰富的材料。例如，我国缺钼，但钨资源丰富，因此我们选用高速钢时就要尽量多用钨高速工具钢，而少用钼高速工具钢。另外，还要注意生产所用材料的能源消耗，尽量选用耗能低的材料。

#### 3. 用非金属材料代替金属材料

非金属材料资源丰富，性能在不断提高，应用范围不断扩大，尤其是发展较快的聚合物具有很多优异性能，在某些场合可代替金属材料，既改善了使用性能，又可降低制造成本和使用维护费用。

### 4．零件的总成本

零件的总成本包括原材料价格、零件的加工制造费用、管理费用、研究开发费用和维修费用等。选材时不能一味追求原材料的低价而忽视总成本的其他各项。

## 9.2.4 选择的步骤

选择零件材料一般可分为以下几个步骤：

(1) 分析零件的工作条件及其失效形式，根据具体情况或用户要求确定零件的性能要求(包括使用性能和工艺性能)和最关键的性能指标；主要考虑力学性能，还应考虑物理、化学性能。

(2) 对同类产品的用材情况进行调研，结合同类产品零件失效分析的结果，找出零件在实际使用中造成失效的主要性能指标，以此作为选材的依据。表 9.2.2 列出了几种机械零件的主要损坏形式和主要抗力指标。

**表 9.2.2  几种机械零件的主要损坏形式和主要的抗力指标**

| 零件名称 | 工作条件 | 主要损坏形式 | 主要抗力指标 |
|---|---|---|---|
| 重要螺栓 | 拉应力或交变应力冲击载荷 | 拉断(过量塑性变形)，疲劳断裂 | $R_{p0.2}$，$\sigma_{-1}$，HBS |
| 重要传动齿轮 | 交变弯曲应力，交变接触应力，冲击载荷，齿表面摩擦与磨损 | 齿的折断，过度磨损，疲劳麻点 | $\sigma_{-1}$，$R_m$，HRC，接触疲劳强度 |
| 曲轴、轴类 | 交变弯曲应力，扭转应力；冲击载荷；磨损 | 疲劳破坏或断裂；过度磨损 | $R_{p0.2}$，$\sigma_{-1}$，HRC |
| 滚动轴承 | 点或线接触下的交变应力磨损 | 过度磨损破坏，疲劳破坏造成的断裂 | $R_{eH}$，$R_m$，$\sigma_{-1}$，HRC |
| 弹簧 | 交变应力冲击、振动 | 弹力丧失，疲劳破坏引起断裂 | $R_{eH}$，$R_{eL}$，$R_m$，$\sigma_{-1p}$ |

注：$\sigma_{-1p}$ 为抗压或对称拉伸时的疲劳强度；$\sigma_{-1}$ 为光滑试样对称弯曲应力的疲劳强度；$R_{p0.2}$ 为屈服强度(规定残余伸长应力)；$R_{eH}$ 为上屈服强度；$R_{eL}$ 为下屈服强度；$R_m$ 为抗拉强度。

(3) 通过查找有关设计手册，结合力学计算或试验，确定零件应具有的力学性能指标或其他性能指标。

(4) 初步选择出具体材料的牌号，并决定其热处理方法或其他强化方法，并提出所选材料在供应状态下的技术要求。

(5) 审核所选材料的经济性，确认是否能适应高效加工和组织现代化生产。

(6) 对于关键性零件，投产前应先在实验室对所选材料进行试验，初步检验所选材料与成型工艺能否达到各项性能指标的要求。对试验结果基本满意后，便可批量投产。机械零件选材的一般步骤如图 9.2.5 所示。

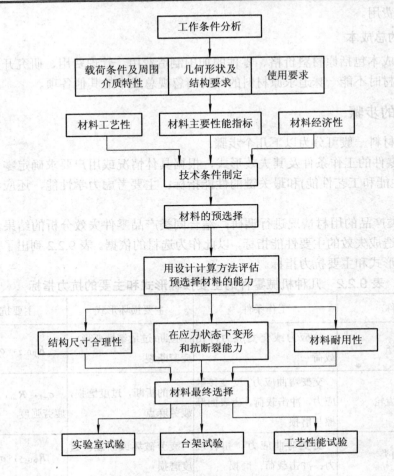

图 9.2.5　机械零件选材的一般步骤

上述选材步骤只是一般过程，并非一成不变。如对于某些不重要零件，如果有同类产品可供参考，则可不必试制而直接投产；对于某些配件或小批量生产的非标准零件，若对材料选择与热处理方法有成熟的经验和资料，则可不进行试验和试制。

# 9.3　典型零件的材料选择

机械零件种类繁多，性质要求各异，而满足这些零件性能要求的材料也很多。工程上所用的材料主要有金属材料、非金属材料和复合材料三大类，下面以齿轮类、轴类、刃具类及箱体类典型零件为例介绍其选材方法。

## 9.3.1　齿轮类零件的选材

齿轮在机床、汽车、拖拉机和仪表装置中应用很广泛，也是很重要的机械零件。它起着传递动力、改变运动速度或方向的作用；有的齿轮还有分度定位作用。下面以汽车后桥从动锥齿轮为例进行分析。图 9.3.1 为汽车后桥从动锥齿轮简图。

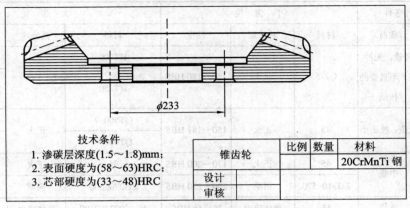

| 技术条件 | | | |
| --- | --- | --- | --- |
| 1. 渗碳层深度(1.5～1.8)mm; | 锥齿轮 | 比例 | 数量 | 材料 |
| 2. 表面硬度为(58～63)HRC; | | | | 20CrMnTi 钢 |
| 3. 芯部硬度为(33～48)HRC | 设计 | | | |
| | 审核 | | | |

图 9.3.1　汽车后桥从动锥齿轮简图

### 1. 齿轮的工作条件、失效方式及性能要求

#### 1) 齿轮的工作条件

齿轮工作时，通过齿面传递动力，在啮合齿面上相互滚动和滑动，承受较大的接触应力，并发生强烈摩擦；由于传递扭矩，因此齿根承受较大的弯曲应力；由于换挡、启动或啮合不良，因此齿部承受一定冲击作用。

#### 2) 失效形式

由于齿轮的上述工作特点，其主要失效形式有以下几种：

(1) 疲劳断裂，主要起源在齿根，常常一齿断裂引起数齿甚至更多的齿断裂。它是齿轮最严重的失效形式。

(2) 过载断裂，主要是冲击载荷过大而造成的。

(3) 齿面磨损，主要是摩擦磨损和磨粒磨损，使齿厚变小，齿隙增大。

(4) 麻点剥落，主要是在接触应力作用下齿面接触疲劳破坏，齿面产生微裂纹并逐渐发展而引起的。

#### 3) 性能要求

根据工作条件和失效形式，对齿轮的材料提出以下性能要求：

(1) 高的弯曲疲劳强度和接触疲劳强度，特别是齿根部要有足够的强度，使工作时所产生的弯曲应力不致造成疲劳断裂。

(2) 齿面有高的硬度和耐磨性，使齿面在受到接触应力后不致发生麻点剥落。

(3) 齿轮芯部要有足够的强度和韧性。

汽车后桥从动锥齿轮受力较大，受冲击频繁，四种失效形式均有可能发生。因此特提出以下技术要求：渗碳层深度为 1.5～1.9 mm、表面硬度为 58～63 HRC、芯部硬度为 33～48 HRC。

### 2. 齿轮类零件选材

根据其工作条件、运转速度、尺寸大小的不同，齿轮可选用调质钢、渗碳钢、铸钢、铸铁、非铁金属和非金属材料来制造。根据工作条件推荐选用的一般齿轮材料和热处理方法如表 9.3.1 所示。

**表 9.3.1　根据工作条件推荐选用的一般齿轮材料和热处理方法**

| 传动方式 | 工作条件 | | 小齿轮 | | | 大齿轮 | | |
|---|---|---|---|---|---|---|---|---|
| | 速度 | 载荷 | 材料 | 热处理 | 硬度 | 材料 | 热处理 | 硬度 |
| 开式传动齿轮 | 低速 | 轻载，无冲击，不重要的传动 | Q275 | 正火 | 150～180 HBS | HT200 | | 170～230 HBS |
| | | | | | | HT250 | | 170～240 HBS |
| | | 轻载，冲击小 | 45 | 正火 | 150～181 HBS | QT500-7 | 正火 | 170～207 HBS |
| | | | | | | QT600-3 | | 197～269 HBS |
| 闭式传动齿轮 | 低速 | 中载 | 45 | 正火 | 170～200 HBS | 35 | 正火 | 150～180 HBS |
| | | | ZG310-570 | 调质 | 200～250 HBS | ZG270-500 | 调质 | 190～230 HBS |
| | | 重载 | 45 | 整体淬火 | 38～48 HRC | 35、ZG270-500 | 整体淬火 | 35～40 HRC |
| | 中速 | 中载 | 45 | 调质 | 220～250 HBS | 35、ZG270-500 | 调质 | 190～230 HBS |
| | | | 45 | 整体淬火 | 38～48 HRC | 35 | 整体淬火 | 35～40 HRC |
| | | | 40Cr | 调质 | 230～280 HBS | 45、50 | 调质 | 220～250 HBS |
| | | | 40MnB | | | ZG270-500 | 正火 | 180～230 HBS |
| | | | 40MnVB | | | 35、40 | 调质 | 190～230 HBS |
| | | 重载 | 45 | 整体淬火 | 38～48 HRC | 35 | 整体淬火 | 35～40 HRC |
| | | | | 表面淬火 | 45～50 HRC | 45 | 调质 | 220～250 HBS |
| | | | 40Cr 40MnB | 整体淬火 | 35～42 HRC | 35、40 | 整体淬火 | 35～40 HRC |
| | | | 40MnVB | 表面淬火 | 52～56 HRC | 45、50 | 表面淬火 | 45～50 HRC |
| | 高速 | 中载、无猛烈冲击 | 40Cr 40MnB | 整体淬火 | 35～42 HRC | 35、40 | 整体淬火 | 35～40 HRC |
| | | | 40MnVB | 表面淬火 | 52～56 HRC | 45、50 | 表面淬火 | 45～50 HRC |
| | | 中载、有冲击 | 20Cr 20Mn2B 20MnVB 20CrMnTi | 渗碳淬火 | 52～56 HRC | ZG310～570 | 正火 | 160～210 HBS |
| | | | | | | 35 | 调质 | 190～230 HBS |
| | | | | | | 22CrMoH 18Cr2Ni4WA 20MnVB | 渗碳淬火 | 56～63 HRC |

(1) 调质钢齿轮。调质钢主要用于制造对硬度和耐磨性要求不很高，对冲击韧度要求一般的中速、低速和载荷不大的中、小型传动齿轮，如车床、钻床、铣床等机床的变速箱齿轮、车床挂轮齿轮等，通常采用 45、40Cr、40MnB、35SiMn、45Mn2 等钢来制造。一般常用的热处理工艺是经调质或正火处理后，再进行表面淬火和低温回火，有时经调质和正火处理后也可直接使用。对于要求精度高、转动速度快的齿轮，可选用渗氮用钢 (38CrMoAlA)，经调质处理和渗氮处理后使用。

(2) 渗碳钢齿轮。渗碳钢主要用于制造高速、重载、冲击较大的重要齿轮，如汽车、拖拉机变速箱齿轮，驱动桥齿轮，立式车床的重要齿轮等，通常采用 20CrMnTi、20MnVB、20CrMo、18Cr2Ni4WA、20CrMnMo 等合金渗碳钢制造，经渗碳淬火和低温回火处理后，表面硬度高、耐磨性好，芯部韧性好、耐冲击。为了增加齿面的残余压应力，进一步提高齿轮的疲劳强度，还可进行喷丸处理。

(3) 铸钢和铸铁齿轮。少数齿轮还可采用铸钢和铸铁等材料制造。铸钢可用于制造力学性能要求较高，但形状复杂、难以锻造成型的大型齿轮，如起重机齿轮等，通常选用 ZG270-500、ZG310-570、ZG340-640、ZG40Cr 等铸钢制造；对于耐磨性、疲劳强度要求较高，但冲击载荷较小的齿轮，如机油泵齿轮等，可选用球墨铸铁制造，如 QT500-7、QT600-3 等；对于冲击载荷很小的低精度、低速齿轮，可选用灰铸铁制造，如 HT200、HT250、HT300 等。

(4) 非铁金属齿轮。在仪器、仪表及有腐蚀介质中工作的轻载齿轮，常选用耐蚀、耐磨的非铁金属来制造，如黄铜、铝青铜、锡青铜、硅青铜等。

(5) 塑料齿轮。随着塑料的发展与塑料性能的提高，采用尼龙、ABS、聚甲醛等塑料制造的塑料齿轮已得到越来越广泛的应用。塑料齿轮具有摩擦系数小、减振性好、噪声低、质量轻、耐蚀性好、生产成本低等优点，但其强度、硬度、弹性模量低，使用温度不高，尺寸稳定性较差。因此，塑料齿轮主要用于制造轻载、低速、耐蚀、无润滑或少润滑条件下工作的齿轮，如仪表齿轮、无声齿轮、凸轮、蜗轮等。

汽车后桥从动锥齿轮是属于高速、重载、冲击较大的零件，若选用调质钢、铸钢、铸铁、非铁金属和非金属材料来制造，都无法满足汽车后桥从动锥齿轮性能的要求，而选用渗碳钢 20CrMnTi 制造较为适宜。

## 9.3.2　轴类零件的选材

轴类零件是机械设备中最主要零件之一，其作用是支承回转零件并传递运动和转矩，是影响运行精度和寿命的关键件。以 Z4116-19A 钻床主轴为例进行分析，其简图如图 9.3.2 所示。

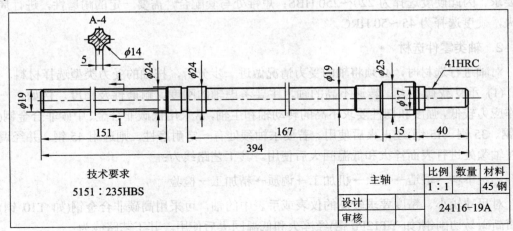

图 9.3.2　Z4116-19A 钻床主轴简图

### 1. 轴类零件的工作条件、失效形式及性能要求

(1) 轴类零件的工作条件：

① 传递一定的扭矩，承受一定的扭转应力、弯曲应力矩和拉、压应力。

② 轴颈承受较大的摩擦，尤其是与滑动轴承配合时。

③ 承受一定的冲击载荷。

Z4116-19A 钻床主轴工作平稳，轴颈承受较大的摩擦，并承受一定的冲击载荷。

(2) 根据轴的工作特点，其主要失效形式有以下几种：

① 疲劳断裂，由扭转疲劳和弯曲疲劳交变载荷长期作用下而造成的轴断裂。它是最主要的失效形式。

② 脆性断裂，在大载荷或冲击载荷作用下轴发生的折断或扭断。

③ 磨损失效，这是在轴颈或花键处受强烈磨损所致。

④ 过量变形失效，在载荷作用下，轴发生过量弹性变形和塑性变形而影响设备的正常运行。

Z4116-19A 钻床主轴工作平稳，只在轴颈处易产生磨损失效和过量的弹性变形和塑性变形。

(3) 性能要求。根据轴的工作条件和失效形式，对主轴类零件选用材料提出以下性能要求：

① 具有良好的综合力学性能，即要求有高的强度和韧性，以防变形和断裂。

② 具有高的疲劳强度，以防疲劳断裂。

③ 具有良好的耐磨性。轴的某些部位承受着不同程度的摩擦，特别是轴颈部分，故应具有较高的硬度以增加耐磨性。轴颈的磨损程度取决于与其相配合的轴承类别。在与滚动轴承相配合时，因摩擦已转移给滚珠与套圈，轴颈与轴承不发生摩擦，故轴颈部位没有耐磨要求。

从 Z4116-19A 钻床主轴的工作条件和失效形式来看，主要承受弯曲应力与扭转应力，载荷、转速不高，冲击作用较小，因此钻床主轴整体具有良好的综合力学性能就能满足性能要求。因此硬度选择为 220～250 HBS；短锥处与套配合，需要一定的耐磨性，进行局部淬火，硬度选择为 45～50 HRC。

### 2. 轴类零件选材

对轴进行选材时，必须将轴的受力情况做进一步分析，按轴的受力类型选择材料。

(1) 承受载荷不大、转速不高的轴，主要考虑轴的刚度、耐磨性及精度。例如，一些工作应力较低，强度和韧性要求不高的转动轴和主轴，常采用低碳非合金、中碳非合金钢(如 20 钢、35 钢、45 钢)经正火后使用。若要求轴颈处有一定耐磨性，则选用 45 钢，并经调质后在轴颈处进行表面淬火和低温回火后使用。其工艺路线为：

下料→锻造→正火→机加工→调质→精加工→检验

对尺寸较小、精度要求较高的仪表或手表中的轴，可采用高碳非合金钢(如 T10 钢)或含铅高碳易切削钢(如 YT12Pb 钢)经淬火和低温回火后使用。其工艺路线为：

下料→锻造→球化退火→机加工→淬火 + 低温回火→精加工→检验

(2) 承受交变弯荷或交变扭转载荷的轴(如卷扬机轴、齿轮变速箱轴)或同时承受上述两种载荷的轴(如机床主轴、发动机曲轴、汽轮机主轴)。这两类轴在载荷作用下应力在轴的截面上分布是不均匀的,表面部位的应力值最大,越往中心越小。其选材时,不一定选淬透性较好的钢种,一般只需淬透轴半径的 1/2~1/3,故常选用 45 钢、40Cr 钢等,先经调质处理,后在轴颈处进行高、中频感应加热表面淬火及低温回火。

(3) 承受交变弯曲(或扭转)及拉、压载荷的轴。这类轴如锻锤锤杆、船舶推进器曲轴等。它的整个截面上应力分布基本均匀,因此应选用淬透性较高的钢(如 30CrMnSi、40MnVB、40CrNiMo 等)。一般也经调质,然后在轴颈处进行表面淬火加低温回火。其工艺路线为:

合金结构钢下料→锻造→退火(或正火)→机加工→调质→半精加工→表面淬火→

精加工→检验

(4) 承受较大冲击载荷,又要求较高耐磨性的形状复杂的轴。属于这类轴的有汽车、拖拉机的变速箱轴、磨床主轴等,可选用合金渗碳钢(如 20CrMnTi、20SiMnVB、18Cr2Ni4W 等),先经渗碳,再进行淬火和低温回火。其工艺路线为:

合金渗碳钢下料→锻造→正火→机加工→渗碳(淬火 + 低温回火)→精加工→检验

若选择材料 38CrMoAlA,其工艺路线为:

下料锻造退火→调质→去应力退火→粗磨→渗氮→精磨→检验

制造轴的材料不限于上述钢种,还可以选用不锈钢、球墨铸铁和铜合金等。如对一般载重汽车的发动机曲轴,常采用球墨铸铁(如 QT700-2)制造。

Z4116-19A 钻床主轴是属于承受载荷不大的轴,主要考虑轴的刚度、耐磨性及精度,因此选用材料 45 钢。表 9.3.2 为机床主轴的工作条件、选材及热处理。

**表 9.3.2 机床主轴的工作条件、选材及热处理**

| 工 作 条 件 | 材料 | 热处理工艺 | 硬度要求 | 应用举例 |
|---|---|---|---|---|
| (1) 在滚动轴承中运转<br>(2) 低速,轻或中等载荷<br>(3) 精度要求不高<br>(4) 稍有冲击载荷 | 45 | 正火或调质 | 220~250 HBS | 一般简易机床主轴 |
| (1) 在滚动轴承中运转<br>(2) 中速稍高,轻或中等载荷<br>(3) 精度要求不高<br>(4) 冲击、交变载荷不大 | 45 | 整体淬硬 | 40~45 HRC | 龙门铣床、立式铣床、小型立式车床主轴 |
| (1) 在滚动或滑动轴承内运转<br>(2) 低速,轻或中等载荷<br>(3) 精度要求不太高<br>(4) 有一定的冲击、交变载荷 | 45 | 正火或调质+局部表面淬火整体淬硬 | ≤229 HBS(正火)<br>220~250 HBS(调质)<br>46~57 HRC(表面) | CB3463、C6132、C6120 等车床主轴 |

### 3. 成型工艺选择

轴类零件毛坯的成型工艺一般选用圆钢和锻件。当台阶轴上各外圆直径相差较大时，多采用锻件；当台阶轴上各外圆直径相差较小时，也可直接采用圆钢。由于毛坯经过锻造后，能使金属内部纤维组织沿表面均匀分布，从而可以得到较高的强度。因此，重要的轴应选用锻件，并进行调质处理；对于某些大型结构复杂的轴，可采用铸钢件；曲轴因制造麻烦常采用球墨铸铁件。

Z4116-19A 钻床主轴是属于载荷相对平稳且受力不大、转速不高的轴，但精度要求高。因此其工艺路线为：

下料→锻造→正火→粗加工→调质→精加工→表面淬火→低温回火→精加工→

检验

正火的目的是为了得到合适的硬度，便于机械加工，同时改善锻造组织，为调质处理做好准备。

调质是为了使主轴得到高的综合力学性能和疲劳强度。为了更好地发挥调质效果，将调质安排在粗加工后进行。

对轴颈、内锥孔、外锥面进行表面淬火，低温回火，是为了提高硬度，增加耐磨性，延长主轴的使用寿命。

## 9.3.3　刃具的选材及热处理

刃具主要用来切削各种材料，根据被切材料的种类和零件形状特征，刃具的种类很多，下面简要介绍一种常用金属刃具的选材。

以图 9.3.3 所示的锉刀为例，分析刃具的工作条件、失效形式及性能要求。

刃具在切削过程中受到切削力的作用，使刃具的细薄刀刃上承受的压力最大，易造成刃具在工作时产生磨损和崩刃现象。此外，当切削速度较大时，由于摩擦产生热，从而使刃具温度升高。有时，刃具的主切削刃部分温度可高达 800℃～1000℃，降低了刃具的硬度。因此，要求刃具具有高的硬度、耐磨性，足够的强度和韧性，高速切削时还应具有高的热硬性。

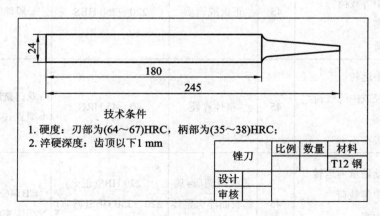

图 9.3.3　锉刀简图

锉刀切削速度低，但摩擦剧烈，易造成刃具在工作时产生磨损失效，因此要求锉刀具有高的硬度和耐磨性。

锉刀属于简单、低速的手用刃具，选用非合金钢工具钢 **T12** 钢来制造。其加工工艺路线为：

　　　　　热轧钢板(带)下料→锻(轧)柄部→正火→球化退火→机加工→淬火→低温回火→
检验

正火是为了得到合适的硬度，便于机械加工，同时改善锻造组织，为球化退火做好准备。

球化退火是使钢中碳化物呈粒状分布，细化组织，降低硬度，改善切削加工性，同时为淬火做好组织准备。

机加工包括刨、磨和剁齿，使锉刀成型。

## 9.3.4　箱体支架类零件的选材

箱体支架类零件是机器中的基础零件。轴和齿轮等零件安装在箱体中，以保持相互的位置并协调地运动。下面以图 9.3.4 所示的轴承座简图为例进行分析。

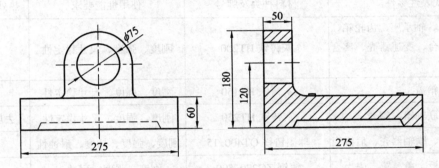

图 9.3.4　轴承座简图

### 1. 箱体支架类零件的功能及对材料的性能要求

(1) 工作条件。机器上各个零部件的质量都由箱体和支架件承担，因此箱体支架类零件主要承受压应力，部分承受一定的弯曲应力。此外，箱体还要承受各零件工作时的动载荷以及稳定在机架或基础上的紧固力。

(2) 性能要求。根据箱体支架类零件的作用及载荷情况，它应有足够的强度和刚度、良好的减震性及尺寸稳定性。由于箱体一般形状复杂，体积较大，且具有中空壁薄的特点，因此箱体材料应具有良好的加工性能，以利于加工成型，多选用铸造毛坯制造。

### 2. 箱体支架类零件的选材

依据箱体支架类零件的工作条件，通常可选择的材料有以下几种。

(1) 铸铁。铸铁的铸造性好，价格低廉，减振性能好。形体复杂、工作平稳、中等载荷的箱体类支架件一般都采用灰铸铁或球墨铸铁制作。例如，金属切削机床中的各种箱体(如床身、进给箱等)支架类零件，大多采用灰铸铁铸造成型。

(2) 铸钢。载荷较大、承受冲击较强的箱体支架类部件常采用铸钢制造，其中 ZG35Mn 钢和 ZG40Mn 钢应用最多。铸钢的铸造性较差，在工艺性的限制下，所制部件往往壁厚较大、形体笨重。

(3) 非铁金属铸造。要求质量轻、散热良好的箱体可用非铁金属材料及其合金制造。例如,柴油机喷油泵壳体,还有飞机发动机上的箱体多采用铸造铝合金制造。

(4) 型材焊接。体积及载荷较大、结构简单、生产批量较小的箱体,为了减轻质量也可采用各种低碳非合金钢型材拼制成焊接件。常用焊接性优良的钢板 Q235、20、Q345 等。

(5) 高分子材料。要求具有耐蚀性、电绝缘性、减振、质轻、价廉等特点以及某些特殊场合发挥其优异性能的零件,如装置的机壳、罩子、仪器仪表底座等,因其使用载荷较小,故可用聚苯乙烯、聚丙乙烯等;若要求透明的零件,则可选用有机玻璃;而那些表面需要装饰的壳体则可用 ABS 塑料,因为 ABS 塑料容易电镀和涂漆。

依据箱体支架类零件的工作条件,对尺寸较小(总高为 180 mm)的轴承座选用 HT200 灰铸铁铸造就能满足性能要求。

HT200 灰铸铁轴承座结构较复杂,铸造(或焊接)后形成较大的应力,在加工前必须进行退火处理以消除铸造应力。部分箱体类零件的选材情况如表 9.3.3 所示。

### 表 9.3.3　部分箱体支架类零件用材情况

| 代表性零件 | 材料种类及牌号 | 使用性能要求 | 热处理及其他 |
| --- | --- | --- | --- |
| 机床床身、轴承座、齿轮箱、缸体、工作台、变速器壳、离合器壳 | 灰铸铁 HT200 | 刚度、强度、尺寸稳定性 | 时效 |
| 机床座、箱盖 | 灰铸铁 HT150 | 刚度、强度、尺寸稳定性 | 时效 |
| 齿轮箱、联轴器、阀壳 | 灰铸铁 HT250 | 刚度、强度、尺寸稳定性 | 去应力退火 |
| 差速器壳、联轴器壳、后桥壳 | 球墨铸铁 QT400-15 | 刚度、强度、韧度、耐蚀性 | 退火 |
| 支架、挡板、盖、罩、壳 | 铸钢 ZG270-500 | 刚度、强度、耐冲击 | 正火 |
| 支架、挡板、盖、罩、壳 | 钢板 Q235、08、20、Q345 | 刚度、强度 | 不进行热处理 |
| 车辆驾驶室、车厢 | 钢板 08、Q345 | 刚度 | 冲压成型 |

# 本 章 小 结

对于从事机械设计与制造的工程技术人员,正确合理地选择和使用材料,初步分析机器零件在使用过程中出现的各种材料问题,是一项基本要求。选材的主要思路:零件服役条件→技术要求→选择材料→强化工艺→组织结构→最终性能→应用、失效。材料中的这些矛盾涉及合金化设计、处理工艺等因素。例如,结构钢的主要矛盾是强度和塑性之间的配合;工模具钢的合金化目的是改变碳化物类型、提高淬透性、提高回火稳定性等;铸铁中石墨的形状、大小、数量、分布影响了铸铁基体性能的发挥程度,也决定了铸铁宏观力学性能等。本章重点在了解选材的一般规律基础上,掌握常用各类典型零件材料选择的规律性。

# 本章主要名词

变形失效(deformation failure)

断裂失效(fracture failure)

表面损伤失效(surface damage failure)

使用性(usability)

工艺性(manufacturability)

经济性(economy)

冷加工(cold working)

耐磨性(wear resistance)

热疲劳(thermal fatigue)

塑性变形(plastic deformation )

服役条件(working condition)

工艺规范(technical specification)

热加工(hot working)

# 习题与思考题

1. 选材的一般原则是什么？

2. 零件失效的类型有哪些？基本原因是什么？

3. 简述材料及成型工艺选择的方法与步骤。

4. 对下列零件做出材料选择，并说明选材的理由，制定其工艺路线，说明各热处理工序的作用。

(1) 载重汽车变速齿轮；(2) C6132 车床主轴，低速、精度要求不高；(3) 普通汽车上的活塞、大型船用柴油机上的活塞、高级轿车上的活塞。

5. 一个起连接紧固作用的重要螺栓(直径为 20 mm)，工作时主要承受拉力。要求整个截面有足够抗拉强度、疲劳强度和一定的冲击韧度。

(1) 请选择材料，并说出选用该材料的理由；

(2) 试制定该零件的加工工艺路线；

(3) 说明每项热处理工序的作用和得到的组织。

6. 为什么轴杆类零件一般采用锻件，而机架类零件多采用铸件？

7. 简述轴类、齿轮类、箱体类零件的选材方法。

8. 用 20CrMnTi 钢制造的汽车变速齿轮，拟改用 40 钢或 40Cr 钢经高温淬火，是否可以？为什么？

9. 确定下列工具的材料及最终热处理工艺：

(1) M6mm 手用丝锥；(2) φ10mm 麻花钻。

10. 指出下列工件应采用所提供材料中的哪一种？

工件：铰刀；汽车进给箱齿轮；塑料冷冲模；普通汽车的挡风玻璃；汽车挡泥板；扶手。

材料：20Mn2B；Cr12；T12A；W18Cr4V；45；65Mn；T8；玻璃钢；ABS 塑料。

11. 某工厂用 T10 钢制造钻头，给一批铸件打深孔，但打几个孔钻头很快磨损。根据检验，钻头的材质、热处理、金相组织和硬度都合格。请分析失效的原因和解决问题的方案。

12. 指出下列零件在选材与制定热处理技术条件中的错误,并说明理由及改正意见。

| 工作及要求 | 材料 | 热处理技术条件 |
|---|---|---|
| 表面耐磨的凸轮 | 45 钢 | 淬火、回火 60~63 HRC |
| $\phi$30mm,要求良好综合力学性能的传动轴 | 40Cr 钢 | 调质 40~45 HRC |
| 弹簧(丝径为$\phi$15mm) | 45 钢 | 淬火、回火 55~60 HRC |
| 板牙(M12) | 9SiCr 钢 | 淬火、回火 50~55 HRC |
| 转速低、表面耐磨性及芯部要求不高的齿轮 | 45 钢 | 渗碳淬火 58~62 HRC |
| 钳工凿子 | T12 钢 | 淬火、回火 60~62 HRC |
| 传动轴($\phi$100mm,芯部 $R_m$>500 N/mm$^2$) | 45 钢 | 调质 220~250 HBW |
| $\phi$70mm 拉杆,要求截面上性能均匀,芯部 $R_m$>900 N/mm$^2$ | 40Cr 钢 | 调质 200~230 HBW |
| $\phi$5mm 塞规,用于大批量生产,检验零件内孔 | T7 钢或 T8 钢 | 淬火、回火 62~64 HRC |

13. 选择下列零件的材料。

| 零件名称 | 工作条件及结构特征 | 选用材料 | 说　明 |
|---|---|---|---|
| 虎钳的钳座 | 承受压力,形状复杂 | | |
| $\phi$16mm 钻头 | 高强度、耐磨性和热硬性 | | |
| 带轮外壳 | 薄板件 | | |
| 自来水龙头 | 一定的耐蚀性,形状复杂 | | |
| 自行车三脚架 | 承受冲击,一定强度,可焊性好 | | |
| 锉刀 | 高耐磨性 | | |
| 薄膜 | 农用蔬菜大棚 | | |
| 电线包皮 | 电工 | | |
| 汽车轮胎 | 行驶时使车轮和路面不打滑,且吸收振动与冲击 | | |

# 第10章 工程材料在典型机械上的应用

## 10.1 工程材料在汽车上的应用

汽车主要结构分为四个部分。① 发动机(包括缸体，缸盖，活塞，连杆，曲轴及配气、燃料供给、润滑、冷却等系统 )；② 底盘(包括传动系统——离合器、变速箱、后桥等，行驶系统——车架、车轮等，转向系统——转向盘、转向蜗杆等)；③ 车身(包括驾驶室、车厢等)；④ 电气设备(包括电源、启动、点火、照明、信号、控制等)。一部汽车包含上万个零(构)件，而这些零(构)件又是由各种不同材料所制成，其中钢铁材料约占72%~85%，有色金属材料约占 1%~6%，非金属材料(塑料、橡胶、陶瓷、非金属基复合材料)约占14%~18%。显然，汽车用材仍以金属材料为主，非金属材料也占一定比例，而且这个比例随汽车类型(轿车、客车、货车、赛车)的变化和新型材料的应用而在一定范围内变动。下面简要介绍工程材料在汽车典型零(构)件上的应用。

### 10.1.1 金属材料在汽车上的应用

#### 1. 缸体、缸盖和缸套

(1) 缸体。缸体是发动机的骨架和外壳，在其内部安装着发动机的主要零件(如活塞、连杆、曲轴等)。为了保证这些零件的安全可靠性，缸体不允许产生过量变形，缸体材料应具有足够的刚度和强度及良好的铸造性能，且价格低廉。因此缸体材料常选用灰铸铁(如HT200)。对于某些发动机(如赛车发动机)为减轻自重，则其缸体选用铸造铝合金(如ZAlSi9Mg(ZL104))制造。

(2) 缸盖。缸盖主要用来封闭气缸构成燃烧室。为了保证缸盖在高温、高压及机械载荷联合作用下不出现变形和裂纹，保持密封性，缸盖材料应具有高的导热性和足够的高温强度及良好的铸造性。因此缸盖材料常选用铸造铝合金(如 ZAlSi9Mg(ZL104))、灰铸铁(如HT200)和合金铸铁(如高磷铸铁)。

(3) 缸套。缸套是镶在气缸内壁的圆筒形零件，它与活塞相接触，其内壁受到强烈的摩擦，为了减小缸套的磨损，缸套材料应具有高的耐磨性。常用的缸套材料为耐磨合金铸铁(如高磷铸铁、硼铸铁)。为了进一步提高缸套的耐磨性，常对其内壁进行表面淬火(如感应加热淬火、激光淬火)、镀铬或喷涂耐磨合金。

#### 2. 活塞、活塞销和活塞环

活塞、活塞销和活塞环构成活塞组，活塞组与气缸或气缸套、缸盖配合形成一个容积可变化的密闭空间，以完成内燃机的工作过程。活塞组在高温、高压燃气中以高速在气缸和气缸套内做往复运动，工作条件十分苛刻。为了防止活塞组磨损、变形和断裂，活塞材料应具有高的高温强度和导热性，良好的耐磨性、耐蚀性，低膨胀系数和低密度及良好的铸造性和切削加工性。常用的活塞材料为铸造铝硅合金(如 ZAlSi12Cu1(ZL109) 和 ZAlSi9Cu2Mg(ZL111))，经固溶处理和人工时效处理以提高硬度。活塞销材料应具有足够的刚度和强度，较高的疲劳强度和冲击韧度及表面耐磨性。常用的活塞销材料为 20 钢及合金渗碳钢 20Cr、20CrMnTi 等，经渗碳或氮碳共渗后进行淬火、低温回火处理，以提高表面硬度和强度。活塞环材料应具有高的耐磨性，足够的韧性，良好的耐热性、导热性及良好的铸造性和切削加工性。常用的活塞环材料为灰铸铁(如 HT200、HT250)及合金铸铁(如高磷铸铁、磷铜钛铸铁、铬钼铜铸铁)。为了提高活塞环表面耐磨性，应进行表面处理，如磷化、热喷涂耐磨合金、激光淬火等。

### 3. 连杆、曲轴和半轴

(1) 连杆。连杆连接着活塞和曲轴，它将活塞的往复运动变为曲轴的旋转运动，并把作用在活塞上的力传给曲轴。因此连杆是在交变拉应力和弯曲应力的作用下工作。为了防止连杆过量变形和疲劳断裂，连杆材料应具有较高的屈服强度、抗拉强度、疲劳强度及足够的刚度和韧性。常用的连杆材料为 45 钢和合金调质钢 40Cr、40MnB 等并经调质处理。

(2) 曲轴。曲轴的作用是输出发动机的功率并驱动底盘的传动系统运动，受弯曲、扭转、拉压等交变应力和冲击力、摩擦力的作用。为了防止曲轴疲劳断裂和减小轴颈磨损，曲轴材料应具有较高的抗拉强度和疲劳强度及足够的刚度和韧性。常用曲轴材料为 45 钢或球墨铸铁 QT600-3 及合金调质钢 40Cr、35CrMo、45Mn2 等经调质处理。为了减小轴的预磨损，轴颈部位应进行表面淬火，并选用铅锑轴承合金(如 ZPbSb16Sn16Cu2、ZPbSb15Sn5)作为轴瓦或轴衬。

(3) 半轴。半轴直接驱动车轮转动，工作时承受交变扭转力矩和交变弯曲载荷以及一定的冲击载荷。为了防止半轴疲劳断裂和花键齿磨损，半轴材料应具有较高的抗拉强度、抗弯强度、疲劳强度及较好的韧性。常用的半轴材料为合金调质钢 40Cr、40MnB、40CrMnMo、40CrNiMo 等经调质处理后进行喷丸强化或滚压强化处理。为减小花键齿磨损，应对花键部位进行表面淬火。

### 4. 气门和气门弹簧

(1) 气门。气门的主要作用是开启、关闭进气道和排气道，工作时承受较大的机械负荷和热负荷。为了防止气门座翘曲、气门头部变形、气门座面烧蚀，气门材料应具有较高的高温强度和耐蚀性、耐磨性。由于进、排气门的工作条件不同，排气门工作温度高达 650℃～850℃，因此进、排气门应选用不同材料。通常进气门材料选用合金调质钢 40Cr、35CrMo、38CrSi 等并经调质处理；排气门材料选用马氏体耐热钢 4Cr9Si2、4Cr10Si2Mo 和奥氏体耐热钢 4Cr14Ni14W2Mo 并经正火处理，前者工作温度可达 550℃～650℃，后者工作温度可达 650℃～900℃。

(2) 气门弹簧。气门弹簧的作用是使气门开启和关闭，工作时承受交变应力，为了防止其疲劳断裂，气门弹簧材料应具有较高的屈服强度和屈强比及疲劳强度、良好的抗氧化和耐腐蚀性。常用的气门弹簧材料为 50CrV 钢，经淬火和中温回火，并进行表面喷丸强化。

### 5．板簧

板簧的作用是缓冲和吸振，减小汽车行驶过程中的冲击和振动，承受较大的交变应力和冲击载荷。为了防止板簧过量弹性变形和塑性变形及疲劳断裂，板簧材料应具有较高的弹性极限、屈服强度、屈强比及疲劳强度。板簧的常用材料为合金弹簧钢 60Si2Mn、50CrMnA、70Si3MnA，经淬火、中温回火，并进行表面喷丸强化。

### 6．齿轮

齿轮的作用是将发动机的动力传递给半轴，推动汽车行驶。齿轮承受较大的交变弯曲应力、冲击力、接触压应力和摩擦力。为了防止齿面磨损和接触疲劳剥落及齿根部疲劳断裂，齿轮材料应具有较高的屈服强度、弯曲疲劳强度、接触疲劳强度和足够的韧性。常用的齿轮材料为合金渗碳钢 20Cr、20CrMnTi、20CrMo、20CrMnMo 等。对于受力不大的齿轮也可选用 20 钢、35 钢、40 钢、45 钢、40Cr 钢等或灰铸铁 HT150、HT200 制造。为了提高齿轮的接触疲劳强度和耐磨性，受力大的重要齿轮必须进行渗碳或氮碳共渗、淬火、低温回火及喷丸处理。汽车齿轮的常用材料及热处理如表 10.1.1 所示。

#### 表 10.1.1　汽车齿轮常用材料及热处理

| 齿 轮 类 型 | 材　料 | 热 处 理 |
|---|---|---|
| 变速箱和分动箱齿轮 | 20CrMnTi | 渗碳、淬火、低温回火 |
| 驱动桥圆柱、圆锥齿轮，差速器行星齿轮，半轴齿轮 | 20CrMo 20CrMnMo | |
| 曲轴正时齿轮 | 35、40、45、40Cr | 正火或调质 |
| 凸轮轴齿轮 | HT150、HT200 | 正火 |
| 启动机齿轮 | 15Cr、20Cr、20CrMo 20CrMnMo、20CrMnT | 渗碳、淬火、低温回火 |
| 里程表齿轮 | 20 | 氮碳共渗、淬火、低温回火 |

### 7．车身、纵梁、挡板等冷冲压零件

这些零件要求材料应具有足够的强度和塑性、韧性及良好的冲压性能。常用的材料为低碳结构钢 08、20、25 和低合金高强度结构钢 Q295、Q345、Q390 的热轧钢板和冷轧钢板。热轧钢板用于制造纵梁、保险杠、刹车盘等；冷轧钢板用于制造轿车车身、驾驶室、发动机罩等。

### 8．螺栓、铆钉等冷镦零件

螺栓和铆钉等冷镦零件的作用是连接、紧固、定位和密封汽车各零部件。不同螺栓所处的应力状态不同，有的承受弯曲或切应力，有的承受交变拉应力和压应力，有的承受冲击力，有的同时承受上述几种应力。因此，应根据螺栓的受力状态进行合理选材。通常重要螺栓(如连杆螺栓和缸盖螺栓)选用 40Cr 钢制造并经调质处理或选用 15MnVB 钢制造并经淬火、低温回火；普通螺栓选用 35 钢制造并经调质处理或冷镦后经再结晶退火；木螺栓和铆钉选用低碳钢 10、15 制造，前者冷镦后直接使用，后者冷镦后进行再结晶退火。

## 10.1.2　其他工程材料在汽车上的应用

### 1. 塑料

塑料用于制作汽车的内装饰件和有些受力较小的零(构)件。

(1) 内装饰件。内装饰件主要有座垫、头枕、扶手、车门内板、顶棚衬里、地毯、仪表板、控制箱等。内装饰件材料应具有高的吸振性、耐磨性、耐腐蚀性、绝缘性和低的导热性，以达到安全、舒适、美观、耐用的目的。常用的内装饰件材料为通用塑料如聚氨酯、聚乙烯、聚氯乙烯、聚丙烯等。

(2) 受力较小的零(构)件。汽车上受力较小的零(构)件主要有车轮罩、滤清器、正时齿轮、水泵壳、水泵叶轮、油泵叶轮、暖风器叶轮、风扇、刮水器齿轮、前照灯壳、轴承保持架、速度表齿轮、软管、钢板弹簧吊耳内衬套、熔丝盒、通风隔栅、灯座等。制作这些零(构)件的材料应具有足够的强度和室温抗蠕变性及尺寸稳定性，常用的材料为工程塑料如 ABS、聚酰胺(尼龙)、聚甲醛、聚酯等。

### 2. 橡胶

橡胶是汽车用的一种重要材料，主要用于制造轮胎、软管、密封件、减振垫等。这些零(构)件要求材料具有高弹性、高减振性、高气密性、高耐磨性和良好的抗撕裂性、抗湿滑性。汽车常用橡胶为天然橡胶和合成橡胶，如丁苯橡胶、顺丁橡胶、丁基橡胶。

轮胎是汽车的主要橡胶件，它实际上是由橡胶基复合材料(详见第 7 章)制成。轮胎材料主要成分为生胶(天然橡胶或合成橡胶)、纤维(棉、尼龙、聚酯、玻璃等纤维和钢丝)和炭黑，其中生胶约占轮胎材料总质量的 50%，通常轿车轮胎的生胶以合成橡胶为主，载货汽车轮胎的生胶以天然橡胶为主。

### 3. 陶瓷材料

众所周知，汽车发动机的火花塞是由 $Al_2O_3$ 陶瓷制成的。近年来，随着国际上石油价格不断上涨，降低汽车行驶时的燃料消耗率越来越受到汽车设计者和制造者的重视。利用陶瓷材料耐高温、耐磨损、耐腐蚀的特性制造发动机的某些零(构)件，可以提高发动机的功率、降低燃料消耗。国外已研制成功绝热发动机，用 $Si_3N_4$、$ZrO_2$、$SiC$ 等陶瓷材料制造发动机的活塞、活塞环、气缸套、燃烧室、气门头、气门座、气门挺杆、气门导管、排气道、进气道、机械密封及涡轮增压器的叶片、涡轮盘、隔热板、轴承等零(构)件，使发动机的功率提高 10%，燃料消耗降低 30%；还研制成功 $ZrO_2$ 或 $SiC$ 陶瓷凸轮轴镶片和 $Si_3N_4$ 陶瓷摇臂镶块，分别镶嵌在钢制凸轮轴滑动部位和铝合金制摇臂与凸轮接触部位，显著提高凸轮轴和摇臂寿命。

此外，利用陶瓷的绝缘性、介电性、压电性等特性用于制造汽车陶瓷传感器，已成为汽车电子化的重要方面。

### 4. 复合材料

橡胶基复合材料已用于制造汽车轮胎和制动管；为了减轻汽车自重，减少燃料消耗，已将碳纤维增强聚酯塑料的复合材料(CFRP)和玻璃纤维增强聚酯塑料的复合材料(GFRP)分别用于制造汽车大梁和车身，并已在赛车上应用；塑料-金属多层复合材料(详见第 7 章)

已用于制造连杆滑动轴承，不需加润滑油，靠表层聚四氟乙烯或聚甲醛塑料来润滑。

# 10.2　工程材料在机床上的应用

机床是车床、铣床、刨床、磨床、镗床、钻床等的总称。机床主要结构由下列四部分组成：① 运动源——电动机等；② 传动系统(包括主传动系统、进给传动系统和辅助传动系统)——链轮、带轮、齿轮变速箱或直流电动机或液压传动装置、主轴和轴承、丝杠和螺母、蜗轮和蜗杆、凸轮、弹簧、刀具等；③ 支承件和导轨——支承件包括床身、立柱、横梁、摇臂、底座、工作台、箱体等；④ 操纵机构——手轮、手柄、液压阀、电气开关和按钮等。据统计，机床所用材料中钢铁材料约占 95%，有色金属材料约占 4.5%，塑料占 0.5%。下面简要介绍工程材料在机床典型零(构)件上的应用。

## 10.2.1　金属材料在机床典型零(构)件上的应用

### 1. 支承件和导轨

(1) 支承件。支承件用于支承机床各部件，受拉伸、压缩、弯曲、扭转、振动等力的作用，易产生变形和振动，而支承件的微小变形和振动都会影响被加工零(构)件的精度。因此，支承件材料应具有足够的刚度和强度及良好的抗震性和加工性能。支承件如床身、立柱、横梁、摇臂、底座、工作台、箱体等常选用灰铸铁 HT200、HT250 铸造而成；对于大型机床的支承件则选用低碳钢焊接而成。例如，卧式铣床的床身和立柱、龙门式镗铣床的床身和横梁、重型立式车床的横梁等常选用普通碳素结构钢 Q215、0235、Q255 等钢板焊接而成，并用扁钢或角钢作加强肋。

(2) 导轨。导轨在机床中的作用是导向和承载，运动的一方称为动导轨，不动的一方称为支承导轨。为了防止导轨变形和磨损，导轨材料应具有足够刚度和强度及良好的耐磨性和工艺性。常用导轨材料为灰铸铁 HT200、HT300。对于精密机床导轨常选用耐磨合金铸铁如高磷铸铁、磷铜钛铸铁及钒钛铸铁。为了提高铸铁导轨的耐磨性，需对导轨进行表面淬火(如感应加热表面淬火、电接触加热表面淬火)。对于耐磨性要求较高的导轨如数控机床的动导轨，常采用镶钢导轨，即将 45 钢或 40Cr 钢导轨经淬火和低温回火后或将 20Cr 钢、20CrMnTi 钢导轨经渗碳、淬火和低温回火后镶装在灰铸铁床身上，其耐磨性比灰铸铁导轨提高 5～10 倍。对于重型机床的动导轨常选用有色金属镶装导轨，与铸铁支承导轨搭配，常用的有色金属为铸造锡青铜 ZCuSn5Pb5Zn5(ZQSn5-5-5)、铸造铝青铜 ZCuAl9Mn2(ZQAl9-2)和铸造锌合金 ZznAl10Cu5Mg(ZznAl10-5)。

### 2. 齿轮

齿轮在机床中的作用是传递动力、改变运动速度和方向。和汽车齿轮相比，机床齿轮工作平稳，无强烈的冲击，负荷不大，转速中等，对齿轮芯部强度要求不高，根据齿轮的不同工作条件选用不同材料。对于防护和润滑条件差的低速开式齿轮，常选用灰铸铁 HT250、HT300、HT400，也可选用普通碳素结构钢 Q235、0255、Q275，但只能制造小齿轮。对于大多数闭式齿轮，常选用中碳钢 40、45 钢制造，经正火或调质处理后再进行高频感应加热表面淬火。对于高速、重载荷或尺寸较大、传动精度高的闭式齿轮常选用合金调质钢 35CrMo、40Cr、45MnB，经调质处理后再经高频感应加热表面淬火。对于高速、重载荷、受冲击的闭式齿轮，常选用合金渗碳钢 20Cr、20Mn2、20CrMnTi、20SiMnVB，经渗碳、淬火、低温回火处理。机床齿轮常用钢铁材料、热处理和应用举例如表 10.2.1 所示。

### 表 10.2.1　机床齿轮常用钢铁材料、热处理和应用举例

| 材料类别 | 钢　号 | 热处理 | 应用举例 |
|---|---|---|---|
| 灰铸铁 | HT250、HT300、HT350 | 正火 | 低速、低载、冲击小的开式齿轮 |
| 球墨铸铁 | QT450-5 | 正火 | 形状复杂或尺寸较大的不重要闭式齿轮 |
| 可锻铸铁 | KTZ 450-5、KTZ 500-4 | 石墨化退火 | 形状复杂或尺寸较大的不重要闭式齿轮 |
| 普通碳素结构钢 | Q235、Q255、Q275 | 正火 | 低速、低载、冲击小的开式小齿轮或不重要的闭式齿轮 |
| 优质碳素结构钢 | 15 | 渗碳、淬火+低温回火 | 低速、高耐磨性齿轮 |
| | 40、45 | 正火或调质+高频淬火 | 大多数闭式齿轮，如车床和钻床变速箱次要齿轮、磨床砂轮箱齿轮 |
| 合金调质钢 | 40Cr、42SiMn、45MnB | 调质+高频淬火 | 中速、中载、冲击较小的机床变速箱齿轮 |
| | 35 CrMo、40 Cr、42SiMn、45MnB | 调质+高频淬火 | 速度不高、中等载荷、传动精度高、要求一定耐磨性的大齿轮，如铣刀工作面变速箱齿轮、立车齿轮 |
| | 38 CrMoAlA　38 CrAl | 调质+渗氮 | 高速、重载、形状复杂、要求热处理变形小的齿轮，如精密机床中的重要齿轮 |
| 合金渗碳钢 | 20 Cr、20Mn2B　20CrMnTi、20SiMnVB | 渗碳、淬火+低温回火 | 高速、重载齿轮，如机床变速箱齿轮、精密机床主轴传动齿轮、走刀齿轮、分度机变速齿轮、立式车床上的重要齿轮 |

#### 3. 主轴和主轴轴承

(1) 主轴。主轴是机床在工作时直接带动刀具或工件进行切削和表面成型工作的旋转轴，承受弯曲、扭转复合应力和摩擦力的作用。为了防止主轴变形和磨损，要求主轴材料应具有优良的综合力学性能，即较高的强度、塑性和韧性。机床主轴常用材料分别为：一般机床主轴选用 45 钢经调质处理，并在主轴端部锥孔定心轴颈或定心圆锥面等部位进行表面淬火；载荷较大的重要机床主轴选用 40Cr 钢、45Mn2 钢、45MnB 钢经调质处理后进行局部表面淬火；受冲击载荷较大的机床主轴选用 20Cr 钢经渗碳、淬火、低温回火处理；精密机床主轴如高精度磨床的砂轮主轴、镗床和坐标镗床的主轴等选用 38CrMoAlA 钢经调质

处理后，再进行渗氮处理。机床主轴常用钢材料、热处理和应用举例如表 10.2.2 所示。

**表 10.2.2 机床主轴常用钢材料、热处理和应用举例**

| 钢 号 | 热 处 理 | 应 用 举 例 |
|---|---|---|
| 45 | 淬火+低温回火或调质(或正火)+局部表面淬火 | 龙门铣床主轴、立式铣床主轴、小立式车床主轴、重型车床主轴 |
| 40Cr<br>40MnB<br>40MnVB | 淬火+低温回火或调质+局部表面淬火 | 滚齿机床主轴、组合机床主轴、铣床主轴、磨床砂轮主轴 |
| 45Mn2 | 正火+局部表面淬火 | 重型机床主轴 |
| 65Mn | 调质+局部表面淬火 | 磨床主轴 |
| GCr15、9Mn2V | 调质+局部表面淬火 | 磨床砂轮主轴 |
| 38CrMoAlA | 调质+渗氮 | 高精度磨床砂轮主轴、镗杆、坐标镗床主轴、多轴自动车床中心轴 |
| 20CrMnTi | 渗碳、淬火+低温回火 | 齿轮磨床主轴、精密车床主轴 |

(2) 主轴轴承。主轴轴承用于支撑主轴做旋转运动，承受较大的接触压应力和摩擦力。根据对主轴旋转精度、刚度、承载能力及转速等方面的要求选择主轴轴承类型。主轴轴承分为滚动轴承和滑动轴承两大类。滚动轴承主要在较高精度、中等转速和较大载荷或高转速和轻载荷、小冲击力情况下使用，如精密车床、铣床、坐标镗床、落地镗床、摇臂钻床、内圆磨床等的主轴轴承。

① 滚动轴承。滚动轴承是由滚动体、内外圈、保持架组成的标准组件，可以根据机床的不同工作条件进行选用。滚动轴承在工作时承受较高的交变载荷，滚动体与内外圈滚道的接触压应力较大。因此，滚动体和内外圈的材料应具有高的硬度和耐磨性、高的弹性极限和疲劳强度以及足够的韧性。为此，滚动体和内外圈材料选用轴承钢 GCr4、GCr15、GCr15SiMn、GSiMoMnV，经淬火和低温回火后进行磨削和抛光。而保持架对材料的性能要求较低，通常采用低碳钢如 08、10 钢薄板冲压成型。若在特殊情况下，如要有耐腐蚀要求则保持架材料应选用铜合金，如铝黄铜 HA160-1-1、锡青铜 QSn4-4-4 等；如要求质量轻则保持架材料可选用变形铝合金 2AOI、2A11、5A05、5B05 等，也可选用塑料如聚酰胺、聚甲醛、ABS 等。

② 滑动轴承。滑动轴承主要在高精度、高速重载和大冲击力情况下使用，如万能磨床、精密车床等。滑动轴承常用材料为铜基轴承合金，如铸造锡青铜 ZCuSn5Pb5Zn5(或 ZQSn5-5-5)、ZCuSn10P1(或 ZQSn10-1)等，也可选用灰铸铁 HT250、HT350 等。

**4. 丝杠和螺母**

丝杠和螺母是机床进给机构中的一对螺旋传动件，它们可以把回转运动变为直线运动，也可以把直线运动变为回转运动。为了保持机床的加工精度，丝杠材料应具有高的刚度和强度及高硬度和耐磨性。常用丝杠材料为碳钢 40、45、T10A 和合金钢 40Cr、65Mn，经淬火和低温回火；螺母材料应具有高耐磨性，常用螺母材料为锡青铜 ZCuSn5Pb5Zn5(或 ZQSn5-5-5)、ZCuSn10P1(或 ZQSn10-1)。

### 5. 凸轮和滚子

凸轮和滚子是机床进给系统或操纵系统的一对传动件,在专用机床和自动化机床上常采用凸轮机构来实现进给和快速运动。进给系统中的凸轮和滚子材料应具有足够的强度和较高的耐磨性,常选用 45 钢、40Cr 钢经调质处理后进行感应加热表面淬火;尺寸较大的凸轮(直径大于 300 mm 或厚度大于 30 mm),常选用灰铸铁 HT200、HT250、HT300 或耐磨铸铁(如高磷铸铁、铬钼铜铸铁)。操纵系统中的凸轮和滚子,由于其负荷较小,因此可用工程塑料或塑料基复合材料制造。

### 6. 蜗轮和蜗杆

蜗轮和蜗杆也是机床进给系统中的一对传动件,其啮合情况与齿轮和齿条啮合相似。对于低速运转的开式蜗轮传动,其失效形式为齿根断裂和齿面磨损;对于一般闭式蜗轮传动,其失效形式为齿根断裂或齿面接触疲劳剥落;对于长期高速运转的闭式蜗轮传动,往往会因齿侧面的滑动导致齿面发热而破坏胶合。由于蜗轮和蜗杆的转速相差大,蜗杆受磨损的机会比蜗轮大得多,因此蜗轮和蜗杆应选用不同材料。常用蜗轮材料有铸造锡青铜、铸造铝青铜和灰铸铁,对于滑动速度较高的蜗轮选用铸造锡青铜 ZCuSn10P1(或 ZQSn10-1)、ZCuSn6Pb6Zn3(或 ZQSn6-6-3)和铸造铝青铜 ZCuAl9Mn4(或 ZQAl9-4);对于滑动速度小、性能要求不高的蜗轮则选用灰铸铁 HT150、HT200、HT250 等。常用蜗杆材料为中、低碳的碳钢和合金钢。对于滑动速度较高的蜗杆,选用 15 钢、20 钢、15Cr 钢、20Cr 钢经渗碳、淬火和低温回火或选用 45 钢、40Cr 钢经调质处理后再进行高频感应加热表面淬火;对于滑动速度中等的蜗杆,选用 45 钢、50 钢、40Cr 钢经调质处理后制成;对于滑动速度小的蜗杆,选用普通碳钢 Q275 制造。

### 7. 刀具

机床刀具用于被加工零件的切削加工成型,在工作过程中承受弯曲或扭转、摩擦、冲击、振动等力的作用。为了减少刀具的磨损和断裂,刀具材料应具有高硬度、高耐磨性、良好的强韧性,在高速切削条件下使用的刀具材料还应具有高的热硬性。常用的刀具材料有碳素工具钢如 T10、T10A、T12、T12A,用于制造形状简单、低速或手用刀具,如手锯的锯条、丝锥、板牙、锉刀、刨刀、钻头等;低合金工具钢,如 9Mn2V、9SiCr、Cr2、CrWMn 等,用于制造形状复杂、低速切削刀具,如丝锥、板牙、车刀、铣刀、括刀、铰刀、拉刀等;高速工具钢,如 W18Cr4V、95W18Cr4V、W6Mo5Cr4V2、W6Mo5Cr4V2Al、W18Cr4VCo10 等,用于制造高速切削的刀具,如车刀、刨刀、钻头、铣刀及形状复杂的拉刀,其中 W18Cr4VCo10 钢则用于制造截面尺寸大、形状简单、切削难加工材料的车刀、钻头等;硬质合金,如 YG6、YG8、YT15、YT30、YW1、YW2 等用于制造高速强力和难加工材料的切削刀具的刀头;陶瓷如热压 $Si_3N_4$、立方 BN 等,用于制造形状简单(如正方形、等边三角形)的刀片,对淬火低温回火钢、冷硬铸铁等高硬度难加工材料制成的零件进行半精加工和精加工。

## 10.2.2 装饰件

机床上的装饰件主要指控制面板、标牌、底板及箱体等,要求耐磨损、耐腐蚀、美观、耐用。装饰件常用的材料为不锈钢，如马氏体不锈钢 1Cr13 和奥氏体不锈钢 1Cr18Ni10、1Cr18Ni9Ti；黄铜，如 H62、H68；铝及铝合金，如工业纯铝 1200；变形铝合金如 2A11、2A12、3A21、5A05、51305；工程塑料和塑料基复合材料用于制造机床控制箱壳体和面板、容器等。

### 10.2.3　其他工程材料在机床典型零(构)件上的应用

机床上常用的其他工程材料主要是塑料和塑料基复合材料、橡胶和橡胶基复合材料及陶瓷材料。

#### 1. 塑料和塑料基复合材料

塑料颜色鲜艳、不锈蚀、成本低，其复合材料力学性能好，在机床上已得到应用。塑料及其复合材料主要用于制造滑动轴承、凸轮和滚子、手柄、电气开关、箱体和面板等，常用塑料有聚乙烯、聚丙烯、聚酰胺、ABS、聚甲醛、聚四氟乙烯。例如，聚乙烯、聚丙烯绝缘性好，用于制造电气开关、导线包皮、套管等；ABS 塑料易电镀，用于制造控制箱壳体和面板；聚甲醛硬度较高、韧性好，用于制造容器、管道等；玻璃纤维增强聚乙烯复合材料强度高、耐水性好，用于制造转矩变换器和干燥器的壳体；聚四氟乙烯为基的塑料-金属多层复合材料强度高、摩擦系数小，用于制造润滑条件差或无油润滑条件下的机床主轴滑动轴承、凸轮和滚子，还可用于制造数控机床和集成电路制版机的导轨，这种导轨可以保证较高的重复定位精度和满足微量爬行的要求。

#### 2. 橡胶和橡胶基复合材料

橡胶和橡胶基复合材料弹性好，用于制造机床的胶带和密封垫圈，例如，V 带就是由橡胶基复合材料制成的。

#### 3. 陶瓷材料

$Si_3N_4$ 和 BN 陶瓷在机床上用于制造形状简单的不重磨刀片，将其装夹在夹具中对难加工材料制成的零件进行半精加工和精加工；$Al_2O_3$ 陶瓷用于制造电源开关熔丝插头和插座。

## 10.3　工程材料在热能设备上的应用

热能设备是指将热能变为电能的设备。在火力发电中，将燃料(包括煤、石油、天然气)通过锅炉(化学能转化为热能)→汽轮机(热能转化为机械能)→发电机(机械能转化为电能)，最后转换成电能。这些设备上的零件都是在高温、高压和腐蚀介质作用下长期运行，对材料的性能要求较高。下面简要介绍金属材料在锅炉和汽轮机上的应用。

### 10.3.1　工程材料在锅炉典型零(构)件上的应用

锅炉是火力发电厂三大主要设备之一，其作用是将水变成高温高压蒸汽。锅炉按蒸汽出口压力分为低压锅炉(2.5 MPa 以下)、中压锅炉(3.9 MPa 以上)、高压锅炉(10 MPa 以上)、超高压锅炉(14 MPa 以上)。其中低压锅炉为工业锅炉，中压以上的锅炉为电站锅炉。

锅炉主要零(构)件包括锅筒(旧称汽包)或锅壳、集箱、水冷壁、锅炉管束、过热器、再热器、省煤器、空气预热器、蒸汽管道、烟气道、烟风道、炉膛(燃烧室)、阀门、法兰和螺栓及排渣设备等，下面简要介绍锅炉管道、锅筒、法兰和螺栓的用材。

### 1．锅炉管道

锅炉管道包括受热面管道(过热器管和再热器管、水冷壁管、省煤器管、空气预热器管等)和蒸汽管道(主蒸汽管道、蒸汽管道、联箱管、连接管等)，这些管道在高温、高压和腐蚀介质中长期工作，易产生蠕变变形、氧化、腐蚀(如硫腐蚀、蒸汽腐蚀等)和断裂(如碱脆、氢脆、应力腐蚀断裂等)，要求管道材料应具有足够高的蠕变极限和持久强度、高的抗氧化性和耐腐蚀性、良好的组织稳定性和焊接性能。锅炉管道常用材料为低碳优质碳素结构钢和合金结构钢及耐热钢。根据管道工作温度不同，选择不同材料。通常，水冷壁管、省煤器管、空气预热器管和壁温不高于500℃的过热器管、再热器管及壁温不高于450℃的蒸汽管道，选用优质碳素结构钢20A、20G；壁温不高于550℃的过热器管、再热器管和壁温不高于510℃的蒸汽管道，选用合金结构钢12CrMo、15CrMo等；壁温不高于580℃的过热器管、再热器管和壁温不高于540℃的蒸汽管道，选用合金结构钢12CrMoV、15CrMoV等；壁温不高于600℃的过热器管、再热器管和壁温不高于550℃的蒸汽管道，选用合金结构钢12Cr2MoWVB、12Cr2MoVSiVTiB、12Cr3MoVSiTiB等和马氏体耐热钢15Cr12WMoVA、15Cr11MoVA等；壁温高于650℃的过热器管、再热器管和壁温高于600℃的蒸汽管道，选用奥氏体耐热钢1Cr18Ni9Ti、1Cr20Ni14Si2等。

### 2．锅炉锅筒

锅炉锅筒是在350℃以下的高压状态下工作，长期受内压、冲击、疲劳载荷作用及受水和蒸汽的腐蚀。为了保证锅炉安全运行不发生锅筒爆裂，锅筒材料应具有较高的室温和中温强度、良好的塑性和韧性、良好的抗大气和水蒸气腐蚀性、较低的缺口敏感性和良好的焊接性能。锅筒常用的材料为锅炉专用钢，根据锅筒内压不同选择不同的材料。通常低压锅筒选用锅炉专用钢12MnG、16MnG、15MnVG；中高压锅筒选用锅炉专用钢14MnMoVG、14MnMoVBREG；高压锅筒选用锅炉专用钢14MnMoVBG、18MnMoNbG。另外，目前国内生产的高压、超高压、亚临界压力系列的50 MW、100 MW、200 MW、300 MW、600 MW容量的电站锅炉的锅筒大多采用德国生产的19Mn6、BHW35和美国生产的SA-299厚钢板来制造，并经正火和高温回火处理。

### 3．法兰和螺栓

在动力装置(如锅炉、汽轮机)中常采用各种法兰、螺栓连接，它们一般是在高温高应力下工作，为了防止法兰和螺栓的过量塑性变形和应力腐蚀断裂，法兰和螺栓材料应具有高的蠕变极限、高温强度及良好的抗大气和蒸汽腐蚀性。法兰常用的材料为耐热铸铁，如中硅球墨铸铁、高铝球墨铸铁和高铬球墨铸铁；螺栓常用的材料为合金调质钢，如35CrMo、40CrNiMo等，经调质处理而成。

## 10.3.2　工程材料在汽轮机典型零(构)件上的应用

汽轮机是热电厂和核电站将热能转变为机械能的装置。由电站锅炉或核反应堆产生的过热蒸汽通过蒸汽管道输送到汽轮机做功，使热能转变为机械能。汽轮机主要零(构)件包括叶片(动叶片和静叶片)、转子(主轴和叶轮)、静子(汽缸、隔板、蒸汽室、阀门)。

### 1．汽轮机叶片

叶片是汽轮机中将高温、高压蒸汽流的动能转换为有用功的重要零件，分为动叶片和静叶片，与转子相连接并一起转动的叶片为动叶片，与静子相连接处于不动状态的叶片称为静叶片。汽轮机的叶片，特别是动叶片的工作条件十分恶劣，受高温、应力、介质的联合作用，一台汽轮机有几千个叶片，只要有一个叶片断裂，就会造成严重事故。因此，叶片材料应具有足够的室温强度和高的蠕变极限与持久强度，良好的减振性、耐腐蚀性及抗冲蚀。常用的汽轮机叶片材料为耐热钢和高温合金，应根据叶片工作温度，选择不同材料。通常工作温度低于 500℃ 的叶片选用马氏体耐热钢 1Cr13、2Cr13；工作温度在 560℃～600℃ 的叶片选用马氏体耐热钢 15Cr11MoV、15Cr12WMoV、15Cr12WMoVNbB、18Cr12WMoVNb，工作温度在 600℃～650℃ 的叶片选用奥氏体耐热钢 1Cr17Ni13W、1Cr14Ni18W2NbBRE；工作温度在 700℃～750℃ 的叶片选用铁基高温合金 GH2135(Cr14Ni40MoWTiAl)；工作温度在 750℃～950℃ 的叶片选用镍基高温合金 GH3030(Ni80Cr20)、GH4037(Ni70Cr15W6Mo3VTi2Al2BCe)、GH4049(Ni58Cr10Co15W6Mo5VTiAl4BCe)；工作温度高于 950℃ 的叶片材料正在研究之中。目前研究的材料有两类：一类是复合材料，用 TaC 或 NbC 纤维增强镍基高温合金，工作温度可达 1050℃；另一类是陶瓷材料，选用 SiC 或 $Si_3N_4$ 陶瓷，工作温度可达 1300℃ 以上。

### 2．汽轮机转子(主轴和叶轮)

汽轮机转子是主轴和叶轮的组合部件，叶轮装配在主轴上，叶轮将叶片受高压蒸汽的喷射所产生的转动力矩传到主轴上使主轴转动。转子在工作时，主轴承受弯曲、扭转复合应力和热应力、振动力、冲击力；叶轮受离心力、热应力、振动力的联合作用。为了防止转子的疲劳断裂和过量蠕变变形，转子材料应具有优良的综合力学性能，即强度高、塑性和韧性好，高的蠕变极限和持久强度，良好的抗氧化性、抗蒸汽腐蚀性、组织稳定性及焊接性能。转子材料主要是合金结构钢和铁基高温合金，个别情况使用中碳钢。根据转子的工作温度和汽轮机的功率选择不同材料。通常，工作温度低于 450℃ 时，若功率小于12 000 kW，转子选用 45 钢，若功率大于 12 000 kW，则选用 35CrMo 钢；工作温度低于520℃、功率大于 125 000 kW 时，高、中压转子选用合金结构钢 25CrMoVA、27Cr2MoVA，低压转子选用合金结构钢 15CrMoV、17CrMoV；工作温度低于 540℃ 的转子选用合金结构钢 20Cr3MoWV；工作温度低于 650℃ 的转子选用铁基高温合金 GH2132(Q14Ni26MoTi)；工作温度低于 680℃ 的转子选用铁基高温合金 GH2135(Cr14Ni35MoWTiAl)。

### 3．汽轮机静子

汽轮机静子由汽缸、隔板、蒸汽室、阀门等零(构)件组成，这些零(构)件处于高温、高压及一定的温度差、压力差条件下长期工作，要求材料应具有足够高的室温力学性能、较高的高温强度和抗热疲劳性能、良好的抗氧化性、抗腐蚀性及工艺性能。常用汽缸、隔板、阀门材料为灰铸铁、高强度耐热铸铁、碳钢、合金结构钢，根据静子工作温度选用不同材料。工作温度低于 425℃ 的汽缸、隔板、阀门选用灰铸铁、铬钼合金铸铁、ZG230-450(原ZG25)；工作温度低于 500℃ 的汽缸、隔板、阀门选用 ZG20CrMo；工作温度低于 540℃ 的汽缸、隔板、阀门选用 ZG20CrMoV；工作温度低于 565℃ 的汽缸、隔板、阀门选用 ZG15Cr1Mo1V。例如，我国 125 000 kW 高压中间再热双缸双排气凝汽式汽轮机，其低压缸选用铬钼合金铸铁，中压排气缸选用 ZG230-450(原 ZG25)，高、中压外缸选用 ZG20CrMo，高、中压内缸选用 ZG15Cr1Mo1V。

# 10.4　工程材料在航空航天器上的应用

航空航天器是指在大气层飞行或在大气层外的宇宙中飞行的飞行器。航空航天器包括航空飞机、火箭、导弹、人造地球卫星、宇宙飞船、航天飞机等。航空飞机是装有活塞式或喷气式发动机的飞行器，当它飞行时，除携带有必要的燃料剂外，还必须从大气中摄取必要的助燃剂，因而航空飞机只能在稠密的大气层中飞行；火箭是依靠火箭发动机推进的一种飞行器，它携带有飞行时所必需的燃料剂和氧化剂，因而火箭既可以在大气层中飞行，也可以在无大气存在的星际空间飞行；导弹是一种装有战斗部(弹头)的无人驾驶的可控飞行器，它既可以装置火箭发动机飞出大气层航行，也可以装置喷气发动机在大气层中飞行；人造地球卫星、宇宙飞船、航天飞机是由火箭送入预定轨道在星际间飞行的飞行器。不管哪种航空航天器，它们都是由结构系统、动力装置系统、控制系统这几部分组成的。结构系统包括机翼(即航空飞机、航天飞机、有翼导弹的机翼)、机体(即航空、航天飞机的机身，火箭的箭体，导弹的弹体，人造地球卫星的星体、宇宙飞船的船体)、尾舵(即航空飞机和导弹的尾舵)以及航空飞机的起落架等；动力装置系统包括发动机、推进器及燃料剂和助燃剂供应系统；控制系统包括雷达、操纵机构、机械传动装置、电器电子设备装置、电源系统、姿态控制系统、轨道控制系统、数据管理系统和返回系统，对于载人航空航天器还包括生命保障系统、环境控制系统和应急救生系统。下面只简要介绍金属材料在航空航天器机翼和机体、航空发动机和火箭发动机主要零(构)件上的应用。

## 10.4.1　工程材料在机翼、机体和防热层上的应用

### 1. 机翼和机体

机翼的主要功能是产生升力以支持航空航天器在飞行中的重力和实现机动飞行；机体是航空航天器的骨架，用于安装和支撑航空航天器的各种仪器设备、动力装置，承受有效载荷(如人员、货物等)及起飞、降落或运载器发射和空间飞行时的各种力学环境和空间环境的作用。机翼和机体由大梁、桁条、加强肋、隔框、蒙皮等构件组成，要求材料具有足够的强度和刚度，密度小，比强度、比刚度高，航天器还要求材料耐高温和耐低温。常用机翼和机体材料有：① 铝合金，如变形铝合金 2A11、2A12、2A14、2A70、7A04、7A09，铸造铝合金 ZAlSi7Mg(ZL101)、ZAlSi9Cu2Mg(ZL111)、ZAlSi5Zn1Mg(ZLl15)、ZAlCu5Mn(ZL201)，铝锂合金，如 2090(Al，1.9～2.6；Li，2.4～3.0；Cu，<0.05；Mg，0.08～0.15)、8090(Al，2.3～2.6；Li，1.0～1.6；Cu，0.6～1.3；Mg，0.08～0.16)；② 镁合金，如 MB8、ZM1；③ 钛合金，如 TA7、TC4；④ 纤维增强复合材料，如玻璃纤维增强聚乙烯、玻璃纤维增强聚苯乙烯、玻璃纤维增强尼龙、碳纤维增强环氧、硼纤维增强聚酯、硼纤维增强

环氧等复合材料。

### 2．防热层

导弹、火箭、宇宙飞船、航天飞机在大气层中高速飞行时产生的高温对机体材料有严重的烧蚀作用，因此在这些航天器表面都要覆盖防热层。导弹、火箭表面常用的防热层材料为玻璃纤维增强塑料复合材料，如玻璃纤维增强酚醛-石棉塑料、玻璃纤维增强酚醛-有机硅塑料、玻璃纤维增强环氧-酚醛-酚醛小球塑料。对于载人飞船指挥舱(又称为座舱或返回舱)和航天飞机轨道器(即机体)，在完成航天任务后要返回大地，在重返大气层时要经受 1260℃的高温，其表面防热层要求更高，否则，如此高的温度会使机翼和机体烧损，造成机毁人亡的重大事故。例如，2003 年 2 月 1 日美国"哥伦比亚"号航天飞机在使用 21 次之后由于飞机左翼前部 5 块隔热瓦脱落，导致飞机解体并坠毁，机上 7 名航天员不幸遇难。目前，载人飞船指挥舱是采用全烧蚀防热结构。该防热结构由烧蚀层、不锈钢背壁、隔热层组成。烧蚀层是在酚醛和环氧树脂中添加石英纤维和酚醛小球的一种复合材料，具有密度低、热导率小、抗拉强度高、比热容大等优点，能有效抵抗进入大气层时的高温；不锈钢背壁采用奥氏体不锈钢(如 1Cr18Ni9Ti、00Cr17Ni14Mo2 等)蜂窝结构，以提高防热结构的强度，抵御进入大气层时巨大的过载和急剧增加的气流冲刷力；隔热层采用密度很低的超细石英纤维，填充在烧蚀层与不锈钢蜂窝背壁之间及不锈钢蜂窝背壁与机体铝合金蒙皮之间，以减小烧蚀层向内的传热，这种防热结构能有效保护指挥舱铝合金结构不受高温影响；航天飞机轨道器(即机体)的防热层根据轨道器外表面的不同温度采用不同防热材料。轨道器的机翼前缘和鼻锥区进入大气层时温度高达 1260℃，采用石墨纤维布增强碳化树脂基体而形成的碳-碳复合材料；机体上部和两侧及机翼上部的部分区域，温度不超过 353℃，采用聚芳酰胺纤维毡作为绝热材料；轨道器其他区域温度在 353℃～1260℃范围内，采用 $SiO_2$ 纤维编织成 2 万多个陶瓷片(称为隔热瓦)覆盖在机体表面约 70%的面积上。这种防热系统使轨道器铝合金外表面温度不高于 180℃，完全可以保证轨道器重复使用(航天飞机轨道器设计允许重复使用 100 次)。

## 10.4.2　工程材料在航空发动机和火箭发动机典型零(构)件上的应用

航空器(航空飞机和飞航导弹)上使用的发动机是燃气涡轮发动机。燃气涡轮发动机由燃烧室、导向器、涡轮叶片、转子(即涡轮盘和涡轮轴)、油箱、压气机、输送系统、壳体等部件组成；航天器(人造卫星、宇宙飞船、航天飞机、弹道式导弹等)上使用的发动机为火箭发动机和推力器。火箭发动机由推力室(包括火焰筒、加力燃烧室、喷管)、推进剂(液氢和液氧或煤油和液氧或混肼和四氧化二氮)储存箱、输送系统、发动机壳体等部件组成。推进剂在燃烧室(火焰筒)中燃烧，生成高温高压燃气，通过喷管并在喷管中膨胀，然后高速喷出产生很大推力。它能够将导弹、人造卫星、宇宙飞船、航天飞机、空间站发射到预定轨道，这就成为运载火箭。如果这种高速喷出的高温高压燃气喷射到涡轮叶片上，就称这种发动机为火箭涡轮发动机，也可称为燃气涡轮发动机或火箭发动机。下面简要介绍工程材料在航空涡轮发动机和火箭发动机主要零(构)件燃烧室(火焰筒)、导向器、涡轮盘、涡轮轴、发动机壳体、喷管上的应用。

### 1. 燃烧室(火焰筒)

燃烧室(火焰筒)是发动机各部件中温度最高的区域。燃气温度高达 1500℃～2000℃时,室壁温度可达 800℃以上,局部区域可达 1100℃。因此,燃烧室材料应具有高的抗氧化和抗燃气腐蚀的能力、足够的高温持久强度、良好的抗热疲劳性能和组织稳定性、较小的线膨胀系数及良好的工艺性能。

燃烧室材料有铁基高温合金 GH1140,镍基高温合金 GH3030、GH3090、GH3018、GH3128、GH3170 和 TD-Ni(Ni-2%ThO$_2$)和 TD-NiCr(Ni-20%Cr-2%ThO$_2$)等。

### 2. 导向器

导向器又称为导向叶片,它是涡轮发动机中热冲击最大的零件之一,其失效方式为热应力引起的扭曲、温度剧烈变化引起的热疲劳裂纹及局部的烧伤。导向器材料应具有足够的高温持久强度、良好的抗热疲劳性能和抗热振性、较高的抗氧化性和抗燃气腐蚀性。

导向器常用的材料为精密铸造高温合金 K214、K232、K403、K406、K417、K418、K423B 等。

### 3. 涡轮叶片

涡轮叶片是航空、航天涡轮发动机上最关键的零件之一,也是最重要的转动部件,在高温下受离心力、振动力、热应力、燃气冲刷力的作用,其工作条件最为恶劣。涡轮叶片材料应具有高的抗氧化性和抗腐蚀性,很高的蠕变极限和持久强度,良好的疲劳和热疲劳抗力及高温组织稳定性和工艺性。常用的涡轮叶片材料为镍基高温合金 GH4033、GH4037、GH4049、GH4118、GH4143、GH4220 等。近 20 多年来随着铸造工艺的发展,普遍采用精密铸造、定向凝固、单晶凝固等方法铸造叶片。叶片常用的材料为铸造镍基合金 K403、K405、K417、K418、DZ3、DZ22 等。随着燃气涡轮进口温度的提高,国外先进航空燃气涡轮发动机采用单晶涡轮叶片,使用温度提高到 1100℃～1150℃,我国已研制成功 DD402 和 DD3 单晶合金。

### 4. 涡轮盘

涡轮盘工作时承受拉伸、扭转、弯曲应力及交变应力的作用,同时轮盘径向存在较大的温度差,引起很大热应力,例如,航空发动机涡轮盘轮缘温度为 550℃～650℃,而轮心温度只有 300℃左右。为了防止涡轮盘塑性变形和开裂,涡轮盘材料应具有高的屈服强度和蠕变极限,良好的疲劳极限和热疲劳抗力,足够的塑性和韧性,较小的缺口敏感性,小的线膨胀系数,一定的抗氧化、抗腐蚀性能,良好的工艺性能。常用的涡轮盘材料为铁基、镍基高温合金 GH2132、GH2135、GH2901、GH4033A、GH4698。近年来采用粉末冶金工艺生产涡轮盘,粉末涡轮盘合金具有组织均匀、晶粒细小、强度高、塑性好等优点,是在现代先进航空发动机上使用的理想涡轮盘合金。

### 5. 涡轮轴和转子

涡轮发动机的涡轮轴和转子是发动机功率输出的重要零件,承受弯曲和扭转的交变应力及冲击力,要求材料应具有足够的强度、刚度及韧性。

常用涡轮轴和转子的材料有:① 高强度和超高强度钢 30CrMnSiA、30CrMnSiNi2A、40CrMnSiMoVA、40CrNiMoA、34CrNi3MoA、43Cr5NiMoVA;② 耐热钢 1Cr13(马氏体钢)、

2Cr25Ni(铁素体钢)、0Cr25Ni20(奥氏体钢)、0Cr12Ni20Ti3Al(沉淀硬化钢);③ 钛合金 TB2;高温合金 GH2038A、GH4169 等。

### 6．发动机壳体

发动机壳体是发动机的承力构件。壳体材料应具有足够的强度和刚度、密度小、比强度和比刚度高、工艺性能好。壳体常用的材料有：① 变形铝合金 2A14、2A50、2A70;② 钛合金 TC4;③高强度和超高强度钢 40CrNiMoA、34CrNi3MoA、43Cr5NiMoVA、35Cr5MoSiV、Ni18Co9Mo5TiAl。

### 7．喷管和喷嘴

如前所述，火箭发动机的推进剂在燃烧室(火焰筒)中燃烧后产生高温高压燃气，经过喷管膨胀后以高速喷出。因此，喷管和喷嘴材料应具有优异的高温强度和耐燃气腐蚀性。此外，喷嘴材料还应具有优良的耐高速燃气冲刷磨损的能力，高温合金已不能满足要求，必须采用钼基、钨基、钛基、铌基等难熔合金和金属陶瓷材料。常用的火箭发动机喷管材料为镍基高温合金 GH3030、GH4220 等;喷嘴材料有铌基难熔合金 Nb-5Hf、钨基金属陶瓷 W-Cr-$Al_2O_3$ 等。

综上所述，航空航天器常用的材料为高强度钢和超高强度钢，不锈钢和镍基耐蚀合金，耐热钢和高温合金，铝合金、镁合金和钛合金，陶瓷材料和难熔合金，塑料基复合材料。

# 本 章 小 结

机械工程材料是一门从生产实践中发展起来的学科，学习的基本理论应与生产实践相结合，本章目的将各章知识点综合起来，全面了解各类材料在不同领域里的应用规律。分别介绍了工程材料在汽车上的应用;工程材料在机床上的应用;工程材料在热能设备上的应用;工程材料在航空航天器上的应用。

# 习题与思考题

1．选择下列汽车零(构)件的材料，写出它们的牌号或代号，并说明选材理由。

(1) 缸体和缸盖; (2) 半轴和半轴齿轮; (3) 气门和气门弹簧; (4) 车身和纵梁

2．选择下列机床零(构)件的材料，写出它们的牌号或代号，并说明选材理由。

(1) 床身和导轨; (2) 滚动轴承和滑动轴承; (3) 凸轮和滚子; (4) 蜗轮和蜗杆;

(5) 车刀和拉刀。

3．选择下列热能设备零(构)件的材料，并说明选材理由。

(1) 锅炉水冷壁管、过热器管和锅筒; (2) 汽轮机叶片、主轴和叶轮、汽缸和隔板。

4．选择下列航空航天器零(构)件的材料，并说明选材理由。

(1) 机翼和机体; (2) 燃烧室(火焰筒); (3) 涡轮叶片、涡轮盘和涡轮轴; (4) 防热层。

# 参 考 文 献

[1]　戴起勋. 金属材料学. 北京：化学工业出版社，2005.

[2]　乔世民. 机械制造基础. 北京：高等教育出版社，2003.

[3]　孙智，倪宏昕，等. 现代钢铁材料及其工程应用. 北京：机械工业出版社，2007.

[4]　王晓敏. 工程材料学. 北京：机械工业出版社，1998.

[5]　崔占全，孙振国. 工程材料. 北京：机械工业出版社，2002.

[6]　齐乐华. 工程材料与机械制造基础. 北京：高等教育出版社，2006.

[7]　徐晓峰. 工程材料与成型工艺基础. 北京：机械工业出版社，2012.

[8]　沈莲. 机械工程材料. 北京：机械工业出版社，2004.

[9]　林聪榕，徐飞. 世界航天武器装备. 长沙：国防科技大学出版社，2001.

[10]　束德林. 工程材料力学性能. 2 版. 北京：机械工业出版社，2008.

[11]　王吉会. 材料力学性能. 2 版. 天津：天津大学出版社，2006.

[12]　高为国. 模具材料. 北京：机械工业出版社，2004.

[13]　晁拥军. 工模具材料强化处理应用技术. 北京：机械工业出版社，2008.

[14]　王运炎，叶尚川. 机械工程材料. 北京：机械工业出版社，2009.

[15]　何成荣. 十种常见有色金属材料手册. 北京：中国物资出版社，1998.

[16]　杨红玉. 工程材料与成型工艺. 北京：北京大学出版社，2008.

[17]　姜敏凤. 工程材料及热成型工艺. 北京：高等教育出版社，2003.

[18]　邢建东. 工程材料基础. 北京：机械工业出版社，2004.

[19]　冯端，师昌绪，刘治国. 材料科学导论. 北京：化学工业出版社，2002.

[20]　金国栋，等. 汽车概论. 北京：机械工业出版社，1998.

[21]　黄鹤汀. 金属切削机床：上册、下册. 北京：机械工业出版社，1998.

[22]　殷景华，王雅珍，等. 功能材料概论. 哈尔滨：哈尔滨工业大学出版社，1999.